山东富铁矿地质

SHANDONG FUTIEKUANG DIZHI

高继雷　高明波　常洪华
李志民　王玉吉　马　明　编著

内容简介

本书介绍了山东省接触交代型(矽卡岩)富铁矿、中低温热液充填交代-风化淋滤型富铁矿床成矿地质条件,典型富铁矿矿床特征及矿床勘查开发简史,阐述了典型富铁矿成矿规律,建立了典型矿床成矿模式,总结了深部探测方法技术在富铁矿深部找矿中的作用,初步预测了山东省富铁矿深部找矿方向及资源潜力。本书可作为富铁矿地质找矿、矿床勘查、成矿规律与成矿预测地质工作者的参考用书。

图书在版编目(CIP)数据

山东富铁矿地质/高继雷等编著.—武汉:中国地质大学出版社,2021.7
ISBN 978-7-5625-5031-0

Ⅰ.①山⋯
Ⅱ.①高⋯
Ⅲ.①铁矿床-研究-山东
Ⅳ.①P618.310.625.2

中国版本图书馆 CIP 数据核字(2021)第 107739 号

山东富铁矿地质		高继雷 等编著
责任编辑:周豪 韩骑	选题策划:毕克成 张旭 段勇	责任校对:何澍语

出版发行:中国地质大学出版社(武汉市洪山区鲁磨路388号)	邮编:430074
电　　话:(027)67883511　　传　　真:(027)67883580	E-mail:cbb@cug.edu.cn
经　　销:全国新华书店	http://cugp.cug.edu.cn

开本:880毫米×1 230毫米　1/16	字数:435千字　印张:13.75
版次:2021年7月第1版	印次:2021年7月第1次印刷
印刷:湖北睿智印务有限公司	
ISBN 978-7-5625-5031-0	定价:168.00元

如有印装质量问题请与印刷厂联系调换

山东省第一地质矿产勘查院
山东省地矿局富铁矿找矿与资源评价重点实验室
山东省富铁矿勘查技术开发工程实验室

科技成果出版指导委员会

主　　任：金振民
副 主 任：李建威　张照录
委　　员：(以姓氏拼音为序)
　　　　　丁正江　高继雷　高明波
　　　　　金振民　李建威　王　威
　　　　　宋明春　于学峰　张照录

科技成果出版编辑委员会

主　　任：常洪华
副 主 任：杜建军　王繁荣　李志民　王树星
　　　　　张　力　朱瑞法　王玉吉　高明波
　　　　　刘思亮　吕士全　谭　庆
委　　员：(以姓氏拼音为序)
　　　　　冯启伟　冯园园　冯　春　高继雷
　　　　　高明波　韩　姗　付厚起　靳立杰
　　　　　刘文龙　李亚东　李宝霞　马　明
　　　　　牛志祥　仇晓华　渠　涛　宋　波
　　　　　王　威　王玉吉　王兆忠　吴秉禄
　　　　　张存艳　张照录　张振飞　赵宝聚
　　　　　赵体群　周永刚

序

铁矿石是经济社会发展的重要物质基础。随着我国工业化、城镇化和现代化的快速发展,国内铁矿石特别是富铁矿石的储量和产量已远远不能满足需求,不得不大量依赖进口,连续多年对外依存度达60%~80%以上,国内铁矿石短缺已成为制约国民经济持续健康发展的瓶颈之一,并对国家经济安全构成了严重威胁。在此形势下,广大地质工作者必须立足国内,深入开展我国富铁矿尤其是富铁矿成矿规律和找矿技术方法的研究,促进找矿勘查和开发,提高铁矿资源保障程度。

山东省铁矿成矿条件有利,铁矿资源丰富,铁矿床类型以矽卡岩型和沉积变质岩型为主。多年来,地勘单位、大专院校和科研院所对山东省铁矿床开展了大量地质勘查和专题研究工作,基本查明了山东省主要铁矿床的类型、分布、成矿条件、控矿因素和矿床成因,总结了主要铁矿床类型的成矿规律,探明了67.59亿t铁矿石储量,为山东省钢铁工业的总体布局和国民经济发展提供了重要的资源保障。

山东省地质矿产勘查开发局第一地质大队(山东省第一地质矿产勘查院)是山东省富铁矿勘查的主力军,为山东省铁矿勘查和找矿突破做出了重大贡献,截至2019年底,已提交铁矿勘查成果40余项,探明铁矿石资源量6亿余吨,提交的重要矿产地包括莱芜西尚庄富铁矿、张家洼富铁矿、顾家台富铁矿、牛泉富铁矿,青州店子富铁矿、文登富铁矿,莱州大淀河铁矿,汶上张家毛坦铁矿,沂源韩旺铁矿等。多年的富铁矿地质勘查和研究工作使山东省第一地质矿产勘查院积累了丰富的富铁矿基础地质和矿床资料,为《山东富铁矿地质》的编写奠定了重要基础。

《山东富铁矿地质》是对山东省第一地质矿产勘查院所承担的山东省铁矿资源潜力评价、山东省富铁矿调查选区、淄博-莱芜地区富铁矿勘查评价及深部成矿预测、山东省深部探测技术及找矿模式研究等项目工作成果的系统总结。作者基于省内富铁矿床的地质、物探、化探、矿产、开采、科研等丰富资料,以莱芜、金岭、济南、禹城等典型富铁矿矿集区为代表,总结了富铁矿的矿体特征、成矿条件、控矿因素、时空分布,揭示了其成矿作用和成矿机制,建立了典型富铁矿床的成矿模式和找矿模型,丰富和完善了山东省富铁矿的成矿规律,对富铁矿资源潜力和进一步找矿方向进行了预测和评价。

本书是对过去几十年山东省富铁矿勘查和科研成果的系统总结,资料翔实,内容丰富,体现了理论与实际相结合,找矿与科研相结合的系统勘查学要义。本书的出版对促进山东富铁矿的找矿勘查和成矿规律研究具有重要意义,对其他省区的富铁矿研究和勘查也具有重要的参考价值,在此向作者表示衷心的祝贺。

中国地质大学(武汉)教授

2020年12月20日

前　言

铁是世界上发现最早、利用最广、用量最多的金属之一，广泛用于国民经济建设和人民生活的各个方面，是社会生产和公众生活必需的基本材料，是人类生存和推动社会发展的重要资源。作为铁含量较高的铁矿类型，富铁矿一直都是钢铁（冶炼）工业重要的铁矿石来源。随着我国经济建设进入快速发展期，对工业原材料（特别是铁矿石）的需求逐年增长，进口铁矿石成为我国钢铁工业原材料的主要来源方式。为了减轻我国铁矿石进口的依赖程度，深入开展铁矿（特别是钢铁工业急需的富铁矿）成矿规律研究、铁矿勘查等是地质工作者的使命和担当。

山东省是资源大省，金、铁、煤是山东省的支柱性资源，特别是铁矿资源的开采为山东省的发展做出了突出贡献。莱芜富铁矿矿集区、济南富铁矿矿集区、淄博金岭富铁矿矿集区为济钢、莱钢及众多民营钢铁企业提供了优质的铁矿石。钢铁工业的发展也带动了铁矿资源的勘查与开发。改革开放40多年来，山东省地质工作者相继勘查评价了一批大型铁矿床，找矿成果喜人，特别是在齐河发现富铁矿矿集区，极大地提升了山东省富铁矿找矿成果。因此，对山东省富铁矿成矿规律、成矿模式、找矿模型、深部勘查技术、资源潜力评价等进行总结、研究具有重要意义。

山东省富铁矿的勘查与科学研究工作同步进行。中华人民共和国成立以来，在地质找矿、矿产勘查的基础上加强了成矿规律和资源潜力评价研究，经过广大地质工作者70余年的铁矿勘查工作，基本查明了山东省主要富铁矿的分布、储量、成因和类型，为山东省钢铁工业的总体布局和发展提供了资源保障。山东省地质矿产勘查开发局第一地质大队（山东省第一地质矿产勘查院）作为山东省富铁矿勘查的主力军，在莱芜、淄博、济南、齐河及淄河等地已提交铁矿勘查成果40余项，探明铁矿石资源量6亿余吨，找矿成果和科研成果双丰收，成为省级富铁矿找矿与资源评价重点单位。

本书是对山东省富铁矿勘查和科研成果的全面总结，是广大地质工作者集体智慧的结晶。本书充分收集并分析了山东地区已有的地质、矿产、物化探等各类资料，特别是收集接触交代型（矽卡岩）富铁矿、中低温热液充填交代-风化淋滤型富铁矿床及沉积变质型铁矿和有关航磁等资料，立足莱芜、淄博金岭、济南、齐河-禹城、淄川断裂带富铁矿成矿带，结合开展的"山东省富铁矿调查选区""淄博-莱芜地区富铁矿勘查评价及深部成矿预测""山东省深部探测技术及找矿模式研究"等项目，全面总结了富铁矿找矿的探索过程和取得的成果，研究了山东省典型富铁矿成矿规律，了解了富铁矿与各种地质因素的关系，建立了富铁矿成矿模式，总结了各种深部探测方法技术在富铁矿深部找矿中的作用，建立了地质-地球物理找矿模型，预测了山东省富铁矿深部找矿方向，探求了富铁矿深部资源潜力，为全国富铁矿找矿树立了典范。本书可作为从事富铁矿地质找矿、矿床勘查、成矿规律与成矿预测的地质工作者的参考用书，也可以供相关专业的师生教学参考。

2020年编著者收集各类资料，编制完成了撰写提纲，在编写过程中，不断对提纲进行了修改与优化。本书由高继雷、高明波主持完成，参与研究和相关勘查研究工作的工程技术人员共计20多人。参与本书编写人员的具体分工：第一章由高继雷、王兆忠、周永刚编写；第二章由宋波、张振飞、赵体群编写;第三章由马明、张照录、牛志祥编写;第四章由赵宝聚、高继雷、渠涛编写;第五章由冯启伟、李亚东、王玉吉编写;第六章由靳立杰、刘文龙、吴秉禄编写;第七章由高明波、付厚起、冯启伟编写;第八章由高继雷、韩姗编写;图件编辑由冯园园、张存艳负责;高继雷负责全书资料收集与组织协调工作。全书由高继雷、高明波统稿。

中国科学院院士、中国地质大学(武汉)教授金振民,中国地质大学(武汉)资源学院院长李建威教授,山东理工大学教务处处长张照录教授,山东省地质科学研究院理事长于学峰研究员,山东省地矿局首席专家宋明春研究员、山东省第一地质矿产勘查院常洪华院长、山东省第一地质矿产勘查院胡树庭研究员等给予了大力支持与指导。本书除引用了文中已注明的公开出版的论文、专著外,还引用了大量前人在山东地区完成的区域地质调查、矿产勘查、矿山探采、地质专题研究资料,后者由于未公开出版,没有列入本报告的参考文献。在此,对给本书提供帮助的所有同志和本书引用资料的作者一并表示谢意!

由于作者水平有限,书中难免存在疏漏和不足之处,敬请读者指正。

笔者

2020 年 10 月

目 录

第一章 绪 论 …………………………………………………………………………………………… (1)
    第一节 国外铁矿资源概况 …………………………………………………………………………… (1)
    第二节 中国铁矿资源概况 …………………………………………………………………………… (4)
    第三节 中国富铁矿成因类型 ………………………………………………………………………… (8)
    第四节 国内铁矿勘查研究现状 …………………………………………………………………… (12)
    第五节 山东省富铁矿的资源状况分布、成因类型划分 ………………………………………… (18)

第二章 莱芜富铁矿矿集区 …………………………………………………………………………… (20)
    第一节 莱芜富铁矿矿集区成矿地质条件 ………………………………………………………… (20)
    第二节 莱芜矿集区勘查开发简史 ………………………………………………………………… (32)
    第三节 莱芜矿集区矿床基本特征 ………………………………………………………………… (35)
    第四节 莱芜矿集区典型矿床 ……………………………………………………………………… (39)

第三章 淄博金岭富铁矿矿集区 ……………………………………………………………………… (52)
    第一节 淄博金岭矿集区成矿地质条件 …………………………………………………………… (52)
    第二节 淄博金岭富铁矿矿集区勘查开发简史 …………………………………………………… (58)
    第三节 淄博金岭富铁矿矿床基本特征 …………………………………………………………… (61)
    第四节 淄博金岭矿集区典型矿床 ………………………………………………………………… (66)

第四章 济南富铁矿矿集区 …………………………………………………………………………… (80)
    第一节 济南矿集区成矿地质条件 ………………………………………………………………… (80)
    第二节 济南矿集区勘查开发简史 ………………………………………………………………… (95)
    第三节 济南矿集区矿床基本特征 ………………………………………………………………… (96)
    第四节 济南矿集区典型矿床 ……………………………………………………………………… (101)

第五章 齐河-禹城富铁矿矿集区 …………………………………………………………………… (109)
    第一节 齐河-禹城富铁矿矿集区成矿地质条件 ………………………………………………… (109)
    第二节 齐河-禹城富铁矿矿集区勘查开发简史 ………………………………………………… (116)
    第三节 齐河-禹城矿集区矿床基本特征 ………………………………………………………… (118)
    第四节 齐河-禹城矿集区典型矿床 ……………………………………………………………… (123)

第六章 淄河富铁矿矿集区 …………………………………………………………………………… (140)
    第一节 淄河矿集区成矿地质条件 ………………………………………………………………… (140)
    第二节 淄河矿集区勘查开发简史 ………………………………………………………………… (146)

第三节　淄河矿集区矿床基本特征 …………………………………………………………（149）
　　第四节　淄河矿集区典型矿床 ………………………………………………………………（155）
第七章　山东省富铁矿深部找矿成果及资源潜力预测 ……………………………………（171）
　　第一节　深部勘查技术 ………………………………………………………………………（171）
　　第二节　深部找矿成果 ………………………………………………………………………（181）
　　第三节　山东省富铁矿资源潜力预测 ………………………………………………………（184）
第八章　结论 ……………………………………………………………………………………（202）
　　第一节　取得的主要地质认识和成果 ………………………………………………………（202）
　　第二节　存在的主要地质问题 ………………………………………………………………（204）
主要参考文献及资料 ……………………………………………………………………………（205）

第一章 绪 论

铁是世界上发现最早、利用最广、用量最多的一种金属,其消耗量约占金属总消耗量的95%。铁矿石主要用于钢铁工业,钢铁制品广泛用于国民经济和人民生活的各个方面,是社会生产和公众生活所必需的基本材料,是现代化工业最重要和应用最多的金属材料。钢铁产业是社会发展的重要支柱产业,所以,人们常把钢和钢材的产量、品种、质量作为衡量一个国家工业、农业、国防和科学技术发展水平的重要标志。

中国已探明的铁矿资源量相对较多,但大部分为贫铁矿,富铁矿只占极少数,因此,从20世纪50年代起,国家对富铁矿的寻找和研究一直比较重视。本书在以往工作的基础上,参考几十年来山东省第一地质矿产勘查院、其他地质勘查单位及地质科研单位和院校的有关研究成果,对中国主要是山东省已知主要富铁矿类型的地质特征及其形成等问题作简要介绍,对山东省的富铁矿典型矿床作了介绍,并对山东省富铁矿的找矿潜力进行了探讨。

第一节 国外铁矿资源概况

一、全球铁矿资源概况

全球七大洲均发现有铁矿资源,而且大洋中也蕴含有丰富的铁锰资源(据估算全球大洋中铁锰结核总量超过30 000亿t)。根据相关资料及参照SNL数据库全球铁矿统计,全球铁矿资源量达到8180亿t(表1-1,赵宏军等,2019)。

表1-1 全球铁矿资源量统计表(据赵宏军等,2019)

国家	资源量/亿t	占比/%	资料来源
澳大利亚	1 462.38	17.88	SNL
加拿大	1 303.00	15.93	SNL
俄罗斯	980.00	11.98	SNL与国家公布
巴西	927.00	11.33	SNL
中国	636.83	7.79	国家公布
玻利维亚	402.90	4.93	SNL
几内亚	308.00	3.77	SNL与国家公布
印度	252.50	3.09	SNL与国家公布
乌克兰	207.86	2.54	SNL

续表 1-1

国家	资源量/亿 t	占比/%	资料来源
智利	169.70	2.07	SNL
塞拉利昂	158.60	1.94	SNL 与国家公布
利比里亚	151.50	1.85	SNL 与国家公布
民主刚果	150.60	1.84	SNL 与国家公布
委内瑞拉	146.57	1.79	国家公布
哈萨克斯坦	132.32	1.62	SNL
毛里塔尼亚	91.70	1.12	SNL
秘鲁	75.90	0.93	SNL
朝鲜	70.00	0.86	相关报道
美国	63.93	0.78	SNL
南非	62.00	0.76	SNL
其他国家	427.09	5.22	SNL 与国家公布
合计	8 180.38		

从上述资料可知，全球的铁矿资源分布不均衡，主要集中在少数国家和地区。澳大利亚、加拿大、俄罗斯、巴西、中国、玻利维亚、几内亚、印度、乌克兰 9 个国家铁矿资源占全球铁矿资源储量的 79.24%，而其他地区和国家铁矿资源相对匮乏。

目前世界上已统计的 1833 个铁矿床中，大型、超大型矿床 348 个，约占铁矿床总数的 19%，而大型、超大型铁矿床的资源量却占铁矿资源总量的 79.4%，规模大于 10 亿 t 的铁矿数为 137 个，约占铁矿床总数的 7.5%，其占铁资源总量的 68.8%（表 1-2）。

表 1-2 全球及重要铁矿资源国家大型、超大型铁矿床统计表（据赵宏军等，2019）

全球铁矿		澳大利亚		加拿大		俄罗斯		巴西		中国		其他国家	
		大型、超大型		大型、超大型		大型、超大型		大型、超大型		大型、超大型		大型、超大型	
矿床数/个	资源量/亿 t	数/个	资源量/亿 t	数/个	资源量/亿 t	数/个	资源量/亿 t	数/个	资源量/亿 t	数/个	资源量/亿 t	数/个	资源量/亿 t
1833	8180	348	6494	83	1196	35	1157	30	375	68	919	10	273	122	2574

全球开采的铁矿石品位差异较大，南非、印度、毛利坦尼亚、瑞典、澳大利亚、委内瑞拉、墨西哥等国家铁矿石平均品位都在 55% 以上，哈萨克斯坦、加拿大、中国、乌克兰和美国铁矿石的平均品位不足 40%，其中中国铁矿石品位仅为 31.3%，比全球铁矿石平均含量（48.3%）低 17 个百分点（图 1-1）。巴西、澳大利亚、南非、印度等国家出产的铁矿石主要为赤铁矿，不仅铁品位较高（大于 55%），且有害杂质较少，可直接入高炉，矿石烧结、冶炼性能都比较好。同时，这些国家大型、超大型铁矿数量也较多，生产的铁矿石品质也比较稳定。

全球铁矿资源非常丰富，供需基本平衡，局部供需结构均衡，据美国地质调查局（USGS）资料，世界铁矿石资源总量超过 8000 亿 t，探明资源储量 1600 亿 t。按目前开采规模，可保证 100 年需求。当前全球铁矿石市场供求基本平衡，但钢铁生产能力的布局与资源的分布不相适应。日本、韩国、英国、意大利等国的铁矿石完全依赖进口；中国因生产规模增长迅速，需要大量进口；美国、俄罗斯国内铁矿石供求基本平衡;巴西、印度、澳大利亚铁矿石可以大量出口。世界铁矿石贸易形成了由澳大利亚、巴西、印度等向中国、日本、欧盟等国家和地区输送的格局。

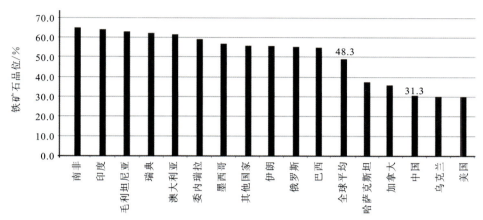

图1-1　全球主要铁矿石生产国铁矿石平均品位情况(据美国地质调查局,2015;李莎,2017)

二、国际著名铁矿石矿产公司

少数矿业公司控制着全球铁矿业较大的产能,例如以下3所国际著名矿产公司。

巴西淡水河谷公司(CVRD):世界第一大铁矿石生产和出口商,也是美洲大陆最大的采矿业公司,被誉为巴西"皇冠上的宝石"和"亚马逊地区的引擎"。现在,淡水河谷铁矿石产量占巴西全国总产量的80%。其铁矿资源集中在"铁四角"地区和巴西北部的巴拉州,拥有挺博佩贝铁矿、卡潘尼马铁矿、卡拉加斯铁矿等主要铁矿产区,保有铁矿储量约40亿t,其主要矿产可维持开采近400年。从公司生产年报可知,淡水河谷年产铁矿石在3.1亿t以上,随着前期矿山扩产陆续完成,2015年产量达到3.4亿t。公司发布的2019年产销报告显示,公司2019年铁矿砂产量为3.02亿t,比2018年减少21.5%。该公司在全世界设有5个办事处,1994年进驻中国,在全球15个国家和地区有业务经营和矿产开采活动,在中国也有其投资的项目。2010年,该公司在世界各国的收入比重如下:欧洲19%,巴西18%,中国33%,亚洲其他国家20%,世界其他国家10%。

力拓公司(Rio Tinto):该公司在澳大利亚境内主要拥有3家铁矿生产企业,即哈默斯利(力拓全资子公司)、罗布河(力拓控股53%)以及何普山铁矿(力拓控股50%);在加拿大境内则拥有加拿大采矿公司。该公司控股的哈默斯利铁矿有限公司是澳大利亚第二大铁矿石生产公司,在西澳皮尔巴拉地区有5座生产矿山(即汤姆普赖斯铁矿、帕拉布杜铁矿、恰那铁矿、马兰杜铁矿和布诺克曼第二矿区),探明储量约为21亿t。该公司计划加大投资,把1.15亿t的产能扩大到3亿t。

必和必拓(BHP Billiton):该公司在澳大利亚西部经营Mount Whale Back(鲸背山矿业公司)及其附属矿体、Jimblebar(金伯利巴矿业公司)、Yandi(扬迪矿业公司)和Goldsworthy(戈尔兹沃西矿业公司)矿山。该公司还在巴西Samarco矿山(隶属萨马尔库矿业公司)拥有50%的股份。BHP公司的矿山位于澳大利亚西部皮尔巴拉地区,分别是纽曼、扬迪和戈德沃斯。这3个矿区的总探明储量约为29亿t,目前铁矿石的年产量为1亿t。在亚里南部,还有未开发的C采区,保有储量45亿t。

第二节 中国铁矿资源概况

一、资源量和分布

铁矿是钢铁工业的基本原料。中华人民共和国成立以来,为了满足国民经济建设的需要,国家投入了大量人力、物力和财力,全面、系统、大规模地开展了铁矿找矿勘查工作,探明了大量铁矿资源,探获铁矿储量占世界第四位。特别是 20 世纪 90 年代以来,铁矿资源量又有了新的增长。中国现已探明的铁矿产地有 2000 余处,铁矿石总资源储量 1997 年为 519.13 亿 t,2007 年为 613.35 亿 t,2009 年为 727.87 亿 t,而 2012 年年底则达到了 840.28 亿 t(赵一鸣等,2005;中国地质调查局,2008;李厚民等,2012),到 2017 年全国铁矿石资源储量上升至 848.88 亿 t(图 1-2)。

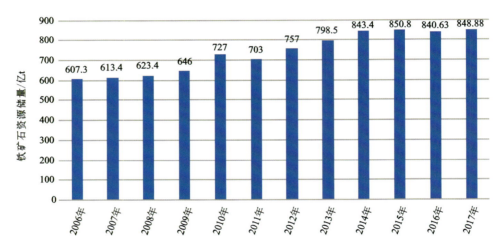

图 1-2 2006—2017 年中国铁矿石资源储量情况

我国铁矿资源量比较丰富,据美国地质调查局(USGS)2017 年资料,我国探明铁矿储量为 210 亿 t,占世界探明铁矿总储量的 12.4%。据有关资料统计,截至 2002 年底,在全国发现的 8896 处铁矿床(点)中,已勘探 7034 处,累计探明储量超过 628 亿 t,扣除历年开采消耗储量,保有资源/储量 578 亿 t,其中工业储量 118 亿 t,基础储量 213 亿 t,资源量 365 亿 t。在已探明的保有资源/储量中,保有资源/储量超过 100 亿 t 的有辽宁,超过 50 亿 t 的有四川、河北,超过 20 亿 t 的有安徽、山西、云南、湖北、内蒙古、山东,超过 10 亿 t 的有北京、河南、湖南。在已探明储量中前寒武纪硅铁建造型铁矿占 11.60%,与火山侵入活动有关的铁矿占 8.66%,沉积型铁矿占 4.7%,沉积变质-热液改造型铁矿占 3.4%,风化淋滤型铁矿占 1.09%(侯宗林,2005)。

中国大、中型铁矿区累计查明资源量 720 亿 t,约占全国查明资源总量的 86.34%,集中分布在鞍山-本溪、西昌-滇中、冀东-密云、五台-吕梁、长江中下游、鄂西-湘西北、包头-白云鄂博、安徽霍邱、鲁中和邯郸-邢台等地区,以中东部为主。大、中型铁矿是中国钢铁工业发展的资源基础,在我国钢铁工业中占有重要的地位。

中国各省(自治区、直辖市)均有铁矿区,但以辽宁、四川、河北、内蒙古、山东、安徽等铁矿资源量最多,都超过 50 亿 t。其中辽宁、四川、河北三省铁矿资源量分别为 214.67 亿 t、95.32 亿 t 和 92.13 亿 t,三者之和接近全国资源量的一半;其次为云南、山西、湖北、新疆、河南、湖南,其他省份铁矿资源较少。而铁矿基础储量以辽宁、河北、四川最多，分别为 51.67 亿 t、28.54 亿 t 和 25.92 亿 t，三者之和为 106.13 亿 t，占全国铁矿基础储量（213 亿 t）的 51.38%。

目前，中国铁矿资源量大于 10 亿 t 的超大型铁矿床有 10 处，分别为辽宁齐大山铁矿、辽宁胡家庙子（红旗）铁矿、辽宁东鞍山铁矿、辽宁西鞍山铁矿、辽宁南芬铁矿、河北迁安铁矿、河北司家营铁矿、内蒙古白云鄂博铁矿、四川攀枝花铁矿、四川红格铁矿、云南惠民铁矿，合计资源总量 141.12 亿 t（占已探明资源量的 17%）。

中国鞍山-本溪、冀东等十大铁矿石生产基地，共查明铁矿资源量 423.45 亿 t，占全国铁矿总查明资源量的 79.96%。已探明的铁矿资源储量主要集中在辽宁、河北、四川、山西、安徽、云南、内蒙古、山东、湖北、新疆、海南等 11 个省（自治区）。中国的铁矿床常成群成带集中产出，构成一些重要的铁矿集中区（带），其中最主要的是：鞍山-本溪、冀东-密云、攀枝花-西昌、五台-吕梁、长江中下游、包头-白云鄂博、邯郸-邢台、新疆东-西天山、鲁中、鄂东、海南，这 11 个铁矿成矿区（带）内的铁矿资源储量，占全国已探明铁矿资源储量的 80% 左右。

综上所述，中国铁矿资源的地域分布极不均匀，除了新疆东-西天山位于中国西北部外，其他 10 个区（带）都集中在中国的中东部。虽然中国已查明的铁矿资源储量不少，已达 800 多亿吨，但经济可采储量少；贫矿多、富矿少；中-小型矿多、大矿少；伴生矿多，其中有相当一部分铁矿床由于矿石选冶困难、矿体埋藏过深和水文地质条件复杂等原因，开发利用成本高，目前暂时难以利用。

二、铁矿床成因类型

关于中国铁矿床的成因类型，程裕淇等（1978；1994）、赵一鸣等（2004）和李厚民等（2010；2012）曾进行过有关研究。根据中国铁矿床生成的地质背景、地质条件和地质特征的不同，主要可分为以下 8 种成因类型。

1. 岩浆型铁矿床（又称钒钛磁铁矿矿床）

这类矿床主要集中分布在四川攀枝花-西昌（攀西）地区和河北大庙、黑山一带。攀西地区的铁矿主要是岩浆晚期结晶分异的产物，矿体一般呈似层状产于基性或超基性岩体的底部，成矿时代为海西期。大庙、黑山一带的铁矿则为岩浆晚期贯入式铁矿，矿体主要产于斜长岩杂岩体的裂隙中，呈扁豆状、似脉状成群产出，其斜长岩的锆石 SHRIMP U-Pb 年龄为 $(1726±9)$ Ma（Zhang et al.，2007），属中元古代。两地矿石的 $w(TFe)$ 一般为 25%～45%，$w(TiO_2)$ 为 5%～15%，$w(V_2O_5)$ 为 0.2%～0.5%（w 为质量分数，下同）。

2. 火山岩型铁矿床

按赋矿火山岩系生成的地质环境，火山岩型铁矿床可分为 2 类：与陆相火山侵入活动有关的铁矿床；与海相火山侵入活动有关的铁矿床。前者以宁芜、庐枞地区的铁矿床为代表，其铁矿石的品位中等，富矿不多；后者的实例是云南大红山铁矿床、新疆式可布台铁矿床和海南石碌铁矿床等，其中富铁矿相对较多。

3. 矽卡岩型（又称接触交代型）铁矿床

这类矿床主要分布于华北克拉通中部、鄂东南、闽南-粤东、东秦岭和青海西部等地区。矿体一般呈透镜状产于中（酸）性侵入岩体与碳酸盐岩围岩的接触带中，矿石大多属富矿，$w(TFe)$ 一般为 40%～55%，但部分矿石硫、铜等含量偏高。

4. 热液型铁矿床

这类矿床在全国铁矿总资源储量中所占比例虽不大，但也是富铁矿的主要来源之一。矿体明显受断裂构造的控制，常呈透镜状或脉状产出，其围岩大多为不同时代的碳酸盐岩。由于成矿温度不同，高-中温热液矿石主要由磁铁矿组成，而中-低温热液矿石则以菱铁矿和赤铁矿居多。其实例有四川泸沽铁矿床、陕南板房子铁矿床、康滇地轴南端的许多菱铁矿（赤铁矿）矿床和淄博南部的一些菱铁矿矿床等。

5. 沉积变质型（BIF）铁矿床

这类矿床是中国最重要的铁矿类型，主要分布在华北克拉通北缘及其基底隆起区。矿体形成的地质时代多为早前寒武纪，特别是新太古代，矿体一般呈层状、似层状或透镜状产于各类变质岩系中，矿石以条带状或条纹状构造为特征，大多为贫矿，其 $w(TFe)$ 一般为 $25\%\sim36\%$。

6. 沉积型铁矿床

这类矿床产于中元古代以后的浅海相沉积地层中，其中最重要的是产于中元古界长城系内的宣龙式铁矿以及产于中-上泥盆统内的宁乡式铁矿。前者主要分布在张家口地区的宣化—龙关—赤城一带，后者较集中分布于鄂西-湘西北等地。矿体一般呈层状，层位较稳定，矿石以赤铁矿为主，可伴生菱铁矿和鲕绿泥石，铁品位中等，$w(TFe)$ 通常为 $30\%\sim50\%$，但磷含量往往较高，$w(P)$ 达 $0.5\%\sim1\%$。由于选矿原因，多数宁乡式铁矿目前尚难利用。

7. 风化淋滤型铁矿床

这类铁矿是由不同类型的菱铁矿矿床、金属硫化物矿床或其他富铁岩石在湿热的气候和适当的地形、构造条件下，主要通过风化淋滤作用富集而成，矿床大多为中-小型。

8. 其他类型铁矿床

主要是指成因上有较大争议的一些铁矿床，如内蒙古白云鄂博铁铌稀土元素矿床、辽宁翁泉沟硼铁矿床等。成矿时代和成矿因素较复杂，尚存在不同认识。

上述各类型铁矿床所占的比例：沉积变质型铁矿床占 57.10%；岩浆晚期铁矿床占 11.60%；接触交代热液型铁矿床占 12.70%；与火山侵入活动有关类型的铁矿床占 8.66%；沉积型铁矿床占 4.74%；风化淋滤型铁矿床占 1.09%；其他类型铁矿床占 4.11%。

三、中国铁矿资源的保证程度

世界钢铁工业面临严峻的挑战，全球有约 15 亿人口正处于工业化或即将进入工业化发展阶段的国家。中国钢铁工业积极应对经济危机带来的困难，采取了控制总量、淘汰落后、联合重组、技术改造、优化布局等措施，使我国钢铁产量在较长时间内一直保持在 8 亿 t 左右。

目前，中国生产的铁矿石对钢铁工业的保证程度很低，不足 45%。20 世纪 90 年代以来，中国的钢铁工业飞速发展，但国内铁矿石的生产能力增长缓慢，国产铁矿石的供应缺口量呈逐年增长趋势（表 1-3），而且形势十分严峻。由表 1-3 可见，中国钢产量从 1990 年的 0.65 亿 t 猛增至 2016 年的 8.08 亿 t，增长 37.43 亿 t，已占世界总产量的 45.5%，高居世界各国榜首。在此期间，国产铁矿石虽也有较大幅度的增长，但主要是贫矿，远远不能满足需要，我国进口铁矿石的数量从 1990 年的 0.14 亿 t 增长到 2016 年的 10.24 亿 t，约占全国钢铁总量的 50% 以上，铁矿石供需矛盾十分突出，要从国外进口大量富铁矿石，才能满足国内钢（铁）生产的需求。

表 1-3 中国 26 年来钢产量、铁矿石产量和富铁矿矿石进口量（据赵一鸣，2004；赵宏军，2019）

项目	1990	1995	2001	2002	2003	2005	2009	2011	2012	2013	2014	2015	2016
钢产量/亿 t	0.65	0.95	1.52	1.82	2.2	3.71	5.68	6.83	7.17	7.79	8.23	8.04	8.08
铁矿石产量/亿 t	1.79	2.65	2.17	2.30	2.50	4.10	8.80	13.30	13.09	14.84	15.14	13.81	12.81
富铁矿矿石进口量/亿 t	0.14	0.41	0.92	1.20	1.50	2.75	6.28	6.86	7.45	8.20	9.33	9.53	10.24

四、中国铁矿资源的特点

中国已探明铁矿资源的基本特点：分布广泛又相对集中；矿床类型多、成矿条件复杂；中-小型矿床多，超大型矿床少；贫矿多、富矿少；矿石类型复杂，伴（共）生组分多等特点。

1. 铁矿资源分布特点

我国铁矿资源分布广泛又相对集中，全国 31 个省（区、市）均探明有铁矿资源，又相对集中在辽宁、四川和河北，这三省铁矿查明资源量占全国查明资源量近一半。

中国铁矿资源空间分布成矿区（带）特征明显，主要有鞍山-本溪、冀东-密云、五台-吕梁、包头-白云鄂博、邯郸-邢台、鲁中、许昌-舞阳、长江中下游成矿区、安徽霍邱、陕南、鄂西-湘西北、江西新余-吉安-湖南祁东、闽南-粤东、海南石碌、四川西昌-滇中、云南西盟、甘肃祁连镜铁山、新疆哈密-甘肃北山、阿尔泰共 19 个成矿区（带）。

2. 铁矿床类型多，矿石类型复杂

中国铁矿床类型较多，矿石类型复杂，多组分共（伴）生的储量所占比重大，世界上已知的铁矿床类型在我国都已发现。具有工业价值的铁矿床类型主要是鞍山式 BIF 相关型铁矿、攀枝花式岩浆型钒钛磁铁矿、大冶式矽卡岩型铁矿、梅山式火山成因型铁矿等。与世界其他国家不同之处在于，我国岩浆型、火山成因型和接触交代-热液型铁矿储量占比较高。

目前开采的铁矿石类型主要有磁铁矿、钒钛磁铁矿和赤铁矿。

3. 贫铁矿为主、富矿较少

中国已查明的铁矿资源量绝大部分为贫矿，能直接入炉的富铁矿资源量只有 11.5 亿 t，仅占全部铁矿查明资源量的 3%，绝大多数开采的铁矿石须经过选矿才能入炉利用。与巴西、澳大利亚等国的铁矿相比，我国铁矿床总体铁品位相对较低。

4. 共（伴）生组分多，综合利用价值大

中国铁矿矿石类型复杂，难选矿和多组分共（伴）生铁矿储量所占比重大，约占全国总储量的 2/3，共（伴）生组分包括 V、Ti、Cu、Pb、Zn、Co、Nb、Se、Sb、W、Sn、Mo、Au、Ag、S、稀土等 30 余种，最主要的有 Ti、V、Nb、Cu、Co、S 和稀土，有的共（伴）生组分的经济价值甚至超过铁矿价值，如白云鄂博铁矿中含有丰富的稀土氧化物和 Ta、Nb；攀枝花钒钛铁矿中的 V 和 Ti 储量居世界前列。随着科学技术水平的提高，这些共（伴）生组分将会得到充分的综合回收和利用。

第三节 中国富铁矿成因类型

富铁矿是指全铁含量为 50％ 及以上的铁矿,全铁含量 50％ 的以下的铁矿则为贫铁矿。贫铁矿的含铁量一般为 20％～40％。

一、富铁矿矿石的分类及工业指标

中国富铁矿矿石的工业类型可分为 3 类:炼钢用富铁矿石、炼铁用富铁矿石、需选富铁矿石。

(1)炼钢用富铁矿石:指铁矿石的 $w(TFe)\geqslant 56\%$,有害组分 $w(SiO_2)\leqslant 13\%$,$w(S)\leqslant 0.15\%$,$w(P)\leqslant 0.15\%$,$w(Cu)\leqslant 0.2\%$,$w(As)\leqslant 0.1\%$(据《矿产资源工业要求手册》编委会,2010,下同)。

(2)炼铁用富铁矿石:指矿石的 $w(TFe)\geqslant 50\%$,主要有害组分 $w(SiO_2)\leqslant 18\%$,$w(S)\leqslant 0.3\%$,$w(P)\leqslant 0.25\%$。

(3)需选富铁矿石:指矿石的 $w(TFe)\geqslant 50\%$,但有害组分如 S、P、Cu、Zn 等超标,需经选矿才能入炉的富铁矿石。

二、富铁矿资源概况

我国富铁矿资源短缺,97％ 的铁矿储量为贫矿,平均品位只有 31.3％,比世界铁矿平均品位低 17 个百分点,比巴西和澳大利亚铁矿平均品位低近 20 个百分点。其中含铁品位在 55％ 左右,能直接入炉的富铁矿储量只有 11.5 亿 t,占铁矿总储量的 3％。铁矿开采难度大,适于露天开采的铁矿逐步减少,露天开采的比重已降至 75％,剥采比逐年上升。每吨成品矿剥采比是巴西和澳大利亚的 5～8 倍。铁矿石均需经过选矿后才能利用,精矿的生产成本高于进口铁矿石,无论是在质量上,还是在价格上,均明显处于劣势。

中国铁矿的一个主要特点就是贫矿多、富矿少。据不完全统计,在中国目前已探明的富铁矿床中,大型有 10 个,中型为 46 个,小型为 78 个。如上所述,中国已探明的铁矿资源储量,从数量上看,还比较大,但绝大多数是贫铁矿。据 1997 年统计,富铁矿石的资源储量只有 25 亿 t 左右,占全国铁矿资源储量的 4.6％。在这 25 亿 t 富铁矿中,需选富矿多达 13.3 亿 t,占了一半以上。这也就是说,直接能入炉炼钢或炼铁的富铁矿只有 11.8 亿 t,占富矿总量的 42％。其中,能炼钢用的富铁矿就更少,只有 2.65 亿 t,约占富矿总量的 10％,占全国铁矿资源储量的 0.51％。可直接入炉的富铁矿大多零散分布在 130 多个矿区内,其中能单独开采的大型富铁矿矿床只有辽宁鞍山弓长岭铁矿二矿区、海南石碌铁矿、山东张家洼铁矿和济南铁矿。

三、富铁矿矿床的成因类型

关于中国富铁矿矿床的类型特征和找矿方向,程裕淇(1957)、裴荣富等(1961)、程裕淇等(1976;1978)、赵一鸣等(2004)和李厚民等(2012)曾作过相关讨论。归纳起来,中国的主要富铁矿矿床可分为 6 类:沉积变质贫铁矿(BIF)中的热液改造型富铁矿、沉积变质贫铁矿(BIF)中的风化淋滤型富铁矿、陆相火山-侵入岩型富铁矿、海相火山-侵入岩型富铁矿、矽卡岩型富铁矿、热液型富铁矿。

中国主要大-中型富铁矿矿床的简要地质特征如下。

(1)大-中型富铁矿矿床的分布较分散,在15个省(自治区)均有零星分布,很少成带成片产出。

(2)富铁矿矿床的类型以矽卡岩型为主,在26个主要大-中型富铁矿矿床中,矽卡岩型占了16个;据统计,矽卡岩型富铁矿的探明资源储量约占全部富铁矿的60%。

(3)炼钢用富铁矿仅产于7个大-中型富铁矿矿床,而且大型规模的只有3个,即辽宁弓长岭二矿区、山东张家洼和海南石碌。

总体而言,矽卡岩型和陆相火山-侵入岩型富铁矿矿石的$w(TFe)$较高(>50%),但因其往往含有一定量的黄铁矿、黄铜矿等金属硫化物,致使其S、Cu等组分的含量超标,所以,有大量此类矿床的矿石属于需选富铁矿。

应该指出,中国主要大-中型富铁矿矿床主要是指矿石平均$w(TFe)>50\%$的。实际上,有的矿区,虽然全区矿石的平均$w(TFe)$低于50%,却拥有不少富铁矿资源储量。例如广东连平大顶矽卡岩型铁矿床,其全矿区矿石的平均$w(TFe)$只有44.99%,达不到富铁矿石的标准,但其中却含有富铁矿7411.9万t(属大型),其平均$w(TFe)$为52.53%。以下简要介绍各类富铁矿矿床的地质特征。

(一)沉积变质贫铁矿(BIF)中的热液改造型富铁矿

沉积变质型铁矿床是中国最重要的铁矿类型,其资源储量占全国铁矿总量的57.7%(赵一鸣等,2004)。因矿石常具典型的条带状构造,故国外称之为Banded Iron Formation,简称BIF。在中国,此类铁矿床在鞍山地区分布最广,且开发利用较早,故被称为广义的鞍山式铁矿,主要集中分布于华北克拉通的边缘及隆起区,如鞍山-本溪、冀东-密云、五台-吕梁、内蒙古中部、豫中许昌和安徽霍邱等地区。这类铁矿赋存于前寒武系变质岩中,形成时代主要为新太古代(2800~2500Ma),次为古元古代(2500~1600Ma),少数为古—中太古代(3600~2800 Ma)(沈其韩,1998;李延河等,2011;沈保丰,2012;万渝生等,2012)。矿体呈层状、似层状、透镜状产于不同的变质岩系中,产状与围岩一致。但中国的BIF一般规模不大,最大延长约10km。矿层厚者可达数十米至200m。容矿围岩明显受原岩岩性和变质作用程度的控制,常见的有斜长角闪岩、变粒岩、千枚岩、绢云绿泥片岩等;部分矿区变质程度较高的有片麻岩、麻粒岩等。矿石金属矿物以磁铁矿为主,因氧化作用,近地表矿体可出现假像赤铁矿。脉石矿物以石英为主,常含有少量硅酸盐矿物,如角闪石、黑云母、透辉石、镁铁闪石、铁闪石、阳起石以及铁白云石等。在少数麻粒岩相的铁矿石中,可出现紫苏辉石和石榴子石。矿石构造大多为条带状或条纹状,条纹、条带的宽度一般为1~5mm,表现为以石英为主的条带(纹)和以磁铁矿为主的条带(纹)相间,变质程度高的矿石可出现片麻状构造。铁矿石的$w(TFe)$大多较低,一般为25%~35%,但其$w(S)$、$w(P)$等均很低,富矿占极少数。富铁矿大多是沉积变质贫铁矿(BIF)经后期热液交代叠加改造的产物,是中国BIF中最重要的富铁矿类型。该类型富铁矿虽总量不大,但分布较广,如鞍山-本溪地区的弓长岭二矿区、樱桃园、王家堡子、西鞍山、南芬庙儿沟等矿区,冀东司家营、水厂等,安徽霍邱地区等(沈保丰,2012)。大多数富铁矿的规模都不大,只有弓长岭二矿区为大型。

(二)沉积变质型贫铁矿(BIF)中的风化淋滤型富铁矿

这类富铁矿是世界上最重要的富铁矿矿石来源,如俄罗斯的库尔斯克、乌克兰的克里沃罗格、澳大利亚的哈默斯里、巴西的卡拉贾斯等铁矿田,均属此类。仅俄罗斯库尔斯克地区,这类富铁矿资源量就多达391亿t(沈永琲等,1995)。1976—1980年,中国在进行富铁矿"会战"过程中,在贫铁矿找矿方面取得不少进展,发现和评价了一批新的铁矿产地,但在富铁矿找矿方面,收效不大。冶金地质系统曾非常重视风化淋滤型富铁矿的寻找,特别是在鞍山-本溪地区和冀东地区的条带状石英磁铁矿贫矿中寻找这类富矿，但均无果而终，不少学者因此认为，中国不具备生成此类型富铁矿的条件（谭顺达，1979；张寿等；1979；孙枢等，1979）。事实上，这类富铁矿在中国是存在的，不过其规模较小而已。在山西岚县袁家村 BIF 贫铁矿矿床中，就有这类富铁矿。袁家村铁矿是一个超大型鞍山式铁矿床，主要由山西省原地质局二一八地质队等勘查完成，累计探明铁矿资源储量 13 亿 t。矿石的平均 $w(TFe)$ 为 29.16%（中国地质调查局，2008）。由于矿体的围岩是一套早元古代浅变质的绢云石英片岩，绢云千枚岩、绿泥片岩等（原岩为正常的海相沉积岩），因此，被普遍认为是中国的苏必利尔型铁矿的典型代表。

（三）陆相火山-侵入岩型富铁矿矿床

这类铁矿床主要分布于宁芜—庐枞地区的中生代陆相火山岩盆地中。矿体多产在次火山岩（闪长玢岩）内外接触带；矿石的 $w(TFe)$ 绝大多数为中等或偏低（22.27%～45.98%），只有极少数矿床矿石的 $w(TFe)$ 达到富铁矿的品位，或含有多量富铁矿（如江苏梅山，50.92%）。现以江苏梅山铁矿为例做简要介绍。梅山铁矿位于下扬子台褶带宁芜中生代火山岩盆地的北段。宁芜盆地内发育一套晚侏罗世—早白垩世中（基偏碱）性火山-侵入杂岩。盆地内出露的地层为下—中三叠统灰岩，上三叠统砂页岩，侏罗系砂岩、砂砾岩夹安山质火山碎屑岩与泥灰岩。与铁矿有关的次火山岩体为辉长闪长玢岩。梅山铁矿床的主矿体产于辉长闪长玢岩与黑云辉石安山岩的接触带，为一大的透镜状盲矿体，长轴方向为 NE20°；矿体长 1370m，宽 824m，厚 134m，向边缘变薄，出现分支乃至突然尖灭。

（四）海相火山岩型富铁矿矿床

根据海相火山岩型铁矿床形成方式的不同，可分为海相火山沉积型和海相火山热液型 2 个亚类。由于前者的富铁矿较重要，因此，下面主要介绍该类富铁矿。

海相火山沉积型铁矿是中国最重要的富铁矿类型之一，其中的炼钢用富矿和炼铁用富矿占有较大比重。它们主要分布在海南石碌、新疆天山阿吾拉勒铁矿带等地区，典型矿床以海南石碌铁矿和新疆西天山式可布台铁矿比较出名。

海南石碌铁矿床石碌铁矿是闻名全国的以赤铁矿为主的大型富铁矿矿床，是炼钢（铁）富铁矿的重要生产基地。矿区已探明炼钢用富矿 5 732.7 万 t，炼铁用富矿 8 999.7 万 t，另有需选富矿 7 573.5 万 t，三者均属大型，连同贫铁矿一起，累计探明铁矿资源储量 3.68 亿 t（姚培慧等，1993）。该矿床位于华南造山系南缘、海南隆起的西北部。含矿地层为新元古界青白口系石碌群，是一套浅变质具类复理式沉积特征的板岩、千枚岩、变质粉砂岩、石英岩、白云质大理岩。矿区内的石碌群变质岩系分为 7 层，铁矿体主要赋存于石碌群第 6 层，与容矿地层呈整合接触。该含矿层（第 6 层）自上而下可分为 4 个岩性段：第 4 段为变质粉砂岩、石英岩和千枚岩，下部有 8～10m 的铁矿层；第 3 段为厚层白云岩夹薄层结晶灰岩、薄层碳质板岩、千枚岩、含透辉石透闪石白云岩、透辉透闪石岩；第 2 段为石英岩、含铁变粉砂岩、透辉透闪石岩、千枚岩，上部和中部各有一层铁矿，底部见有石膏、硬石膏；第 1 段为白云岩、透辉透闪石岩、铜钴矿层。矿区构造总体为一轴向近东西向的朝东倾伏的复式向斜。铁矿体呈似层状产于该复式向斜的轴部，铜钴矿体产于铁矿体的下侧。区内有 8 条北西向和近南北向的断裂，多为成矿后断裂，对矿体的产状、形态造成一定影响。

（五）矽卡岩型富铁矿矿床

矽卡岩型富铁矿矿床是中国最重要的富铁矿类型，约占全国富铁矿总资源储量的 60%，分布于全国 16 个省（自治区），相对集中地分布在鄂东南、河北邯邢、山东济南、莱芜、淮北、闽南、粤东等地区，但其规模多以中-小型为主，也有部分矿床为大型。从富铁矿的工业类型看，由于这类富铁矿石的硫化物含量偏高,不少大-中型矽卡岩富铁矿矿床的矿石属需选富矿,占这类富铁矿资源总量的一半以上,炼铁用富铁矿约占30%,而炼钢用富铁矿仅占10%不到。根据与成矿有关的侵入体的岩性组合及其所反映的区域地质背景和矿化元素组合,可将矽卡岩型富铁矿矿床大致分为以下3类。

1. 与中性和基性侵入岩有关的富铁矿矿床

这类富铁矿床主要分布在华北克拉通内隆起区边缘的坳陷带,以邯邢式铁矿床为代表,如山东莱芜张家洼、淄博金岭、济南及河北沙河的白涧铁矿等。在华北克拉通,与成矿有关的岩体主要是燕山期闪长岩和二长岩,个别矿区为辉长岩(山东济南)。矿体一般呈似层状、透镜状产于侵入体与中奥陶统大理岩、白云质大理岩接触带。近矿岩体的钠质交代作用十分强烈,主要是钠长石化,次为方柱石化。与矿体伴生的矽卡岩属于钙矽卡岩与镁矽卡岩之间的过渡类型——钙镁质矽卡岩(赵一鸣等,1990)。矿石的金属矿物以磁铁矿为主,次为假像赤铁矿和黄铁矿。伴生金属元素一般较单一,主要是钴,部分矿区(如山东金岭)有铜、金,个别与基性侵入岩有关的矿床还伴有镍、铂等。

2. 与中-酸性侵入岩有关的富铁矿矿床

这类铁矿床主要分布在克拉通边缘坳陷带长江中下游地区的鄂东南一带,被称为大冶式铁矿。该地区与成矿有关的侵入体为燕山期闪长岩、石英闪长岩、花岗闪长岩和二长花岗岩等杂岩体。矿化围岩为三叠系灰岩和含白云质灰岩。金属矿化组合是 Fe-Cu-Co-Au。伴生的矽卡岩主要为钙矽卡岩。富铁矿类型大多属需选富矿,部分矿区为炼铁用富矿。现以著名的大冶铁山矿区为例作一简要介绍。内接触带闪长岩类中的钠长石化是该类铁矿床的重要找矿标志。在鄂东南地区,沿北东-南南西方向等距分布着燕山期的鄂城、铁山、金山店和灵乡4个岩体。在灵乡岩体的东南侧还有殷祖和阳新2个较大的侵入体产出。前4个岩体主要与铁矿有关,而阳新岩体则主要与铜(铁、金)有关。它们的岩性依次是花岗岩、石英闪长岩、闪长岩、闪长玢岩和花岗闪长岩。其中的铁山岩体,其边缘为石英闪长岩和黑云母闪长岩,向岩体中心依次变为正长闪长岩和花岗闪长岩。矿区内出露的地层主要是中-下三叠统灰岩、白云质灰岩夹泥质灰岩和页岩。近岩体接触带因受接触变质作用的影响,上述围岩变质成为大理岩、白云质大理岩,部分变为条带状石榴子石透辉石大理岩。与成矿有关的构造是北西西向的挤压构造带,褶皱和断裂发育。铁山岩体就是沿着铁山背斜北翼断裂带侵入的。成矿前断裂与接触构造的复合部位,对铁矿体的形成起着控制作用。在该区域内,已知有大-中型富铁矿矿床5处,即程潮、大广山、铁山、金山店和灵乡。其中,程潮和大广山铁矿产于鄂城岩体的西南接触带,铁山矿区产于铁山岩体的南接触带,金山店铁矿产于金山店岩体的南接触带,灵乡铁矿产于灵乡岩体的南接触带。

3. 与酸性花岗岩类有关的矽卡岩型富铁矿矿床

这类铁矿床主要分布于闽南-粤东和海南,包括广东大顶、铁山嶂,福建潘田、阳山和海南田独。除广东大顶铁矿为大型外,其余均为中型。其中,海南田独铁矿的矿石属炼钢用富矿,其平均 $w(TFe)$ 高达63%。

(六)热液型富铁矿矿床

这类富铁矿包括高-中温热液型磁铁矿矿床和中-低温热液型菱铁矿(赤铁矿)矿床2个亚类。在成因上,高-中温热液型磁铁矿矿床大多与同一地区同一成矿时期的矽卡岩型铁矿有着内在的时空联系,共同构成一个成矿系列,并且其矿石品位较富。而中-低温热液型菱铁矿(赤铁矿)矿床主要受区域性断裂的控制,与侵入岩和矽卡岩型铁矿床的时空关系不明显,如山东淄博的文登、店子褐铁矿(菱铁矿)矿床和云南康滇地轴南端的鲁奎山、大六龙和他达等菱铁矿(赤铁矿)矿床。四川冕宁泸沽铁矿床是该类富铁矿的典型矿床。

第四节　国内铁矿勘查研究现状

一、我国铁矿资源勘查进展

回顾铁矿勘查历史会发现,铁矿勘查有过繁荣,也经历过曲折。其繁荣期从中华人民共和国成立初期到1980年,全国累计完成2800多万米钻探工作量,而后便是长期萧条。1981—2003年,勘查投入下滑,部分年份钻探工作量不足万米,几乎停滞。自然资源部资料显示,2004年后铁矿勘查才逐步复苏,投入和钻探工作量,较前一时期均成倍增长。

自1976—1980年开展铁矿"会战"以后,我国铁矿勘查基本处于停滞状态,只有部分单位开展了少量矿山补勘和矿山深部及周边地质勘查的工作,中央和企业对铁矿勘查投资几乎为零。但自2000年以来,特别是2003年之后,受钢铁工业对铁矿石需求急剧增长和铁矿价格大幅提升的刺激,铁矿勘查再度成为热点。据不完全统计,1999—2007年间投入铁矿勘查的资金达到9亿元,完成钻探工作量约10万m,坑探约26万m,槽探约180万m^3,取得了一批显著的勘查成果。

1. 大-中型铁矿山深部及外围勘查

通过对已查明矿体深部和外围的勘查,挖掘这些矿山的资源潜力,保障铁矿石的持续生产供应,成为了铁矿勘查工作的重点。2006年,《国务院关于加强地质工作的决定》出台后,我国铁矿勘查投入明显加大,全国陆续取得一批重要铁矿找矿发现和成果。河北迁安、湖北大冶、辽宁弓长岭和砣子山等一批已知铁矿床深部和外围取得重要勘查成果,其中大-中型矿山深边部近期可利用的铁矿资源约200亿t。

2004年开始实施的危机矿山接替资源评价项目,在部分老矿山深部新增一批铁矿资源储量。截至2007年底,9个矿山新增铁矿推断的资源量6.75亿t。其中,辽宁鞍山弓长岭铁矿深部接替资源勘查新增富铁矿石0.77亿t;砣子山铁矿接替资源勘查新增铁矿1.50亿t;河北迁安接替资源勘查新增铁矿1.7亿t,并在深部获得品位53.48%的富铁矿体;湖北大冶铁矿深部接替资源勘查,在500～1100m深处探查到第三台阶的铁矿体,新增富铁矿储量0.14亿t,伴生铜7.75万t,硫66.53万t,钴4 654.94t,金4.45t,银34.49t;此外,内蒙古白云鄂博铁矿2006—2008年新探明铁矿储量1.2亿t;其他如海南碌铁矿、河北黑山铁矿、安徽省马鞍山市和尚桥铁矿、江西省新余市良山铁矿、新疆富蕴县蒙库铁矿接替资源勘查等也取得了重要进展。根据中国冶金地质总局对全国86个铁矿危机矿山调查报告评估的结果,预测到铁矿山接替资源勘查项目完成,我国新增可供开发利用的铁矿资源储量达30亿t以上。

2. 低缓磁异常查证

据我国东部地区主要铁矿成矿区(带)低缓磁异常查证工作成果,预测资源潜力约70亿t。如河北冀东铁矿区司马常铁矿成矿带铁矿勘查,已获铁矿资源量13亿t;辽宁桥头铁矿区勘查,获铁矿资源量17亿t;山东济宁兖州铁矿勘查,获铁矿资源量10亿t;安徽泥河铁矿勘查,获铁矿资源量10亿t;河南练村、山西赵北—温子堡和呼延庆山铁矿勘查,获铁矿资源量均超过1亿t。

3. 其他铁矿勘查

新疆蒙库铁矿1—9号矿体地质详查提交铁矿资源量2亿t,新疆西昆仑北段卡拉东、契列克奇铁矿普查获铁矿资源量1.71亿t,新疆查岗诺尔M3铁矿勘查获铁矿资源量0.52亿t,新疆东部地区富铁矿勘查获铁矿资源量0.68亿t,甘肃大红山铁矿北矿带地质普查获铁矿资源量1亿t等。

二、我国铁矿资源勘查现状及资源潜力

铁矿作为我国对经济发展起支撑作用的大宗短缺资源,早在2001年国务院批复的首轮《全国矿产资源规划》中,就已将其列为鼓励勘查和开发的重要短缺矿种;2009年出台的《全国矿产资源规划(2008—2015年)》,继续将其列为鼓励勘查和开发的重要短缺矿种,并要求实现铁矿找矿的重大突破,新增铁矿资源储量90亿t。随后自然资源部又积极部署了"358"项目、青藏专项、危机矿山和地质矿产保障工程等,使得我国铁矿勘查投入呈逐年大幅增加趋势。据《中国国土资源年鉴》数据,2002—2010年,铁矿勘查投入从2325万元增加至35.8亿元,年均增长87.9%(王海军等,2013)。据《2019年全国地质勘查成果通报》,2012—2019年,全国铁矿勘查投入从49.54亿元降至2.24亿元,降幅95.5%。

随着经济全球化的发展和我国加入世界贸易组织,我国将更加有利于在世界范围内进行资源配置,实施全球化的矿产资源战略。首先,加强国外市场的勘查,建立国外稳定的矿产供应地。矿产资源在地域上分布不均衡,根据美国地质调查局资料,澳大利亚、巴西、印度、南非等国家拥有非常丰富的铁矿资源,它们的铁矿资源储量占世界总量的38.8%,这些国家不仅铁矿资源丰富,而且以富矿见长。因此,必须扩大矿产资源领域的国际合作,通过政府、企业等多渠道合作,加大到境外开发铁矿的力度,鼓励和支持有条件的企业积极地"走出去",大力推进国外资源的合作勘查、开发,争取3~5年内形成一批稳定的铁矿石供应基地,以确保实现国际市场资源的优化配置,保证我国矿产资源的持续有效供给。我国企业到境外开发铁矿已有成功经验,如中钢集团与澳大利亚哈默斯利铁矿有限公司合资开发恰那铁矿,首钢独资开发秘鲁玛科纳铁矿,宝钢分别与巴西淡水河谷公司、澳大利亚哈默斯利铁矿有限公司合资开发铁矿等。其次,应规范铁矿石进口经营秩序,加强铁矿石贸易中的话语权。

经过60多年的地质勘查工作,我国中、东部地区铁矿资源分布格局基本上明朗,西部铁矿成矿远景也已初步掌握。但是,我国铁矿勘查程度较低,勘查深度较浅,绝大多数矿床勘查深度在500m以浅(马建明,2009)。我国铁矿资源地质勘查工作程度总体上呈现"东高西低,浅高深低"的态势,西部部分地区甚至是勘查的空白区,并且500m以深还有很大的找矿空间。我国未查明的铁矿资源潜力以沉积变质型、岩浆岩型、火山型和接触-热液型为主要的找矿类型,兼顾可选的沉积型铁矿。总的方向是西部开拓新区,中、东部加强深部找矿及老矿山深部及外围找矿(吴荣庆,2009)。据专家预测,我国1000m以浅未查明铁矿资源远景高达1000亿t,特别是在已知的重要铁矿集中区的深部具有很大的找矿空间和潜力,我国铁矿资源的地质勘查大有可为(吴荣庆,2009)。

三、山东省铁矿的分布

山东铁矿分布较为广泛,现已发现和探明的铁矿床(点)在济南、淄博、泰安、济宁、临沂、枣庄、潍坊、青岛、烟台、威海、日照和菏泽12个市(地)的43个县(市、区)均有分布,蕴藏有铁矿资源的行政区,分别占全省16个市(地)、139个县(市、区)的75%和31%。探明的工业矿床分布在济南、淄博、泰安、济宁、枣庄、临沂、青岛、烟台、潍坊、威海等12个市(地)的21个县(市、区)中,其地理分布很不均匀。截至2015年底,全省累计查明铁矿资源储量62.67亿t(张增奇等,2016)。在全省查明的80处铁矿床(区)中,鲁西地区探明71处矿区,大、中型铁矿床几乎都分布在该区,铁矿保有储量占全省总储量的94%,以泰安、莱芜、临沂、淄博等地铁矿探明储量最多,约占总储量的82%,其中泰安、临沂等地铁矿基本属于变质沉积型贫铁矿(孔庆友等,2006;郝兴中,2014);鲁东地区仅探明11处矿区,保有储量约占总储量的6%。山东富铁矿主要分布在莱芜、淄博、济南等地,占总储量的41.5%,是全省铁矿山开发建设的主

要地区。就分布特点来看,区域差异较大,鲁西铁矿产地分布集中,大、中型矿床较多;鲁东铁矿产地多分散分布,矿床规模一般也较小(孔庆友,2006)。

山东省铁矿在地理分布上表现为明显的集中成带分布特点,主要的铁矿集中分布区(带)包括济南-莱芜-淄博、昌邑-安丘、青州淄河、沂源韩旺、苍山-峄城、济宁-汶上-东平,主要位于鲁西地块和沂沭断裂带附近。从控矿地质条件分析,主要有3种类型,即受变质地层控制的、受岩体控制的和受构造控制的。受变质地层控制的铁矿床赋存于泰山岩群、济宁群、粉子山群、荆山群和芝罘群,形成沉积变质型铁矿床。受岩体控制的铁矿床主要是分布于济南-莱芜-淄博一带的中生代中基性侵入岩体与早古生代灰岩接触部位的铁矿,形成接触交代型铁矿床。受构造控制的铁矿床主要是分布于淄河断裂附近的朱崖式铁矿。在成矿时代上,可分为前寒武纪和中生代两大成矿时代。

受成矿地质条件控制,不同类型的铁矿床产出的大地构造部位也不同,全省4种主要类型的铁矿床产出地质构造部位分述如下。接触交代型铁矿床主要赋存在鲁西地块(隆起区)北部靠近滨(州)聊(城)地块(坳陷区)的次级坳(凹)陷的边缘地带,山东一些大、中型铁矿床主要产在这个构造部位上;沉积变质型铁矿床虽然分布范围较广,但是97%的蕴藏量主要集中在鲁西地块(隆起区)的中南部边缘;中低温热液交代充填-风化淋滤型铁矿床,主要分布在鲁西地块(隆起区)北部淄河断裂带附近,也是该类型重要的工业铁矿床赋存构造部位;岩浆型钛铁矿主要分布于沂沭断裂带内及其附近,近年来在此处发现一系列大、中型钛铁矿床,见图1-3。

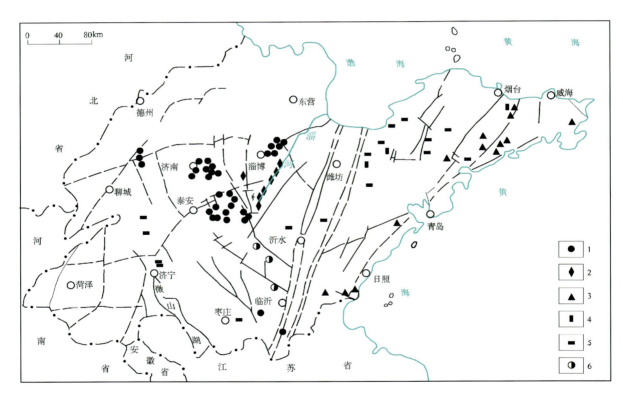

图1-3 山东省各类型铁矿床分布略图
1.矽卡岩型铁矿;2.中低温热液交代充填-风化淋滤型铁矿;3.热液型铁矿;4.岩浆型铁矿;5.沉积变质型铁矿;
6.沉积-残积型铁矿

在矿体赋存部位方面有以下特征。①沉积变质型铁矿受层位、构造控制明显,多产于变质铁硅建造和变质基性火山岩层附近,褶皱核部往往形成厚大矿体。②接触交代型铁矿受岩浆岩、围岩和构造控制。与成矿关系最密切的岩浆岩是中性及中偏基性岩类,即辉长闪长岩、黑云闪长岩、透辉闪长岩等,与铁矿成矿最密切的岩体产状是岩盖或岩床,岩体的倾伏部位往往成矿最好,在捕虏围岩处和岩体的分叉处,常是铁矿体赋存的有利场所,似层状侵入体的上接触带也是成矿的有利部位,特别是似层状侵入体的局部凸起部位及凹凸骤变处是重要的控矿部位;若岩体边部具有"多层"侵入特点,铁矿体也具"多层"的特点;控矿的有利围岩为奥陶系马家沟群北庵庄组、五阳山组和八陡组灰岩。成矿岩体受区域东西向断裂构造和北西向断裂构造的控制,断裂是杂岩体的导岩、控岩构造,断裂构造的交会部位或断裂构造与褶皱构造的交会部位,由于岩石破碎形成岩石的脆弱带,易于矿液的流动富集,往往形成规模大、品位高的矿体;褶皱构造对矿床的控制作用明显,岩体一般分布背斜的核部,两侧为沉积地层,铁矿体均在背斜周缘分布,特别是在背斜的转折端和倾伏端处。③中低温热液交代充填-风化淋滤型铁矿主要受断裂构造和围岩成分控制,淄河断裂带内的数条走向大致平行的断裂是控制该类型矿床的典型构造。

四、山东省铁矿床类型

山东省铁矿床类型较多,根据类型成因进行划分,主要有5个成因大类,分别为沉积变质型铁矿床、矽卡岩型铁矿床、热液型铁矿床、岩浆型铁矿床和沉积-残积型铁矿床。其中,以沉积变质型铁矿最为重要,占已探明资源储量的88%,其次为矽卡岩型铁矿床,占已探明资源储量的5%左右。不同类型的铁矿床产出的大地构造部位也不同。矽卡岩型铁矿床主要赋存于鲁西地区(隆起区);沉积变质型铁矿床虽然分布范围较广,但97%的蕴藏量分布在鲁西地块(隆起区)的中南部边缘;热液型铁矿床,主要分布在鲁西地块(隆起区)北部淄河断裂带附近。主要矿床类型及其特征详见表1-4。

表1-4 山东省铁矿类型划分表

成因大类	成因亚类		典型矿床或代表性产地
沉积变质型铁矿床	中太古代沂水岩群沉积变质型铁矿床	与石山庄岩组黑云二辉麻粒岩、紫苏斜长角闪岩、角闪黑云变粒岩有关的沉积变质型磁铁矿床	沂水东院、沂水罗家庄
	中太古代唐家庄岩群沉积变质型铁矿床	与唐家庄岩群斜长角闪岩、二辉角闪麻粒岩有关的沉积变质型磁铁矿床	莱西唐家庄、莱阳吕家庄
	新太古代泰山岩群沉积变质型铁矿床	与雁翎关岩组角闪质岩石有关的变质火山沉积型磁铁矿床	沂源韩旺、博山瓦泉寨
		与山草峪岩组变粒岩、斜长片麻岩有关的沉积变质型磁铁矿床	兰陵王埝庄、汶上张宝庄、单县大刘庄
		与柳行岩组黑云变粒岩、斜长角闪岩有关的沉积变质型磁铁矿床	沂水杨庄、北躲庄、乘丹山、安丘锁头山
	新太古代济宁群沉积变质型铁矿床	与济宁群有关的千枚岩、板岩以及火山碎屑岩有关的沉积变质型磁铁矿床	济宁颜店、翟村
	古元古代粉子山群沉积变质型铁矿床	与小宋组黑云变粒岩、斜长角闪岩有关的变质火山沉积型磁铁矿床	昌邑东莘庄-塔连
矽卡岩型铁矿床	与中-基性侵入岩、浅成岩有关的接触交代-高温热液交代型磁铁矿床		济南、莱芜、金岭、齐河-禹城
	与中-酸性侵入岩、浅成岩有关的接触交代-高温热液交代型磁铁矿床		兰陵莲子汪

续表 1-4

成因大类	成因亚类		典型矿床或代表性产地
热液型铁矿床	中生代燕山期热液-风化淋滤型褐铁矿床	中低温热液交代充填-风化淋滤型褐(菱)铁矿矿床	淄河一带的黑旺、朱崖、文登、店子
	新元古代震旦期岩浆期后热液型铁矿床	与花岗闪长斑岩有关的高-中温热液交代型含铜、金、磁铁矿矿床	日照高旺、丁家营子、莒南坪上
	中生代燕山期岩浆期后热液型铁矿床	与斑状花岗岩、花岗闪长岩有关的高-中温热液交代型磁铁矿	乳山马陵、莱州大涩河
岩浆型铁矿床	中元古代岩浆分异型铁矿床	与角闪岩、辉石岩有关的磁铁矿矿床	牟平祥山、峡山高戈庄
	中生代岩浆分异型铁矿床	与角闪岩有关的钛(磁)铁矿矿床	莒县肖家沟
沉积-残积型铁矿床	晚石炭世沉积-残积型铁矿床	铁铝建造中的赤铁矿-褐铁矿矿床	临沂八块石、蒙阴小张瞳、薛城南石

五、山东省铁矿勘查工作现状

山东省已探明储量的铁矿有 163 处。主要分布在济南、莱芜、淄博、泰安、济宁、枣庄、临沂、潍坊、青岛、烟台、威海地区，钛矿主要分布在日照、临沂莒南、潍坊诸城。

近代铁矿调查始于 19 世纪 60 年代。欧美、日本及中国的学者先后对山东铁矿资源进行了调查。其中，1869 年普鲁士人李希霍芬是首位对山东铁矿进行调查的外国人(陶世龙，1992)。20 世纪 20 年代前后，丁文江、谭锡畴、安特生等人相继对临淄金岭、济南历城及章丘等地铁矿进行调查，并著有报告。20 世纪 20—40 年代，一大批日本人，如木户忠太郎、青地乙治、增渊坚吉等人，先后对济南、莱芜、临沂等地进行铁矿调查，编有调查报告。

1949 年以后，刘国昌、马子骥、赵家骧、谢家荣和郭文魁等，先后对莱芜、新泰、蒙阴、临淄金岭及胶东地区的一些铁矿进行地质调查。山东地矿及冶金系统等开展了大量的铁矿地质调查、勘查和科学研究工作，积累了丰富的铁矿地质资料，探明了一大批铁矿床，为山东钢铁工业的发展和合理布局提供了资源储量和地质依据。

1953 年以后，山东铁矿地质工作进入稳步发展的阶段。此期间，山东地矿及冶金系统对临淄金岭、济南地区的接触交代型铁矿(时称"大冶式铁矿")和沂源韩旺变质型铁矿(鞍山式铁矿)进行了普查勘探，先后勘探了金岭的铁山、北金召、肖家庄铁矿区、济南铁矿的东风和果园矿区以及沂源韩旺铁矿，探明铁矿资源储量约 2 亿 t。1956 年，山东地矿及冶金系统在莱芜地区开展了铁矿普查，为扩大山东铁矿资源奠定了基础。

1958—1985 年间，全省铁矿地质工作进入快速发展阶段。开展了 1∶100 万至 1∶20 万航空磁测和一定范围的地面磁测工作以及 1∶5 万和 1∶2.5 万的磁测工作；勘探了金岭铁矿的南北岭、四宝山和侯家庄铁矿区，莱芜铁矿马庄、赵庄、顾家台、业庄、普村、杜官庄、温石埠、铁铜沟、孤山和峭峪铁矿区，济南铁矿张马屯、农科所、王舍人庄、徐家庄和虞山铁矿区以及苍峄铁矿。此外，还对淄博黑旺、沂源芦芽店，乳山马陵，牟平祥山，平度于埠和昌邑高戈庄等低温热液、高温热液和岩浆晚期类型铁矿进行了普查勘探。探明铁矿资源储量约 5 亿 t。在金岭铁矿、莱芜铁矿及济南郭店地区的铁矿经过 8 年勘探工作，探明资源储量约 1 亿 t。1971 年之后，对莱芜地区铁矿、临淄金岭地区铁矿、济南的机床四厂、郭店和南顿丘铁矿,莱州的大泲河和西铁埠铁矿,东平铁矿,昌邑东辛庄铁矿以及郯城马家屯铁矿等矿区,进行了普查勘探,探明资源储量约7亿t。对沂源韩旺和苍峄沉积变质型铁矿开展了补充勘探。在此期间,先后开展了全省铁矿V级、IV级及III级成矿区划和铁矿资源总量预测工作,建立了主要类型铁矿床的找矿模型和定量预测模型,圈定了进一步找矿的靶区,计算了F级、G级资源量以及资源总量,为制订铁矿地质工作规划提供了依据。

2005年3月—2010年12月,先后有山东省第一地质矿产勘查院、山东省第四地质矿产勘查院、山东省鲁地矿业有限公司、山东省物化探勘查院、山东省鲁南地质工程勘察院等多家单位在兖州-济宁-汶上-东平铁矿带开展了铁矿勘查工作,求得铁矿石资源量约160亿t。

1975年12月—2015年5月,先后有山东省地质局、冶金局、矿山设计院、鲁南地质工程勘察院、第七地质矿产勘查院、物化探勘查院等多家单位在苍峄铁矿带开展了铁矿勘查工作,获得铁矿石资源量约6.7亿t。

2003年5月—2009年5月,先后有山东省第一地质矿产勘查院、山东省第八地质矿产勘查院在沂源沂水铁矿带开展了勘查工作,新增铁矿石资源量约1亿t。

2002年7月—2018年,先后有山东省第一地质矿产勘查院、山东省第四地质矿产勘查院、山东省冶金正元勘查院、正元地质资源勘查有限责任公司、山东省地质调查院、山东省煤田地质规划勘察研究院、中化地质矿山总局山东地质勘查院等多家单位在昌邑、莱芜、金岭、齐河、禹城等地开展物探、地质勘查等工作,获得了较好的勘查成果。

莱芜富铁矿矿集区:唐宋时期的莱芜,已是山东重要的冶铁中心。在宋元丰元年(1078年),莱芜产铁605t。1958—1990年,莱芜地区的铁矿经历了大发展—停产、停建—恢复生产—停建、缓建—迅速发展等多个阶段,铁矿石产出量在全省同期占比较高。1990年开始,铁矿开发在调整中逐步发展,莱芜矿集区是山东省主要的铁矿石生产基地,从2000年以后随着我国经济的快速发展,带动了对铁矿资源的巨大需求,一批大、中型矿山相继勘查开发,如莱芜顾家台铁矿等经充分论证后投入生产。并且很多民营企业的中-小型铁矿开发呈遍地开花之势。

金岭富铁矿矿集区:魏晋南北朝时,南燕建平三年(公元402年)即开采商山(今临淄金岭铁山)铁矿。鸦片战争后,西方列强相继入侵中国,金岭等铁矿资源遭到德国、日本的掠夺和破坏。中华人民共和国成立后,山东省人民政府接管了金岭等铁矿。自1996年开始,陆续对金岭地区北金召、召口、肖家庄、侯家庄、小高家庄、王旺庄、立子营等铁矿产地开展矿产勘查及矿业开发工作。

济南富铁矿矿集区:济南铁矿地质调查工作始于1941年8月,日本人大西千秋和增渊坚吉著有《济南东方铁矿产地磁力探矿要旨调查报告》和《济南东方铁矿调查报告》,最高含铁品位达67.01%,平均60%以上。中华人民共和国成立后,先后对王舍人庄、徐家庄、东风、农科所、张马屯、农场果园、沙沟、高尔、机床四厂、武家山、东顿邱、流海、虞山等多个铁矿产地进行了矿产勘查工作。而济南富铁矿的开采冶炼历史悠久,历代文献多有记载,汉代朝廷在产铁地区设铁官监理矿山,山东占12处,就包含历城(济南)。中华人民共和国成立后,地质、冶金等部门先后勘查出一大批富铁矿床及矿点。济南铁矿、郭店铁矿等先后被开发。目前大部分已经停采或闭坑,还有部分铁矿因水量大,埋藏深或地面厂矿建筑物等压矿,未能得到开发利用,如王舍人庄铁矿、机床四厂铁矿、徐家庄铁矿等。

齐河富铁矿矿集区:该区的地质工作,2000年以前主要以煤田勘查为主,2000年以后,随着全省深部找矿工作的逐步推进,普查区及周边陆续开展了以铁矿勘查为主的航磁测量、重力测量、电法测量及钻探工作,在齐河-禹城深覆盖区的铁矿勘查和科研工作取得了重要进展。2011年,先后有山东省地质调查院、中国地质调查局国土资源航空物探遥感中心、山东省煤田地质规划勘察研究院、中化地质矿山总局山东地质勘查院等多家单位在该区开展过铁矿勘查和评价工作,获得了较好的成果。

淄河富铁矿矿集区:从1959年至今,山东冶金局第一勘探队、山东省地质局第一综合地质大队、山东地质局一队、山东省地质局等多家单位在该区开展过铁矿勘查及评价工作。其中淄河铁矿自1958年开采至今已采出铁矿石近2000万t,主要采区是黑旺铁矿。店子铁矿从1976年被发现至今经过多次变更,2005年对其采矿区范围内的Ⅰ、Ⅱ、Ⅲ号矿体进行了储量核实,估算铁矿石探明和控制资源量2 127.0万t,TFe平均品位45.08%,截至2004年底,动用资源储量为460.9万t。

第五节　山东省富铁矿的资源状况分布、成因类型划分

一、山东省富铁矿资源分布

山东铁矿分布较为广泛,现已发现和探明的铁矿床(点)分布于13个市(地)的43个县(市、区),截至2015年底,全省累计查明铁矿资源储量62.67亿t(张增奇,2016)。鲁西地区是山东省大、中型铁矿床主要聚集区,铁矿保有储量占全省总储量的94%。

山东富铁矿主要分布在莱芜、淄博、济南、齐河等地,就分布特点来看,山东省富铁矿集中分布在莱芜区、淄博金岭、淄博淄河、济南、齐河等5个矿集区。

莱芜富铁矿矿集区:主要包括莱芜区及泰安市东部。总体处于莱芜断陷盆地的东部区域,现已探明矿床(点)30余处,其中,大型矿床2处,中型矿床3处,小型矿床22处,探明总资源储量6.2亿t,是山东省重要的冶铁中心,也是山东省铁矿采冶年代久远的地区之一。

淄博金岭富铁矿矿集区:主要分布于淄博市临淄区金岭镇,范围较小。现已探明矿床(点)22处,其中,大型矿床1处,中型矿床8处,小型矿床10处,矿点3处,探明总资源储量超2亿t,是山东省钢铁工业铁矿石主要供应基地,也是山东省铁矿采冶年代久远的地区之一。

济南富铁矿矿集区:主要分布于济南市的历城区、历下区、章丘区,现已成为济南市的主城区,铁矿开采已逐渐退却。已探明矿床(点)28处,其中,中型矿床4处,小型矿床19处,矿点5处,探明总资源储量5 877.3万t,是原山东济钢铁矿石主要供应基地。

淄河富铁矿矿集区:主要分布于淄博市淄河地区,富铁矿床沿淄河断裂带呈北北东向分布。现已探明矿床(点)15处,其中,大型矿床1处,中型矿床2处,小型矿床12处,矿点31处,探明总资源储量超2亿t。淄河铁矿原来主要为山东省济钢、莱钢、益都钢厂、临淄铁厂、张店钢厂提供优质矿石。

齐河禹城富铁矿矿集区:主要分布于黄河以北的齐河县禹城市境内。该矿集区在2000年以前主要以煤田勘查为主,随着全省深部找矿工作的逐步推进,对齐河-禹城深覆盖区磁异常验证工作取得了重要进展。截至2020年6月该区共施工钻孔14个,完成钻探工作量16 379.72m,有近9个钻孔见矿,初步探求资源储量2000万t。齐河富铁矿矿集区是最新发现的富铁矿聚集区,找矿勘查工作正有序推进。

二、山东省富铁矿成因分类

山东省富铁矿主要有接触交代(矽卡岩)型富铁矿矿床及中低温热液充填交代-风化淋滤型富铁矿床。

1. 与中性和基性侵入岩有关的接触交代(矽卡岩)型富铁矿矿床

这类富铁矿床主要分布在华北克拉通内隆起区边缘的坳陷带,在山东省,主要分布在莱芜、淄博金岭、济南及齐河禹城等地,代表性矿床有莱芜张家洼、淄博金岭、济南张马屯及齐河的李屯铁矿等。在山东,与成矿有关的岩体主要是燕山期闪长岩(莱芜、金岭、齐河)和辉长岩(山东济南)。矿体一般呈似层

状、透镜状产于侵入体与中奥陶统大理岩、白云质大理岩接触带。控矿围岩主要为奥陶系马家沟群北庵庄组、五阳山组和八陡组，阁庄组中也有少量铁矿存在。近矿岩体的钠质交代作用十分强烈，主要是钠长石化，次为方柱石化。与矿体伴生的矽卡岩属于钙矽卡岩与镁矽卡岩之间的过渡类型——钙镁质矽卡岩（赵一鸣等，1990）。矿石的金属矿物以磁铁矿为主，次为假象赤铁矿和黄铁矿。共伴生金属元素有金、铜、钴、银、铅锌、硫等，山东金岭矿区有铜、金，莱芜铁铜沟铁矿、三岔河铁矿有金、铜、钴、硫，沂源裕华铁金矿有铅、锌、银。

2. 中低温热液充填交代-风化淋滤型富铁矿床

中低温热液充填交代-风化淋滤型富铁矿又称淄河式铁矿，是山东省首先发现的一种铁矿类型。主要分布在鲁西隆起的中北部，大体沿淄河断裂带展布，淄河断裂对矿体的形成有明显的控制作用，与有关侵入岩和矽卡岩型铁矿床的时空关系不明显。控矿围岩从新太古界泰山岩群到下古生界寒武系和奥陶系中都有分布。但寒武系炒米店组和奥陶系马家沟群北庵庄组、五阳山组是 3 个主要赋存层位。矿体形态主要为层状、似层状和脉状。矿体沿走向长数十至数千米，宽几十厘米至数米，延伸多在数十米以内。该类矿床矿石的矿物成分主要为褐铁矿、（针铁矿）菱铁矿。TFe 含量为 $43\%\sim50\%$。伴生有益组分 Mn 含量为 $0.54\%\sim2.9\%$。代表性矿床有青州文登、店子、黑旺、朱崖等褐铁矿（菱铁矿）矿床。

第二章　莱芜富铁矿矿集区

莱芜富铁矿矿集区位于山东省鲁西地区,包括莱芜区大部和泰安市东部地区。莱芜富铁矿矿集区处于华北板块(Ⅰ)鲁西隆起区(Ⅱ)鲁中隆起(Ⅲ)新甫山-莱芜断垄(Ⅳ)泰莱凹陷(Ⅴ)和新甫山凸起(Ⅴ)区。莱芜富铁矿矿集区大致以泰安-大王庄断裂为北界,以铜冶店-孙祖断裂为东界;西部、南部边界不是十分明显,西界大致以范镇断裂(F_6)为界,南界由于峭峪岩体超过盆前断裂(F_{12})而南移。全区面积约2657 km²。

莱芜富铁矿矿集区分布有金牛山、峭峪、矿山和铁铜沟四大中生代侵入杂岩体,由于大多呈底劈式上升侵位,形成呈北东向倾伏的短轴背斜或穹隆,中-基性侵入杂岩体(闪长岩系列)侵位于奥陶纪灰岩中,形成接触交代式矽卡岩型富铁矿床,矿体主要赋存于闪长岩与奥陶纪灰岩的接触带上,部分赋存于岩体内灰岩捕房体(多为矽卡岩)或岩床的顶部,少量矿体沿围岩的层间薄弱带分布。这种特殊的构造岩浆成矿环境造就了莱芜富铁矿矿集区。

第一节　莱芜富铁矿矿集区成矿地质条件

一、地层

莱芜矿集区地层区划属华北-柴达木地层大区、华北地层区、鲁西地层分区。由老到新依次出露太古宇泰山岩群,古生界寒武系、奥陶系、石炭系、二叠系,中生界侏罗系、白垩系,新生界古近系和第四系。

（一）泰山岩群

泰山岩群主要出露于莱芜盆地南侧和东南,被新太古代及古元古代岩浆岩侵入肢解,呈残留体或包体状零星分布。泰山岩群由石榴石英岩、斜长角闪岩、黑云变粒岩、二云石英片岩、透闪阳起片岩、磁铁石英岩及科马提岩等组成,经受了中压角闪岩相变质作用,属沉积岩-火山岩沉积建造。自下而上划分为雁翎关岩组、山草峪岩组、柳杭岩组,总厚度大于4000 m。

（二）寒武纪长清群

寒武纪地层主要分布于牛泉圣井—颜庄埠东一带及盆地东北部边缘地区,在牛泉镇的圣井、范庄及钢城区南部等地出露较全,北部山区出露零星,在盆地中多隐伏于中生界或新生界之下。馒头组、朱砂洞组岩层内岩溶裂隙、溶洞极为发育。

(1)朱砂洞组：灰白色中薄层白云岩、厚层灰岩夹厚层白云岩，含燧石结核及条带，底部有时发育含砾中粗粒砂岩、砾岩等。厚度26m。

(2)馒头组：下部为灰黄色、灰紫色白云岩、泥灰岩夹多层生物碎屑灰岩及厚层灰岩夹细砂岩；中部暗紫色、紫红色及砖红色粉砂质页岩夹生物碎屑灰岩、核形石灰岩；上部以浅褐色、灰紫色中薄层含海绿石细砂岩为主，夹粉砂质页岩。紫色和杂色页岩为该组主要特征。顶部灰紫色泥质页岩与九龙群张夏组含海绿石鲕粒灰岩呈整合接触。本组厚225m。

(三)寒武纪九龙群

(1)张夏组：下部为深灰色厚层鲕粒灰岩和云斑灰岩；中部以黄绿色、灰绿色钙质页岩为主，夹少量的薄层泥晶灰岩；上部为藻凝块灰岩、藻屑灰岩及薄层泥晶灰岩。厚172m。

(2)崮山组：以灰白色疙瘩状-链条状泥晶灰岩与黄绿(夹紫红)色钙质页岩、竹叶状灰岩互层为主，夹蓝灰色薄板状灰岩、砂屑灰岩，偶夹薄层鲕粒灰岩、海绿石生物碎屑灰岩。厚97m。

(3)炒米店组：下部以砾屑灰岩与中薄层条带状灰岩为主；中部为深灰色云斑状藻球粒灰岩夹鲕粒灰岩和砾屑灰岩；上部为中薄层云质条带-云斑状泥晶灰岩，局部夹有小竹叶状灰岩及鲕粒灰岩。在泥质条带灰岩中常见海百合茎、虫迹构造与褐铁矿结核。厚302m。

(4)三山子组：下部以黄灰色中厚层白云岩，具残余云斑构造；中部为灰褐—灰红色中薄层细晶白云岩夹砾屑白云岩；上部为灰色厚层含燧石结核及条带白云岩。厚193m。

(四)奥陶纪马家沟群

奥陶纪地层十分发育，主要出露于盆地南部边缘的高庄街道黄沟、南十里河等地。盆地北部有零星出露。在盆地中多隐伏于中生界或新生界之下。马家沟群主要由灰色厚层灰岩及白云岩、白云质灰岩组成。马家沟群由下而上划分为东黄山组、北庵庄组、土峪组、五阳山组、阁庄组和八陡组，马家沟群与富铁矿成矿关系极为密切。

(1)东黄山组：灰黄色薄层泥质条带白云质及泥质灰岩，顶部膏溶现象发育，底部为复成分细砾岩。厚21m。

(2)北庵庄组：以灰-深灰色厚层微晶灰岩为主，上、下部夹少量白云岩。厚206m。

(3)土峪组：土黄色中薄-中厚层白云岩。厚83m。

(4)五阳山组：灰色厚层含燧石结核或条带灰岩夹砂屑灰岩、豹皮状灰岩、砾屑生物碎屑灰岩。厚349m。

(5)阁庄组：黄灰色中薄层细晶白云岩、白云质灰岩。厚95m。

(6)八陡组：深灰色、灰黄色中厚层微晶灰岩及藻屑粉晶灰岩夹少量灰质白云岩及白云质灰岩。厚95m。

(五)石炭统—二叠纪月门沟群

月门沟群主要分布于牟汶河南岸八里沟—颜庄一带，为一套海陆交互-陆相沉积的含煤碎屑岩。月门沟群由下而上划分为本溪组、太原组、山西组。月门沟群有时也与富铁矿成矿关系密切。

(1)本溪组:紫色、黄绿色泥岩、铝土岩及粉砂岩,底部常具不规则铁矿层,上部偶夹黄灰色砂岩。厚20m。

(2)太原组:灰色泥岩、灰岩及煤层。厚168m。

(3)山西组:主要岩性为灰—深灰色、黄绿色泥岩、粉砂岩、砂质黏土岩夹煤层(煤线)。厚154m。

(六)侏罗纪淄博群

侏罗纪淄博群分布于莱城市区及以东地区,出露面积较小,大多隐伏于第四系之下,主要为砖红色中厚层状、薄层状砂岩夹紫红色泥岩、粉砂岩。

(七)白垩纪莱阳群

白垩纪莱阳群主要分布于莱城市区以东地区及东南部,出露面积较小,大多隐伏于第四系之下,主要为棕红-砖红色泥岩、砂岩、砾岩及灰黑色玄武岩、安山岩等。

(八)白垩纪青山群

白垩纪青山群主要见八亩地组,由灰黑色玄武岩、安山岩、火山集块角砾岩、凝灰岩、砂岩等组成。

(九)古近纪官庄群

古近纪官庄群主要见常路组,在莱芜桑园一带出露较好,主要为浅灰色—红色黏土岩、砂岩、砾岩、泥质灰岩。

与莱芜富铁矿成矿有关的地层(围岩)主要有马家沟群北庵庄组、五阳山组和八陡组,其次为本溪组。已经探明的铁矿床,特别是大型铁矿床,主要赋存于五阳山组和八陡组中,其次为北庵庄组,在阁庄组中亦有少量铁矿床分布。与富铁矿成矿有关的灰岩一般质地较纯,CaO含量高,一般为45.77%~54.48%,易于交代成矿,特别是五阳山组和八陡组,CaO平均含量分别为52.23%和54.48%,SiO_2含量低(分别为2.38%和0.94%);而CaO含量低,SiO_2高,则对交代成矿不利。

综上所述,莱芜地区矽卡岩型富铁矿成矿围岩以奥陶纪马家沟群碳酸盐岩为主,其中以纯灰岩最为有利。

二、构造

莱芜富铁矿矿集区主体处于莱芜盆地的东部。以脆性断裂发育为特征,主要发育北东东向、北北西向、北西向、北东向、近南北向和近东西向6组(表2-1、图2-1)。6组断裂构造将矿集区分割成凸起、凹陷相间分布,呈"井"字状展布的构造格局,也对中生代侵入岩、地层和铁矿分布起明显控制作用。

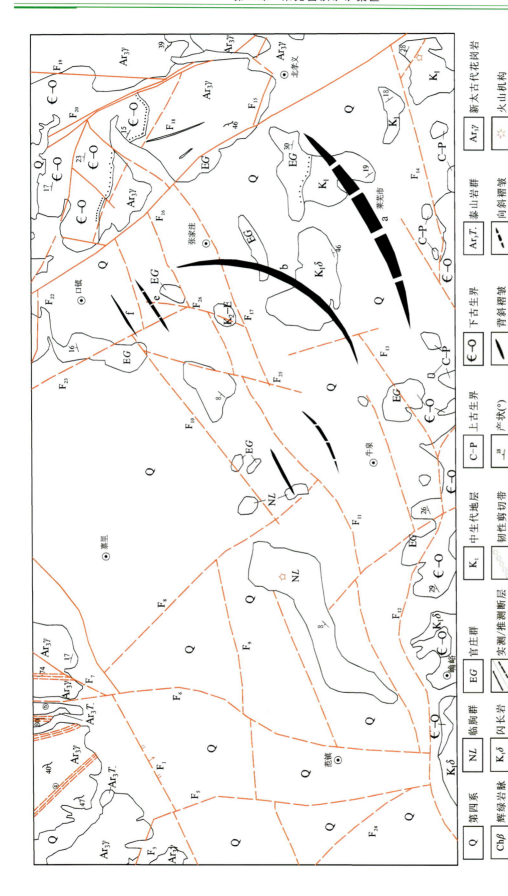

图2-1 莱芜矿集区地质简图（构造纲要图）

表 2-1 莱芜矿集区断裂特征一览表

断裂组	编号	断裂名称	走向/(°)	产状/(°)	长/km	宽/m	结构面特征	其它特征	活动时代及性质 J	活动时代及性质 K	活动时代及性质 E	活动时代及性质 N	活动时代及性质 Q
北东东向断裂	F_{11}	柳行沟	65~80	倾向北西,倾角60~80	32	5	显示张性,因被北西向,近南北向断裂切割而走向不连续;南升北降,控制古近纪地层沉积	隐伏断裂,显示航磁及重力异常			古近纪末形成,始新世强烈活动,第四纪仍在活动		
北东东向断裂	F_1	泰安-大王庄	80	倾向南,倾角60~80	50	10~100	断层北升南降,显示张性发育断层角砾岩。断层北盘为早寒武世基底岩系,南盘发育牟汶河向斜及古近纪、新近纪地层	山前断裂,显示航磁及重力异常				压性活动	
北北西向断裂	F_{14}	陈家峪	80	高角度	13		隐伏断裂,浅震解译特征明显	直线状负地形		断裂形成,疑是张性			
北北西向断裂	F_{16}	陈梁坡	330	倾向南西,倾角60~80	21	50~200	断层东升西降,显示张性,发育断层角砾岩,具扭性—张性—压扭性多期活动特征,断裂带高岭土化常见	直线状负地形		断裂形成,疑是张性			
北西向断裂	F_{20}	鹿野-孙祖	315~340	60~80	大于100	100~200	发育断层破碎带,被近东西向断裂切截,控制白垩纪侵入岩等,具扭性—张性—压扭性多期活动,断裂带高岭土化常见	直线状负地形,影像特征明显	扭性	张性			
北西向断裂	F_8	高庄	320	高角度	13		隐伏断裂,浅震解译特征明显	盆地中心,切割边界断裂		张性			
北西向断裂	F_{21}	大冶	325	高角度	12	15	发育断层破碎带,见有擦痕,阶步等特征,被陈梁坡和鹿野断裂所切割。	直线状负地形		张性			
北西向断裂	F_3	永宁庄	300~310	倾角72~80	大于5	10	在新太古代早期奥长花岗岩和古生代马家沟灰岩的接触带上。断裂中心发育断层泥,阶步和挤压透镜体等,并见有擦痕,显示正断层特点	直线形负地形		张性			
北东向断裂	F_{18}	大岐沟	315~300	130∠70	5	10	发育张性断层角砾,断裂中心发育断层泥,断层角砾等,断裂中心发育断层泥,中生代岩体侵入	直线状负地形		断裂形成,疑是张性		为长寿断裂	
北东向断裂	F_{13}	西泉河	45	132∠60	12	1~3	发育张性断层角砾,浅震解译特征明显	褶皱部位				张性活动	
北东向断裂	F_{10}	范镇	北东	倾向南东,倾角45	5		隐伏断裂,浅震解译特征明显	盆地中心隐伏断裂				张性活动	

续表 2-1

断裂组	编号	断裂名称	走向/(°)	产状/(°)	长/km	宽/m	结构面特征	其它特征	J	K	E	N	Q
近南北向断裂	F_{27}	花水泉	20	倾向西，倾角70~80	24	10~50	发育断层角砾岩，北升南降，断层泥高岭土化。切割南北向、北东向断裂	负地形		断裂形成，张性	张性活动		
	F_6	尹家庄	10	倾向西，倾角75	16	13	隐伏断裂，浅震解译特征明显，为一继承性断裂	直线形负地形，切截南北向断裂		断裂形成，张性		活动	
	F_{25}	铁牛岭	25	倾向东，倾角70~80	8		隐伏断裂，浅震解译特征明显，为一继承性断裂	直线形负地形，切截南北向断裂		断裂形成，张性			
	F_2	姚庄	5	倾向东，倾角70~80	24	10~50	隐伏断裂，浅震解译特征明显，为一继承性断裂	负地形		断裂形成，张性	张性活动		
近东西向断裂	F_5	马家庄	0~顷向东，倾角60~85		大于50	1000~2000	由3~6条长度不等的次级断裂平行排列构成，其大致呈南北右行雁列尖灭再现展布，挤压透镜体等，显示张性无张，后拆，再右行压扭的活动特征，有白垩纪闪长岩脉侵入及重晶石矿化现象	山前断层系，影像特征非常明显		断裂形成，张性	压性及右行压扭		
	F_{22}	下水河	280	210∠75~80	大于50	50~200	由一组断裂面组成，发育断层破碎带；被陈梁坡断裂切割，早期张性，晚期左行张扭，沿断裂破碎带常有黄铜矿化和黄铁矿化	直线状负地形，影像特征明显		断层形成，张性	左行张扭活动		
	F_9	郭庄	255	165∠75~80	大于50	50~20	隐伏断裂，浅震解译特征明显，为一继承性断裂	直线状负地形		断层形成，张性	张扭活动		
	F_{12}	嗋峪—石门	80	倾向北北西，倾角64~80	13	30~500	断层南升北降，显示张性。发育断层角砾岩，断距大于500m；南盘局部发育石炭纪二叠纪合煤地层	直线状负地形		断裂形成，疑是张性		压性活动	

（一）北东东向断裂

矿集区北东东向断裂比较发育，区域上属泰安-莱芜-沂源北东东向张性构造带，受同一区域应力场的控制，这些断裂具有近似的力学特点，其一般为张性，断层面多倾向南，仅少数断层面北倾。北东东向断裂集中发育在泰莱盆地北缘，对中—新生代盆地的生成发展有明显的控制作用，也是莱芜富铁矿矿集区的边界断裂。

北东东向断裂皆表现为正断层性质，地层多表现单斜型式，断裂具有一定的等距性，白垩纪侵入岩明显受该方向断裂控制。在莱芜盆地，古近纪官庄群、临朐群中的一些断裂、褶皱轴向也呈北东东向展布，作为矿集区边界断裂具有多期活动的特点，也反映断裂活动时代较新。

1. 泰安-大王庄断裂（F_1）

该断裂西起泰安市以西，往东经大王庄、口镇等地与孙祖断裂汇合。总体呈北东东向展布，走向一般在$50°\sim80°$之间，由于多处被近南北向、北西向断裂切截，走向不连续，中间稍向北凸，断裂磁场特征属升降成因的线性磁场，卫片显示线状影象特征；断层倾向南，倾角$60°\sim80°$，长大于50km，宽10～100m，为正断层，是泰莱凹陷盆地的北缘断裂，也是莱芜凹陷与泰沂凸起的分界线。断层发育断层泥、断层角砾岩及碎裂岩、蚀变岩等，多被第四系覆盖。断层北盘上升，出露基底新太古代变质—侵入岩系；断层南盘下降，发育古生代、中生代地层，并沉积了古近纪和新近纪地层，沿断裂带发育寒武纪—奥陶纪灰岩断片和牵引向斜。

断裂的结构相对比较简单，东段主断面明显，表现为高角度的正断层，在口镇东北梁山一带有两条规模较大的断层，一条发育在马家沟群灰岩与寒武纪馒头组页岩之间；另一条发生在寒武纪馒头组与新太古代二长花岗岩之间，断层面倾向$220°$，倾角甚陡，为高角度正断层。

口镇以北的毛家圈、东南张庄、秃尼子山等地均可见到新太古代二长花岗岩与寒武纪地层呈断层接触。沿断裂带，常有白垩纪闪长岩、闪长玢岩、蛭石化云母碳酸岩等岩体侵入，形成矽卡岩型铁矿；断层以南发育巨厚的古近纪地层，并有新近纪山旺组沉积。

综合认为，该断裂可能形成于早白垩世，规模较大，与拆离断层相联，并导致了幔源岩浆的侵入。大规模的升降活动可能发生于晚白垩纪至古近纪，控制了凹陷盆地的形成及地层沉积，新近纪和第四纪断层仍在活动，持续北升南降，导致了泰山等诸峰突兀。断裂具多期活动性，但主要显示张性，是在东西向挤压、南北向伸展机制下形成的，属泰安-莱芜-沂源东西向张性构造带的组成部分，在区域上控制了泰莱凹陷的形成及其发展。

2. 柳行沟断裂（F_{11}）

该断层位于盆地中部，为一隐伏断层，与盆地边界断裂平行，北东东向延伸，为上古生代形成之后无继承性活动的正断层。西起大辛庄，途径郑家寨子、柳行沟、田封邱等，止于南山阳，全长约32km。断面倾向北西，为一高角度正断层，对盆地西部新生代地层起控制作用。

（二）北北西向断裂

北北西向断裂也是矿集区规模较大、变形强烈的主干构造之一，延伸远，走向稳定。断层南端常与同向断裂复合，对矿集区构造格局影响较大。沿断裂有白垩纪岩浆侵入，古近纪仍在活动。规模较大者主要有鹿野-孙祖断裂和陈梁坡断裂。上述两条断裂具有一致的几何形态、变形特征、变形机制及构造演化史。该组断裂至少经历了两期继承性构造活动，早期为强烈的张性活动、后期为左行压扭性运动。

鹿野-孙祖断裂也是莱芜矿集区东边界断裂。

1. 鹿野-孙祖断裂（F_{20}）

鹿野-孙祖断裂北起鹿野，向南经雪野、铜山、铁铜沟等地至沂南孙祖。断裂总长度大于100km，宽100～200m，总体走向315°～340°，倾向南西，倾角60°～80°。在莱芜东，该断裂分为两条主干断裂，一条从铜山通过，另一条从口镇东侧通过（为陈梁坡断裂），并再次在雪野复合，两断裂之间，夹有早寒武世基底花岗岩和早古生代地层断片，地层受左行牵引而使走向发生偏转。在北端，主断裂分解为一系列的次级断裂，并呈指状散开，断裂活动强度逐渐减弱，实为应力消减带。在雪野水库西侧，文祖断裂并入该断裂。

该断裂为凸起与凹陷的分界断裂，不但控制着中-新生代断陷盆地的形成与发展，而且对本地区侵入岩分布起明显控制作用。该断裂多构成山区与冲积平原的分界线，遥感影像、航磁及重力异常特征明显，多伴有铜矿化现象。

该断裂由2～4条断裂破碎带组成，带内岩石强烈破碎，发育有构造角砾岩、碎裂岩和劈理化带等，并有黄铜矿化、黄铁矿化、高岭土化现象等。构造角砾岩的角砾成分受两盘岩性控制，呈棱角状-次棱角状，钙质胶结，岩性复杂，具张性断落活动特征；断裂两盘的压性劈理、牵引褶皱和两翼紧闭小揉皱等次级构造较发育，劈理化带与主干断面产状基本一致（如图2-2）。

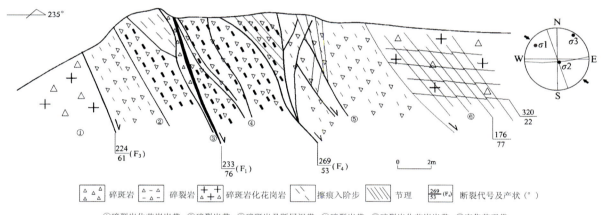

图2-2　鹿野-孙祖断裂主断面剖面素描图（莱芜铜山南）

鹿野-孙祖断裂具多期活动性质。早白垩世之前，在区域性压扭-扭性应力场作用下，形成北西向构造带，晚白垩世-古近纪渐新世转为张性断裂活动。早白垩世沿断裂带侵入形成了闪长岩杂岩体和云母碳酸岩脉，在凹陷盆地沉积了白垩纪及古近纪地层；古近纪末期，在近东西向挤压应力作用下，该断裂被近东西向张性断裂切割；中新世以后在左行压扭机制作用下，构造格局进行了重新调整，切过东西向断裂，同时也使不同断裂发生相互连接。

2. 陈梁坡断裂（F_{16}）

陈梁坡断裂北起口镇以北，向南经大洛庄、后宋、大石家等地，多被新近纪山旺组及第四纪地层覆盖，总长度大于21km，宽50～200m，线性遥感影像特征尤为明显。

断裂总体走向330°，倾向南西，倾角一般为60°～70°，个别达80°，延伸稳定，连续性好，规模较大，地表露头大于5km，为莱芜盆地的东北部边界。

断裂发育在新太古代晚期的二长花岗岩与古近纪官庄群交界处，断裂以断层带和断片的形式出现，表现为正断层的型式。断裂发育东、西两个主断裂面。西侧破碎带硅化比较轻微；东侧则强烈硅化及高岭土化,两个断面之间多为完好的古生代灰岩断片,形成垄状正地形。

该断裂为泰莱凹陷盆地的东缘边界,总体显示西降东升的断裂效应,发育断层角砾岩,同时发育断层泥、挤压透镜体等,显示强烈的张性-左行张扭活动特征。

综合上述特征认为,该断裂为多期活动的正断层,早期可能形成于晚白垩世。

(三)北西向断裂

1. 高庄断裂（F_8）

该断裂位于盆地中部,北端切割泰安-大王庄断裂,中经高家庄、冷家庄,全长13km,南端与何家庄断裂相交。走向北西,倾向北东,是一条继承性活动较为强烈的高角度正断层,对盆地内中—新生代地层的沉积起控制作用。

2. 永宁庄断裂（F_3）

该断裂北起永宁庄,向南经二王安进入泰莱盆地,南段被第四纪地层覆盖,露头区呈直线形负地形,由2～3条断层破碎带组成,影像特征明显。断层延伸方向300°～310°,多倾向南西,倾角72°～80°,长度大于5km,单个破碎带宽一般在10m左右。断裂主要发生在新太古代早期奥长花岗岩和古生代马家沟群灰岩的接触带上,发育张性断层角砾,断裂中心发育断层泥,并见有擦痕、阶步和挤压透镜体等,显示正断层特点,根据野外特征及区域地质特征判断,该断裂可能形成于白垩纪,以左行张扭为主;至渐新世,显示张性及右行张扭。

(四)北东向断裂

1. 西泉河断裂（F_{13}）

位于盆地东部,是以石家泉隐伏背斜为砥柱,由八里沟向斜、矿山背斜及刘家庙向斜之间的一系列北东向压性断裂组成,向西南收敛,向东北撒开的帚状构造。形成于中生代晚期,可能是白垩世盆地边界断裂强烈左行扭动时产生的。多为隐伏断层,只有在矿山一带出露,断层两侧地层错开,闪长岩侵入,总体走向45°,产状为132°∠60°,断裂长12km,宽1～3m,发育构造角砾岩。

2. 范镇断裂（F_{10}）

该断裂位于盆地南部边缘,东端与高家庄断层相交,向南西方向延伸,长约5 km左右,倾向南东,倾角45°,下降盘落差约150m,对盆地南部边缘新生代地层沉积起控制作用。

(五)近南北向断裂

1. 花水泉断裂（F_{27}）

该断裂位于东北部,倾向西,倾角70°～80°,宽约10～50m。断裂发育断层角砾岩,北升南降,断层泥高岭土化。该断裂切割南北向及北东向断裂。

2. 马家庄断裂（F_5）

由3～6条长度不等的次级断裂平行排列构成,其大致呈南北向右行雁列尖灭再现展布,显张性追踪特征;该断裂长 50km,宽 1000~2000m,发育断层破碎带、挤压透镜体等,显示先张、后挤,再右行压扭的活动特征,有白垩纪闪长岩脉侵入及重晶石矿化现象。

(六)近东西向断裂

1. 下水河断裂(F_{22})

由近于东西的一组断裂面组成,发育断层破碎带;东端被陈梁坡断裂切割,为中生代侵入岩与古近纪沉积岩的界限,早期显示张性,晚期显示左行张扭,沿断裂破碎带常有黄铜矿化和黄铁矿化。总体走向 280°,产状为 210°∠75°~80°,断裂长 50km,宽 50~200m。

2. 峪峋-石门断裂(F_{12})

该断裂呈东西向展布,汶河南岸塔子-石门官庄一带出露较好,出露长度 9km。向东断续延伸至颜庄一带,向西通过峪峋隐伏于汶河冲积层之下。断面在走向上呈舒缓波状,可见镜面构造和断层崖,一般倾向北,倾角 64°~80°,局部地段直立或倾向相反,破碎带宽十几米至几十米,局部可达百米以上(八里沟南),两侧常伴有东西向小型褶曲,如塔子中学背斜、塔子村北背斜等。断裂南侧地层时代较老,北侧地层时代相对较新,两侧岩层垂向落差约 200m,为一正断层。本断裂形成时间较早,且具多期活动的特点,它控制着莱芜盆地的南部边缘。

(七)褶皱

矿集区盖层构造发育,包括褶皱、不整合面、脆性断裂及接触带构造等。呈区域性分布的褶皱不甚发育,规模小。褶皱多与断裂构造有关,系断裂活动形成的牵引褶皱或派生构造,有些是岩体侵入而形成的横弯褶皱。

1. 矿山背斜

矿山背斜位于泰莱凹陷盆地东南部的矿山一带,是由于闪长岩侵入而形成横弯背斜,北起港里,经古沟至西南端的西尚庄一带,长约 16.5km,宽约 7km。轴向北东,但由于附近北西向左行压扭断裂活动,使褶皱枢纽呈反"S"形弯曲,北端为北北西,到中部转北东向,西尚庄附近呈北东东向,再由西尚庄至鹿毛埠一带其轴向则近东西,至此背斜逐渐倾没。

背斜两翼由古生代地层组成,北端两翼不对称,东翼陡,西翼缓;南端进入西尚庄矿区,其形态逐渐变为两翼对称、平缓。背斜核部有白垩纪闪长岩侵入,并形成矽卡岩型铁矿(图 2-3)。

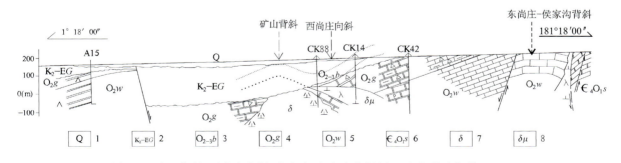

图 2-3 矿山背斜、西尚庄向斜、东尚庄-侯家沟背斜剖面图(据戴广凯等,2014)
1.第四系;2.官庄群;3.八陡组;4.阁庄组;5.五阳山组;6.三山子组;7.燕山期闪长岩;8.燕山期闪长玢岩

2. 八里沟向斜

八里沟向斜位于矿山短轴背斜的南侧，西起八里沟，向东延伸，长约 10km。其轴向近东西向，向东逐渐转为北东东向，随之倾没。向斜轴部为侏罗系，两翼由石炭系、二叠系组成。与矿山背斜属同一褶皱系，是由于岩体上侵牵引而形成的横弯褶皱，多被第四纪地层覆盖。

3. 沈家岭潜向斜

沈家岭潜向斜位于矿山背斜的西南侧，西起鲁西，向东北延伸至方下，长约 12km，轴向北东向。向斜轴部为石炭系、二叠系，两翼由马家沟群灰岩组成。与矿山背斜属同一褶皱系，是由于岩体上侵牵引而形成的横弯褶皱，后被新代地层所覆盖。

4. 张高庄潜向斜

张高庄潜向斜位于矿山背斜的西北侧，西起张高庄，向东北延伸至港里，长约 4km，轴向北东向。向斜轴部为石炭系、二叠系，两翼由马家沟群灰岩组成。与矿山背斜属同一褶皱系，是由于岩体上侵牵引而形成的横弯褶皱，后被新生代地层所覆盖。

5. 柳行沟潜背斜

柳行沟潜背斜位于矿山背斜的西南侧，西起石家泉，向东北延伸至柳行沟，长约 3km，轴向近东西向。背斜轴部由马家沟群灰岩组成，两翼为石炭系、二叠系组成，被新生代地层所覆盖。

6. 港里北潜背斜

港里北潜背斜位于矿山背斜的西南侧，长约 1km，轴向北东向。背斜轴部由马家沟群灰岩组成，两翼由石炭系、二叠系组成。

7. 大王庄潜向斜

该向斜隐伏分布于泰莱盆地北侧、泰安-大王庄断裂之南的寨里、山口、省庄一带，总体是由断裂活动而形成的牵引褶皱。褶皱轴向呈北东东向，北翼产状较陡，因受断裂影响，产状比较紊乱，南翼产状相对较缓。两翼以寒武系—奥陶系为主，核部发育中生代和新生代地层，局部有中生代岩体侵入。

除上述主要构造外，在盆地内还发育有次级的北东向小褶皱，如西尚庄向斜、东尚庄-侯家沟背斜、塔子中学背斜、塔子村北背斜等。

（八）平行不整合面的层间剥离构造（层间构造破碎带）

组成背斜的岩层，在形成背斜的地质应力作用下发生弯曲时，由于岩层间的错动而形成破碎带。本溪组主要为页岩，而马家沟群为灰岩，前者为柔性，后者为脆性，二者物性相差较大，且两者之间又为平行不整合面，所以此层间破碎带更为发育，为矿液富集储存提供了有利条件。

（九）接触带构造

背斜核部的闪长岩与奥陶纪马家沟群灰岩的接触带，为一构造脆弱带，沿接触带常形成构造破碎带，是成矿的有利部位。

三、岩浆岩

区内岩浆活动从时间上大致可分为元古宙、中生代（燕山期）和新生代（喜马拉雅期）。其中以燕山期活动最为强烈，并形成规模较大的成矿岩体。元古宙花岗岩大面积分布于盆地周边隆起区（图2-4）。

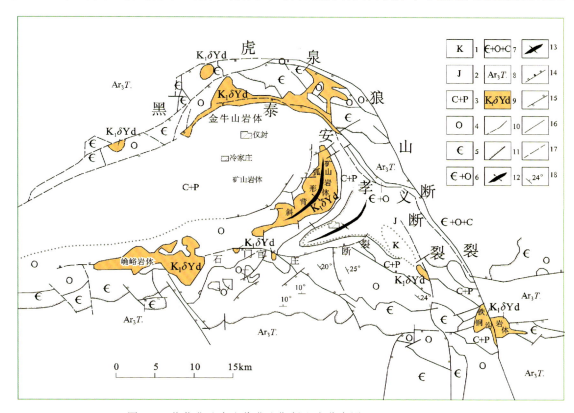

图 2-4　莱芜盆地中生代燕山期侵入岩分布图（据马明等，2020年）

1.白垩系；2.侏罗系；3.石炭系＋二叠系；4.奥陶系；5.寒武系；6.寒武系＋奥陶系；7.寒武系＋奥陶系＋石炭系；8.泰山岩群；9.东明生单元辉石闪长岩；10.地质界线；11.不整合地质界线；12.背斜；13.向斜；14.正断裂；15.逆断裂；16.性质不明断裂；17.推断断裂；18.地层产状

区内燕山期岩浆活动强烈，主要形成中偏基性的闪长岩类杂岩体，形成于燕山晚期早白垩世，岩体多沿盆地边缘分布，由北向南分别为金牛山岩体、矿山岩体、峨峪岩体及铁铜沟岩体，其产出严格受构造控制，岩体与奥陶纪灰岩接触带（矽卡岩）常赋存铁矿。矿山岩体控制了莱芜铁矿田的总体分布格局。

金牛山岩体：受盆地北部边界断裂所控制，其断续出露范围长约8km，宽4km，为一复杂岩盖或岩床，侵入于寒武系和奥陶系之间，主要岩性为黑云闪长岩、闪长岩、闪长玢岩，沿接触带有小型矽卡岩型铁矿床。

矿山岩体：沿矿山弧形背斜轴向侵入，构成背斜核部，为区内规模最大的岩体，为一岩盖，与奥陶系、石炭系、二叠系呈侵入接触。主要岩性有黑云母辉石闪长岩（沂南序列东明生单元）、黑云母角闪闪长岩（沂南序列大有单元），边缘为正长闪长岩，沿岩体的接触带形成有大-中型及小型矽卡型磁铁矿床10多处。

峨峪岩体：受石门官庄-劝礼断裂所控制，东西长13km，南北宽3km，为一岩盖或岩床，侵入于奥陶系中，常为顺层侵入。主要岩性有中细粒含黑云母闪长岩（沂南序列黄花山单元）、中细粒含黑云母辉石闪长岩(沂南序列东明生单元)、中粒辉长岩(沂南序列林泉单元)、细粒角闪闪长玢岩(铜汉庄单元)、石英二长闪长玢岩(柳河单元)、二长斑岩(嵩山单元)等,沿岩体接触带常形成矽卡岩型小型铁矿床。

铁铜沟岩体:位于盆地东南角,受弧形断裂与东西向的青泥沟断裂所控制,前者为主导。岩体北窄南宽,呈北西向分布,长约2km,宽0.5km。形态为不规则岩枝,沿断裂侵入于奥陶系和石炭系、二叠系中,围岩的捕房体较多。岩石偏基性,主岩相为黑云母二辉闪长岩和黑云母闪长岩,向外过渡为由闪长岩、似斑状闪长岩和正长闪长岩所组成的附加岩相。脉岩有闪长玢岩、石英闪长岩、闪长岩、花岗闪长岩、煌斑岩及石英脉。沿岩体与围岩的接触带有小型矽卡岩铁矿床。但花岗闪长岩脉和闪斜煌斑岩脉切穿了赋存于岩体与围岩接触带的矽卡岩型铁矿体,对矿体起破坏作用。

莱芜盆地与成矿关系最密切的岩浆岩为矿山闪长质杂岩体。矿山成矿岩体中 Fe_2O_3+FeO 含量高,其内部相为9.68%,外部相为9.39%,富含Fe质对铁矿化有利;成矿岩体中CaO含量高,且边缘相中的CaO含量(7.40%)高于内部相的CaO含量(5.78%);MgO含量(6.11%～6.47%)也高于一般闪长岩(4.17%);成矿岩体因受同化混染作用的影响,边缘相岩石的碱性程度高于内部相,边缘相的碱质含量(Na_2O 3.40%, K_2O 1.93%)亦明显高于内部相(Na_2O 3.12%, K_2O 1.58%);SiO_2含量在中性岩范围(53%～66%)的岩石有利于成矿作用的进行。该岩体分两次侵入,第一次分布范围较大,为主侵入期,岩体中心为黑云母闪长岩,边部为辉石闪长岩,分相不明显,皆为中细粒结构,中部稍粗,边部略细,其同位素年龄(K-Ar)为120Ma;第二次侵入岩主要为石英闪长岩、正长闪长岩,呈附加相成群成带出现在第一次侵入岩的边缘,其同位素年龄(K-Ar)为101～105Ma。矿床的形成主要与第一次侵入岩有关,推测其形成时代与岩体同期,属燕山晚期的产物。

四、地球物理特征

莱芜富铁矿矿集区航磁异常特征明显,在中小比例尺航磁测量中主要呈较大的正椭圆状低缓磁异常,异常之上通常分布椭圆状、不规则的更高磁异常,大型磁异常强度一般在100～300nT之间,在大的椭圆形磁异常两侧,往往伴随较为强烈的负异常出现,其中大型磁异常的形状多受侵入岩体规模控制,小型磁异常多与小型矿床密切相关。莱芜富铁矿矿集区形成的重力异常多为椭圆状,异常展布特征与岩体空间分布关系较为密切。一般重磁异常重叠区为莱芜富铁矿矿集区赋存的位置。

第二节 莱芜矿集区勘查开发简史

一、莱芜矿集区发现勘查简史

莱芜矿集区铁矿开采始于秦代,唐代初具规模,宋、元两代为极盛时期,明代中期以后莱芜铁矿田内的采矿冶铁业逐渐衰颓,直至绝迹。

1956年后,随着大规模经济建设,莱芜铁矿田全面系统地开展了铁矿勘查工作,同时建成一批生产矿山。完成该区铁矿地质勘查工作任务的单位主要是山东冶金地质勘探公司第二勘探队、物探队、水文队,山东省地质局鲁中一队、八〇八队、八〇三队。地质工作主要分为以下4个阶段。

1. 地质调查阶段

1949—1956年,刘国昌等人对该矿田区域地质和矿产分布情况进行了初步调查,著有《山东省莱芜、新泰、蒙阴等县地质矿产》。

2. 物探工作阶段

1956—1975年,先后有地质部物探局北方大队、一〇六队、一二一队、北京地质学院(现中国地质大学)、八〇三队和山东冶金地质勘探公司物探队、第二勘探队对全区开展磁法工作,共圈定磁异常170余处,为勘查隐伏铁矿指出了方向。

3. 验证磁异常阶段

1958—1975年,山东省地质厅鲁中一队,对磁异常进行了钻探验证,发现了顾家台、马庄、业家庄、杜官庄、赵庄、曹村、温石埠、铁铜沟、崤峪、金牛山铁矿床。累计探明铁矿石储量近亿吨。

4. 地质勘查阶段

1963—2007年,山东冶金地质勘探公司第二勘探队、泰安队、水文队为了提高已开采和拟建矿山的勘查程度,扩大矿山地质储量,分别对马庄、曹村、温石埠、孤山、下水河、崔家庄等铁矿进行了补充勘查,同时提交了补充勘查报告。

1965年,河北省地质局五一八队在邯邢地区验证低缓磁异常过程中找到大型富铁矿,实现了低缓磁异常找矿重大突破。据此经验,山东冶金地质勘探公司第二勘探队、物探队搜集并研究了张家洼低缓磁异常资料,同时对张家洼地区进行了1∶5000磁法测量和钻探验证工作,于1966年在Ⅰ、Ⅱ、Ⅲ磁异常区有9个钻孔钻获厚而大的磁铁矿体。此后山东省地质局第一综合地质大队对西尚庄、山子后等低缓磁异常进行了勘查工作,也取得了较好的找矿成果。从而使莱芜铁矿田铁矿储量由原来的10 000万t增至45 000余万t,成为全国重要富铁矿产地之一。

1974年1月至1977年5月,山东省冶金地质勘探公司第二勘探队、水文地质队提交了《山东莱芜张家洼铁矿Ⅱ矿床地质勘探总结报告》《山东莱芜张家洼铁矿Ⅰ矿床地质勘探报告》和《山东莱芜张家洼铁矿Ⅲ矿床地质勘探总结报告》。

1980年6月,山东省地质局第一地质队提交了《山东省莱芜铁矿西尚庄矿区详细勘探地质报告》。

2004—2009年4月,山东省第一地质矿产勘查院在莱芜牛泉地区进行勘查工作,提交了《山东省莱芜市莱城区牛泉矿区铁矿详查报告》。累计查明铁矿石资源量2 219.0万t,其中控制资源量691.2万t,推断资源量1 527.8万t。

2008—2017年,中国冶金地质总局山东正元地质勘查院、山东省第一地质矿产勘查院、山东省物化探勘查院、山东省第五地质矿产勘查院等单位在该矿田进行了铁矿勘查工作。在此期间,山东正元地质资源勘查有限责任公司提交《山东省莱芜市张家洼矿区深部及外围铁矿普查报告》,累计查明铁矿石推断资源量为12 432.2万t,TFe平均品位为42.09%,mFe平均品位为36.46%。

二、莱芜矿集区开发简史

山东省铁矿开采历史悠久。唐、宋时期的兖州、莱芜,已是山东重要的冶铁中心。在宋元丰元年(1078年),莱芜产铁约605t。

1958—1960年,山东铁矿开采步入大发展阶段。在全民大办钢铁群众运动的推动下,全省出现了上山找矿、采矿的高潮。兴建了地下开采的中型铁矿——莱芜铁矿马庄矿区,此外,还有民采铁矿点200余处。到1960年铁矿石产量急增到1068万t(其中相当数量不能利用)。

1966—1970年,开始建设金岭铁矿召口、侯家庄,济南张马屯,莱芜铁矿业家庄和顾家台、张家洼矿山公司小官庄等小型铁矿也恢复生产。

1971—1975年,建设了莱芜温石埠、铁铜沟、崅峪、刘岭等一批小型矿山。

1986—1990年,山东钢铁工业迅速发展,铁矿石难以满足需求,铁矿山生产建设得到加强,一批重要矿山恢复生产或建矿投产(如临淄金岭侯家庄、沂源韩旺、莱芜张家洼和小官庄等铁矿山)。

1991—2002年,山东铁矿开发在调整中逐步发展,2002年全省铁矿石年产量达881万t,形成了以淄博、莱芜2个主要铁矿石生产基地为主和众多集体采矿点为辅的基本格局。

2002年以后,我国经济的快速发展,带动了对铁矿资源的巨大需求,一批大-中型矿山相继勘查开发,莱芜矿区的莱芜矿业顾家台铁矿等经充分论证后投入生产。

三、莱芜矿集区科研简史

1973年7月,桂林冶金地质研究所、山东省冶金地质勘探公司组成科研组,历时3个月,在野外调查和有关测试的基础上,于1974年7月编制《山东莱芜地区矽卡岩铁矿成矿地质特征及找矿方向研究报告》。

1978年山东冶金地质勘探公司第二勘探队穆祥照在《地质与勘探》发表《莱芜平炉富矿成因初析》。

1978年山东冶金地质勘探公司第二勘探队宗信德在《地质与勘探》发表《莱芜铁矿构造控矿规律及找矿方向》。

1980年10月,山东地质局第一地质队何湘龙、胡仁建、周莉华等提交《山东省莱芜铁矿成矿控制条件及找矿方向研究报告》,总结提出构造、围岩、岩浆岩是控矿的三大地质因素,并相应提出了五项主要铁矿找矿标志。

1984年,山东地质学会《论文摘要》刊载宗信德编写的文章《山东莱芜矽卡岩类型铁矿"三位一体"成矿模式及其地质意义》。

2005年12月,刘立东、徐德利、李传华等编写《莱芜马庄铁矿闪长岩体内找矿的理论与实践》报告,阐述了山东莱芜矿业有限公司利用"三位一体"的地质理论、磁力异常、地质构造等综合分析的方法在马庄矿区闪长岩体内进行设计、钻探施工,发现矿体的过程,初步提交内蕴经济资源量84.4万t,TFe平均品位45.17%,拓宽了找矿思路。

2006年,杨昌彬、宗信德、卢铁元等发表《浅析莱芜接触交代-热液铁矿的双交代渗滤作用》。

2009年,山东正元地质勘查院提交了《山东省莱芜铁矿成矿区区域成矿模式和资源潜力预测研究报告》。

宗信德等(2010)指出矿体产状变化是矿体膨胀收缩、分支复合和尖灭再现的结果。根据矿体形态分类指出了找矿方向。不同的矿体形态反映不同的控矿构造,反映不同的矿体规模和成矿岩体形态产状。单斜缓倾矿体的成矿岩体是岩床,控矿较小;陡倾矿体和背向斜矿体的成矿岩体是岩盖,控矿较大。

张善良(2013)对牛泉铁矿的矿床成因、成矿阶段及找矿标志进行了研究。

韩鎏(2014)研究得出张家洼的成矿岩体为晚燕山期的闪长岩体,岩性为由同一母岩浆通过分异演化而形成的闪长岩和辉石闪长岩,通过锆石LA-ICP-MS测年得到结果为(131±3)Ma,指示为早白垩世;认为张家洼矽卡岩型铁矿的深部热液来源于原岩的熔融以及岩浆后期的去气脱水作用;铁质来源自深部岩浆源。费详惠等(2014)研究发现矽卡岩矿物种类在内外接触带分布有一定区别,内带为石榴子石等钙质矽卡岩矿物,而外带为阳起石、金云母等镁质矽卡岩矿物,整体构成钙镁质矽卡岩。

陈应华等(2018)探讨磁铁矿微量元素组成及变化规律对成岩和成矿作用的指示,为揭示张家洼铁矿的矿床成因及其成矿流体演化过程提供重要制约。分析结果表明,莱芜岩浆磁铁矿与热液磁铁矿相比明显富集Ti、V、Cr等亲铁元素,相对富集Nb、Ta、Zr、Hf等高场强元素以及Sn、Ga、Ge、Sc等中等相容元素,Mg、Al、Mn、Zn、Co显著富集于热液型磁铁矿中。张家洼热液型磁铁矿可分为两个阶段,其中早期阶段包括原生粒状磁铁矿和次生磁铁矿;晚期阶段包括原生磁铁矿和次生磁铁矿。

第三节 莱芜矿集区矿床基本特征

一、莱芜富铁矿的分布特征

莱芜矿集区铁矿是与中-基性侵入岩有关的矽卡岩型铁矿,矿石品位高、储量大,是省内重要的富铁矿基地之一。经过40多年的地质工作,已发现富铁矿床(点)30余处,其中大型矿床2处,中型矿床3处,其余为小型矿床,累计查明铁矿石资源储量近6.2亿t。矿床主要围绕矿山岩体、金牛山岩体、峨峪岩体、铁铜沟岩体分布(图2-5),其中与矿山岩体有关的富铁矿储量最大,占莱芜铁矿总量的96.8%,张家洼、顾家台、西尚庄、马庄、牛泉、杜官庄等矿床皆分布于此。

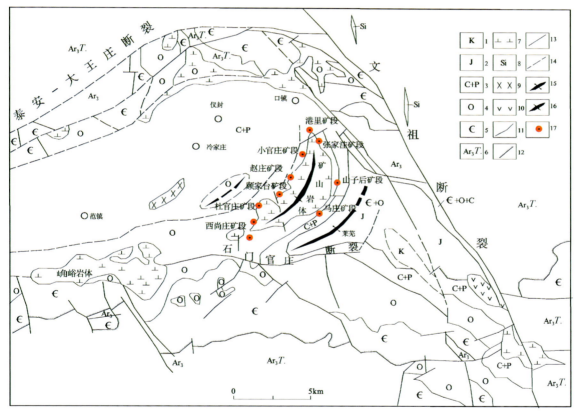

图2-5 莱芜铁矿床分布简图
1.白垩系;2.侏罗系;3.石炭系+二叠系;4.奥陶系;5.寒武系;6.泰山岩群;7.中生代闪长岩;8.石英脉;9.橄榄辉绿岩;10.安山玢岩;11.地质界线;12.不整合界线;13.实测断裂;14.推断断裂;15.背斜;16.向斜;17.铁矿床位置

二、成矿时代

莱芜地区矽卡岩型富铁矿赋存于中生代燕山期早白垩世闪长岩类岩石和奥陶纪马家沟群碳酸盐岩的接触带及其附近,与铁矿成矿关系最密切的岩浆岩为闪长岩杂岩体,岩体形成时间与铁矿形成时间具有内在联系和相似性。莱芜地区中生代岩体同位素测年资料见表2-2。表中同位素年龄集中在130～134Ma之间,因此综合认为莱芜铁矿形成于中生代燕山晚期(早白垩世)。

表 2-2 莱芜地区岩体年龄测试结果一览表

采样地点	岩性	分析方法	测试结果/Ma	数据来源
张家洼	辉石闪长岩	锆石 U-Pb LA-ICP-MS	131±3	韩鎏(2014)
孟家峪	角闪闪长岩	锆石 U-Pb LA-ICP-MS	130.73±0.78	区域地质调查报告(2014)
铁铜沟	辉石闪长岩	$^{40}Ar/^{39}Ar$	132.8±0.3	许文良等(2003)
铁铜沟	黑云母闪长岩	$^{40}Ar/^{39}Ar$	133±1	王冬艳等(2004)
铁铜沟	苏长辉长岩	锆石 U-Pb LA-ICP-MS	131.4±4.9	杨承海(2007)
铁铜沟	辉石闪长岩	锆石 U-Pb LA-ICP-MS	134.5±2.3	杨承海(2007)

三、矿床成因及成矿模型

(一)矿床成因

莱芜富铁矿成因类型为与中-基性侵入岩有关的接触交代(矽卡岩)型铁矿床。此类矿床均形成于中生代燕山晚期闪长岩类与奥陶纪马家沟群八陡组、五阳山组及北庵庄组厚层灰岩的接触带上,矿体形态规模受接触带构造控制,包括岩体上隆接触构造和舌状侵入接触构造及接触带与断裂相交构造、不整合面构造、捕虏体构造等。

(二)成矿模式

区内岩体多具复式特征,表明该区具有多期侵入的特点,勘查工作亦表明铁矿形态复杂多样,具有多期成矿的特点。

本区由于受燕山期强烈构造运动的影响,形成了莱芜断陷构造盆地,并导生出次级构造——矿山弧形背斜,为岩浆的侵入和矿床的形成提供了良好的构造条件。伴随着构造运动而侵入于矿山弧形背斜核部的中性闪长岩岩浆,为矿床的形成提供了物质来源。莱芜地区与成矿有关的岩体为偏中性侵入岩,岩性以辉石闪长岩为主。与成矿有关的沉积岩主要为马家沟群五阳山组和八陡组,均为质地较纯的灰岩。来自深部的偏中性岩浆岩侵位到奥陶纪碳酸盐岩中就位后,分异出岩浆热液与围岩碳酸盐岩发生接触交代作用形成矽卡岩,并在矽卡岩退化蚀变过程中发生铁矿化,在接触带及附近大量沉淀聚集成矿。经过长期的构造运动及风化剥蚀等地质作用,部分矿体逐步露出地表遭到剥蚀,最终形成接触交代(矽卡岩)型铁矿。矿体分布受构造、岩体形态控制(图2-6)。

当富含Fe、Mg的岩浆残余热液沿接触带上升,于有利的围岩条件和构造部位,发生了以接触渗透交代为主的多种交代作用。首先产生矽卡岩化,随着交代作用的继续,热液也随之发生组分、浓度、温度上的变化,随后形成磁铁矿;最后,热液温度逐渐降低,其中镁质含量相对增高,与围岩发生交代作用,而使近矿围岩产生多种中、低温热液蚀变,主要形成蛇纹石、绿泥石、蛭石等含镁的变质矿物,围岩的蛇纹石化、绿泥石化极为发育。镁质的来源一是含矿热液富含镁质,经交代作用形成含镁矿物,如呈细脉状、网脉状的蛇纹石、白云石等;二是原岩中即含镁质,如白云质灰岩等,经热变质后,可变为橄榄石大理岩等,再经热液作用,其中橄榄石则变为蛇纹石,但仍具橄榄石的假象。至于热液中的镁质,则来源于原岩浆,也可能是由于岩浆同化使深部围岩富含镁质的结果。

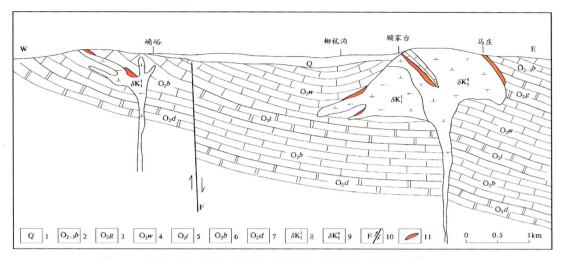

图 2-6 莱芜矿集区矽卡岩型铁矿区域成矿模式图(据倪振平等,2010)

1.第四系;2.马家沟群八陡组;3.马家沟群阁庄组;4.马家沟群五阳山组;5.马家沟群土峪组;6.马家沟群北庵庄组;7.马家沟群东黄山组;8.燕山期第一阶段辉石闪长岩;9.燕山期第四阶段正长闪长岩;10.断裂;11.矿体

四、找矿标志及找矿模型

(一)找矿标志

(1)地层和岩体标志:由于铁矿体产于岩体与碳酸盐岩地层的接触带上,因此,地层和岩体对矿体具有十分重要的控制作用。"高钙、低铝、低镁、低硅"的灰岩地层有利于形成铁矿体。岩浆岩则主要为燕山期早白垩世中基性闪长岩,而岩体和围岩接触带的产状变化如内凹、上隆、转折段等对成矿极为有利。

(2)围岩蚀变标志:强烈的矽卡岩化是重要的找矿标志。围岩经受了自变质作用、矽卡岩化和矿化热液蚀变作用,各种蚀变作用常互相叠加,蚀变强烈,蚀变带厚度较大,可作为找矿的重要标志。矽卡岩化强烈、热液蚀变显著区域也是磁铁矿化最强地段。

(3)构造标志:区域性的断裂具有控岩控矿作用。背斜倾伏端有利于矿液的富集而形成铁矿体;构造的交会部位(如断裂之间、断裂与褶皱的交会部位)由于岩石破碎,或易形成破碎带,有利于矿液运移和流动,更易形成规模大、品位高的铁矿体;同时由于构造作用而形成的层间破碎带亦为铁矿体较好的赋存部位。

(4)地球物理标志:航磁异常中较强磁异常向低负异常的过渡带即低缓磁异常分布区,是寻找铁矿床的有利部位,磁异常值较高地区往往是岩体赋存部位;多条磁异常等值线同步外凸部位常形成厚大矿体;重磁重叠区局部强磁异常为间接找矿标志。

一般中等强度的高精度地面磁异常是隐伏成矿母岩的良好信息,在成矿母岩形成的磁异常中,如果出现局部高磁异常,则可能是磁铁矿体引起的矿致异常。

(二)找矿模型

莱芜矿集区富铁矿勘查模型见表 2-3 及图 2-7。

矿体主要赋存于闪长岩与灰岩的接触带上,多数靠近沉积岩一侧;中基性岩浆(成矿母岩)上侵带入大量成矿物质,在与奥陶纪、寒武纪地层接触时发生矽卡岩化作用,在接触带及附近部位聚集成矿;磁异常和重力异常明显发育部位往往由偏基性岩体引起,重磁异常不发育部位往往指示为碳酸盐岩地层;重磁异常变陡时,即为岩体与地层接触部位,往往是铁矿体赋存部位,同时也指示该矿体倾角较陡。

表 2-3 勘查模型要素一览表

地质要素		描述内容
地质特征	岩石类型	与成矿有关的岩浆岩为闪长岩，其岩石组合为黑云母辉石闪长岩、黑云母闪长岩、黑云母正常闪长岩、正常闪长岩、似斑状闪长岩
	岩石结构	中细粒半自形粒状结构、似斑状结构
	成矿时代	中生代燕山晚期；闪长岩的 K-Ar 同位素年龄为 120～101Ma
	成矿环境	矿体围岩为奥陶纪马家沟群灰岩和石炭纪本溪组页岩；矿体主要赋存于灰岩与页岩的层间不整合面和闪长岩与灰岩的接触带上
	构造背景	鲁西陆缘岩浆弧（Ⅲ）莱芜同碰撞岩浆杂岩（Ⅳ）济南同碰撞花岗岩组合（Ⅴ）
矿床特征	矿物组合	金属矿物：磁铁矿、赤铁矿、褐铁矿、黄铁矿、黄铜矿；非金属矿物：蛇纹石、方解石、绿泥石、透辉石、石英、尖晶石
	结构构造	他形—半自形晶粒状结构、交代残余结构、网络结构；致密块状、块状、浸染状、蜂窝状、条带状构造
	蚀变作用	热变质作用、接触交代作用、热液蚀变作用、氧化、淋滤、次生富集作用。矽卡岩化、蛇纹石化、强烈的蛭石绿泥石化与成矿关系密切
	控矿构造	接触带构造及奥陶系与石炭系层间不整合面
地球物理特征	区域重力、航磁异常	航磁异常特征明显，呈较大的正椭圆状低缓磁异常。高值磁异常和高值重力异常（及剩余重力异常）重叠的局部高磁异常为铁矿赋存位置

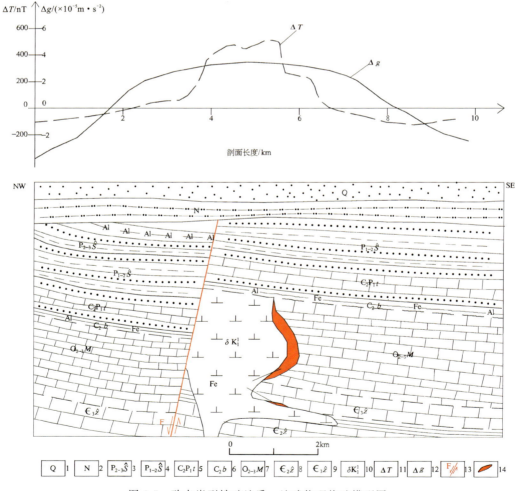

图 2-7 矽卡岩型铁矿地质—地球物理找矿模型图

1.第四系；2.新近系；3.二叠系石盒子群；4.山西组；5.太原组；6.本溪组；7.马家沟群；8.张夏组；9.燕山晚期第一阶段辉石闪长岩；10.航磁剖面线；11.重力剖面线；12.断裂；13.矿体

第四节　莱芜矿集区典型矿床

一、张家洼矿床

(一) 矿区位置

该铁矿位于莱芜城区北约8km,行政区划属莱城工业园区和张家洼街道办事处管辖。张家洼矿床包括张家洼矿段、小官庄矿段和港里矿段。

(二) 矿区地质特征

矿区地层主要有奥陶系、石炭系—二叠系、侏罗系、古近系和第四系,其中奥陶纪马家沟群五阳山组中厚层灰岩、阁庄组泥质白云质灰岩、八陡组中厚层灰岩等与成矿关系密切。矿区褶皱构造为矿山弧形背斜和八里沟向斜,断裂构造为泰安-铜冶店-蔡庄及泰安-孝义两条弧形断裂,控制着中生代燕山期岩浆活动。岩浆沿弧形背斜轴向侵入,岩性为中偏基性闪长岩,蚀变分带现象明显,蚀变带深部较陡、浅部较缓,呈倾斜状切割地层。

接触变质及热变质作用:主要表现为大理岩化、角岩化。碳酸盐岩变质为大理岩、结晶灰岩,泥质灰岩变质为角岩。

接触交代变质作用:接触交代变质形成各类矽卡岩。在接触带处矽卡岩化作用明显,绿泥石矽卡岩、透辉石矽卡岩、蛇纹石岩发育。在闪长岩体上部多发育有绿帘石化、绿泥石化。

绿帘石矽卡岩新鲜面呈灰色略带淡绿色,细粒状变晶结构,角砾状构造。组成岩石的矿物成分主要为绿帘石、透闪石、白云母、金属矿物等。

本区矽卡岩在平面上的分带比较清楚,从外接触带到内带依次为大理岩带、蚀变大理岩带、磁铁矿体夹金云母蛇纹石岩带、金云母透辉石矽卡岩带、石榴子石透辉石方柱石矽卡岩带、矽卡岩化钠化闪长岩带和蚀变闪长岩带。

(三) 地球物理特征

据高清磁测资料,矿区共圈定3个磁异常,磁异常名称为张家洼磁异常、小官庄磁异常、港里磁异常(图2-8),分别对应张家洼、小官庄和港里3个矿段。

张家洼磁异常:对应于张家洼(Ⅰ)矿段,磁异常等值线图呈椭圆形,异常走向近北西向。以350nT等值线圈定,长约1500m,宽约1000m,异常极大值为650nT,极小值为250nT。异常北西端梯度变化较陡,为0.83nT/m,南东端梯度变化较缓,为0.40nT/m。经验证此异常为Ⅰ矿段的矿体引起。

小官庄磁异常:对应于小官庄(Ⅱ)矿段,磁异常等值线图呈长椭圆形,异常走向近北东向。以300nT等值线圈定,异常长2300m,宽1200m,异常极大值为600nT,极小值为150nT。异常沿长轴方向梯度变化较陡,两侧梯度变化较缓。经验证此异常为Ⅱ矿段的矿体引起。

港里磁异常:对应于港里(Ⅲ)矿段,磁异常呈椭圆形,异常走向近北北东向。长约1300m,宽约700m。异常极大值为600nT。经验证此异常为Ⅲ矿段的矿体引起。

从反演地质剖面上看(图 2-9),L1 剖面反演 1-1 号磁性体位置大致对应剖面 342～1237m,地面投影宽度约为 895m。反演 1-1 号磁性体顶板标高为-300m,向下延伸至-1134m。磁性体呈层状,厚度 58m,磁性体倾角约为 42°。L1 剖面反演 1-2 号磁性体位于剖面 2582～3000m,地面投影宽度约为 418m。反演 1-2 号磁性体顶板标高为-633m,向下延伸至-1084m。磁性体呈层状,厚度 77m,磁性体倾角约为 56°。

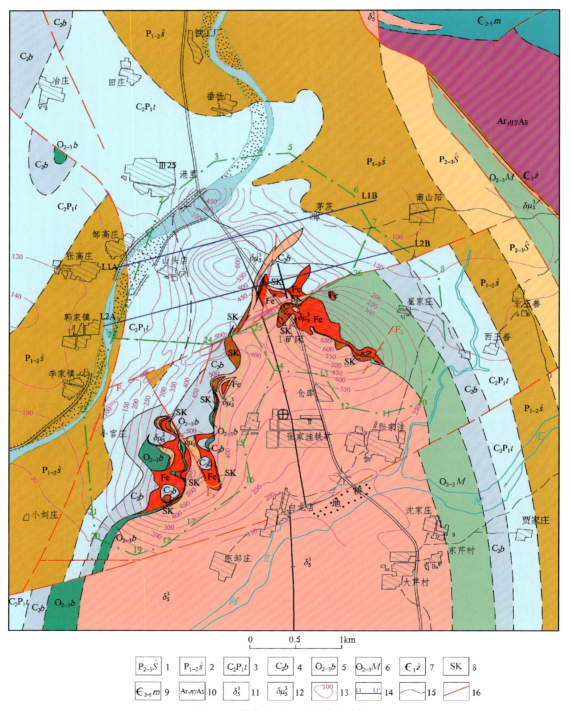

图 2-8 张家洼矿区磁异常分布图

1.石盒子群;2.山西组;3.太原组;4.本溪组;5.八陡段;6.马家沟群;7.张夏组;8.矽卡岩;9.馒头组;10.松山单元二长花岗岩;11.燕山期闪长岩;12.燕山期闪长玢岩;13.高磁异常(nT);14.重磁剖面;15.地质界线;16.断裂

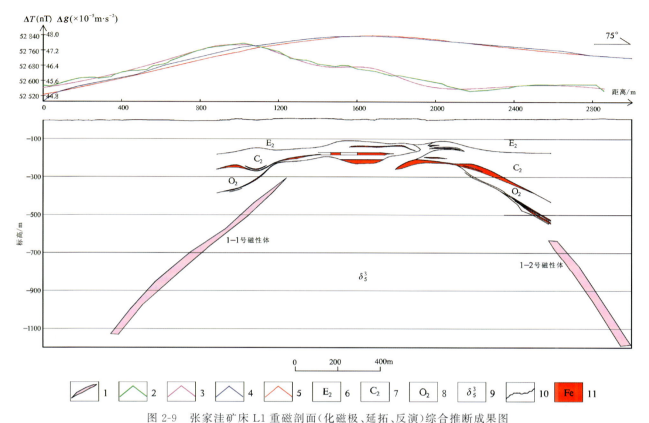

图 2-9　张家洼矿床 L1 重磁剖面（化磁极、延拓、反演）综合推断成果图

1.推测磁性体；2.实测磁异常；3.拟合磁异常；4.实测布格重力异常；5.拟合布格重力异常；6.始新世；7.中石炭统；8.中奥陶统；9.燕山期闪长岩；10.地质界线；11.已知矿体

（四）矿体特征

张家洼矿区划为3个矿段，它们围绕矿山弧形背斜北部倾没端呈半环形分布。以 F_1 断裂为界，矿山弧形背斜东翼为张家洼（Ⅰ）矿段；矿山弧形背斜西翼为小官庄（Ⅱ）矿段；F_1 断裂以北矿山弧形背斜北部倾没端为港里（Ⅲ）矿段。

矿区共圈定15个铁矿体，其中Ⅰ矿段1个，Ⅱ矿段13个，Ⅲ矿段1个。主要矿体为Ⅰ、$Ⅱ_3$、$Ⅱ_4$ 和 $Ⅱ_5$ 矿体；次要矿体1个，为 $Ⅲ_4$ 矿体；小矿体10个，为Ⅱ矿段的 $Ⅱ_0 \sim Ⅱ_2$、$Ⅱ_6 \sim Ⅱ_{12}$ 矿体。主矿体特征详见表2-4，图2-10和图2-11。

表 2-4　张家洼矿区主矿体特征一览表

矿体编号	赋存标高/m	走向长度/m	倾向延深/m	产状 倾向	产状 倾角	平均厚度/m	TFe/%	变化系数/% 厚度	变化系数/% 品位
Ⅰ	−700～−1170	760	560	24	45～60	35.01	37.44	87.50	14.60
$Ⅱ_3$	−300～−1030	1490	1350	287	10～40	16.46	46.68	108.80	33.0
$Ⅱ_4$	−365～−1040	1260	1030	287	20～40	15.26	41.25	103.30	27.15
$Ⅱ_5$	−365～−1060	1050	1400	287	20～45	9.56	40.09	117.00	40.09

各矿体呈似层状、透镜状，主要赋存在奥陶纪马家沟群与燕山晚期闪长岩体的接触带内，个别矿床赋存在闪长岩体与石炭纪本溪组接触带处。

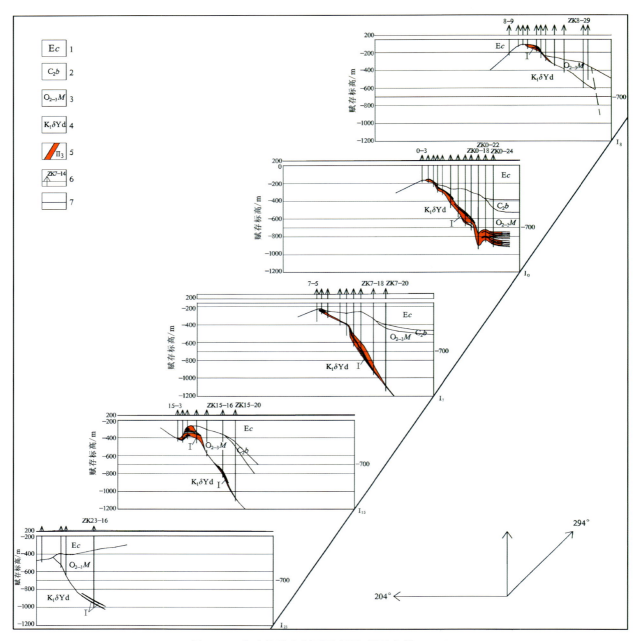

图 2-10 Ⅰ 矿体联合剖面示意图（据亓鲁等，2015）
1.长路组；2.本溪组；3.马家沟群；4.东明生单元辉石闪长岩；5.矿体及编号；6.以往施工钻孔及编号；7.地质界线

（五）矿石特征

矿石中金属矿物主要为磁铁矿，其次有黄铁矿、黄铜矿和赤铁矿。非金属矿物以绿帘石、蛇纹石和透辉石为主，其次为方解石、绿泥石及少量的石榴子石、石英。

矿石结构以半自形—他形粒状结构为主，其次有交代残余结构、压碎结构、鳞片粒状变晶结构。

矿石构造主要有块状构造和浸染状构造。

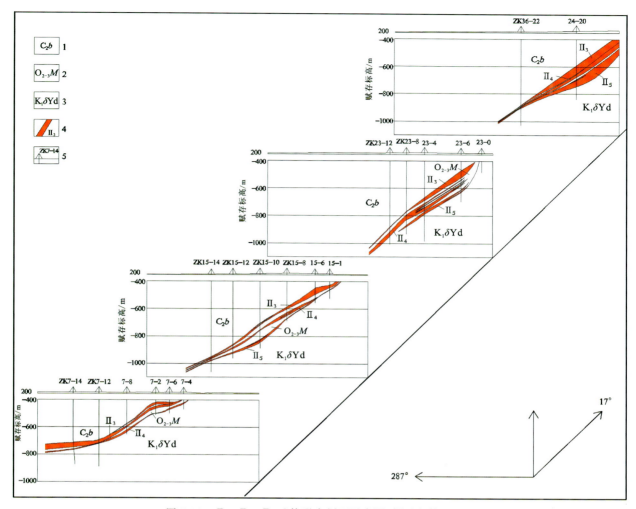

图 2-11 II_3、II_4、II_5 矿体联合剖面示意图(据亓鲁等,2015)

1.本溪组;2.马家沟群;3.东明生单元辉石闪长岩;4.矿体及编号;5.以往施工钻孔及编号

矿石自然类型以磁铁矿矿石为主,其次为赤铁矿矿石。

矿石 TFe 平均品位为 42.09%(<50%),工业类型为需选铁矿石。矿石中磁性铁(mFe)对全铁(TFe)的占有率为 87%(>85%),根据 mFe 占有率,矿石工业类型属于需选铁矿石中的磁性铁矿石。

矿石中主要有用组分为 Fe,根据基本分析结果,TFe 与 mFe 品位呈正相关关系。

根据组合分析结果,有害组分 S 的含量区间为 0.02%~2.81%,平均含量为 0.79%;P 含量区间为 0.01%~0.12%,平均含量为 0.03%,S 和 P 有害元素未超标。

(六)围岩和夹石

I 矿体:顶板围岩为灰岩,底板围岩为闪长岩,局部为蚀变闪长岩。夹石主要为矽卡岩。

II_3 矿体:顶板围岩为月门沟群本溪组,岩性主要为砂质页岩、页岩夹砂岩、黏土岩及灰岩。底板围岩为灰岩和矽卡岩。矿体夹石分布于 II_{11} 至 II_{19} 勘查线间,岩性为矽卡岩。

II_4 矿体:顶、底板围岩均为矽卡岩,蚀变闪长岩。矿体夹石分布于 II_{19} 至 II_{27} 勘查线间,岩性为矽卡岩。

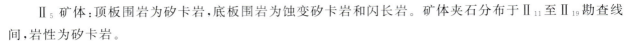

Ⅱ₅矿体:顶板围岩为矽卡岩,底板围岩为蚀变矽卡岩和闪长岩。矿体夹石分布于Ⅱ₁₁至Ⅱ₁₉勘查线间,岩性为矽卡岩。

Ⅲ₄矿体:顶板围岩为大理岩,底板围岩为蚀变矽卡岩和闪长岩。矿体夹石矽卡岩和大理岩。

(七)矿山资源利用情况

矿床规模属大型,已累计查明铁矿石资源储量37 434.3万t,伴生铜金属量272 244.2t。Ⅰ~Ⅲ矿床均进行了开采,矿区共累计动用资源储量7 399.5万t,采出5 647.6万t,损失量1 751.9万t,全矿区累计动用伴生铜金属量44 927t。

二、顾家台矿床

(一)矿区位置

矿区位于泰莱盆地中部、矿山背斜北西翼,矿体产于马家沟群碳酸盐岩与燕山晚期闪长岩接触带及其附近岩石中。

(二)矿区地质特征

区内全部被第四系覆盖,钻孔揭露仅见有马家沟群五阳山组、阁庄组、八陡组灰岩;接触带构造是该矿床的主要控矿构造,控制矿体产状;侵入岩主要有辉石闪长岩、黑云母辉石闪长岩和正长闪长岩,为矿山岩体的一部分,是成矿母岩,一般为矿体的底板。

矿床范围内围岩由于经受了热变质、接触交代等变质作用,围岩蚀变明显,愈靠近矿体蚀变愈强,远离矿体则蚀变逐渐减弱。大体上可分为内外两个蚀变带,内蚀变带由矽卡岩、矽卡岩化闪长岩及蚀变闪长岩组成,蚀变带厚度十几米至几十米,但内蚀变带不规则也不连续。外蚀变带由矽卡岩、矽卡岩化大理岩、大理岩、结晶灰岩等组成,蚀变带最大厚度可达200m以上。

(三)地球物理特征

磁异常特征:矿区西北部大片区域表现为负异常,南部及东部表现为正异常,共圈定异常区一个,编号为M1(M1-1、M1-2)。M1-1异常区位于顾家台矿区西部,方下河以东,嘶马河以北,东西长约600m,南北宽约300m,呈扁月状。该区位于闪长岩与奥陶纪大理岩的岩性接触带上,异常中心最大值为900nT,异常形态良好,有很好的成矿条件;M1-2异常区位于嘶马河以南,安家台子以北,东西长300m,南北长约500m。同样处在闪长岩与奥陶纪大理岩的岩性接触带上,中心处异常值达1100nT(图2-12)。

从反演地质剖面上看(图2-13),L3剖面反演3-1号磁性体位置大致对应剖面343~668m,地面投影宽度约为325m。反演3-1号磁性体顶板标高为-182m,向下延伸至-455m。磁性体呈层状,厚度16m,磁性体倾角约为38°。L3剖面反演3-2号磁性体位于剖面2693~3657m,地面投影宽度约为964m。反演3-2号磁性体顶板标高为-211m,向下延伸至-820m。磁性体呈层状,厚度44m,磁性体倾角约为35°。

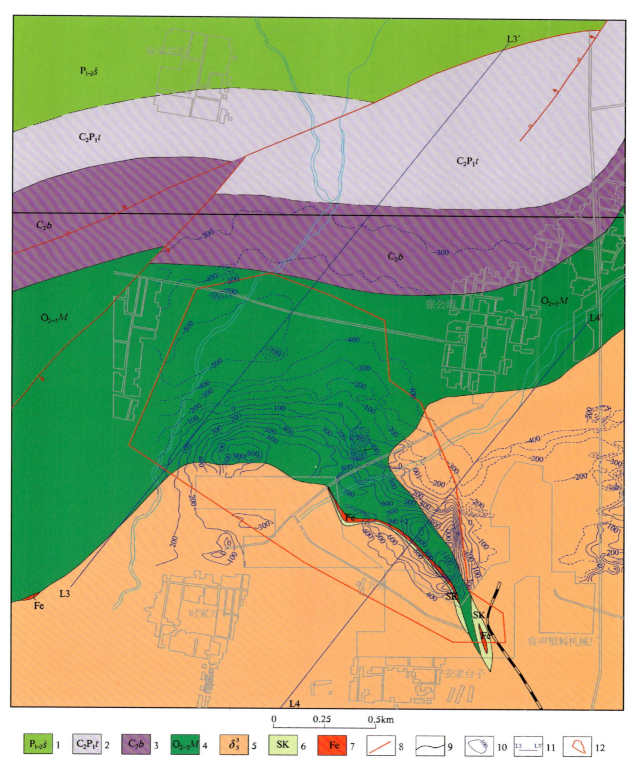

图 2-12 顾家台矿区磁异常分布图

1.山西组；2.太原组；3.本溪组；4.马家沟群；5.燕山期闪长岩；6.矽卡岩；7.铁矿体；8.断裂；9.地质界线；
10.高磁异常(nT)；11.重磁剖面；12.采矿权范围

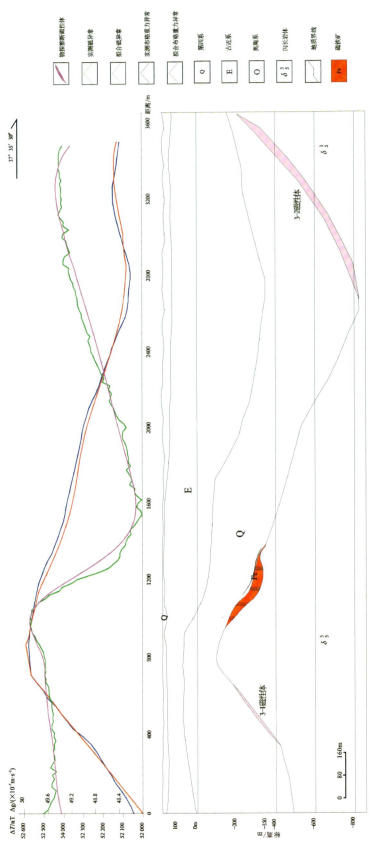

图2-13 顾家合矿床L3重磁剖面综合推断成果图

（四）矿体特征

顾家台矿床圈定两个矿体，其中顾家台Ⅰ矿体为主矿体，顾家台Ⅱ矿体产于顾家台Ⅰ矿体上盘的大理岩中，由8个小矿体组成。

顾家台Ⅰ矿体：矿体赋存于大理岩、结晶灰岩与闪长岩的接触带中，分布在1～45勘查线之间，长2300m左右，厚0.23～90.81m，平均14.96m，总的趋势是东薄西厚，厚度变化系数26.3%，矿体TFe品位40.00%～66.22%，平均48.09%，品位变化系数11.4%。矿体埋深56～998m，标高+117.85～-825m。矿体呈似层状，局部为囊状。其产状严格受到接触带产状的控制，走向北西，倾向北东，倾角一般在30°～40°之间，最大倾斜延伸大于1200m，最小延伸82m。整个矿体连续性好，矿体的形态、规模及产状、空间分布均受岩浆岩与大理岩接触带控制，接触带产状陡，矿体相对薄；接触带产状缓，矿体相对厚大，矿体具膨胀收缩现象（图2-14）。

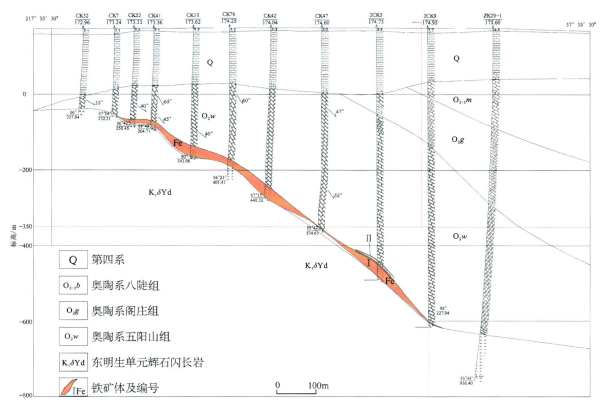

图2-14　顾家台矿床29勘查线剖面图

（五）矿石特征

矿石呈灰黑色，品位低者呈暗绿色，氧化者呈赤褐色或赤黑色。结构为半自形粒状结构，也见有少量自形、交代残余结构及显微网络结构等；构造主要有致密块状构造、浸染状构造。

矿物成分中矿石矿物主要为磁铁矿，其次是少量赤铁矿、微量黄铜矿；脉石矿物含量20%～55%，主要为黄铁矿、方解石，其次是石英，少量绿泥石、金云母、透辉石、橄榄石、蛇纹石、蒙脱-绿高岭石、石榴子石，还有微量阳起石、重晶石、沸石，极少量楣石、磷灰石等。主要矿石类型为石英方解石磁铁矿石、磁铁矿矿石、方解石磁铁矿矿石等。

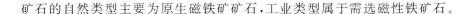

矿石的自然类型主要为原生磁铁矿矿石,工业类型属于需选磁性铁矿石。

(六)围岩和夹石

矿体顶板主要为大理岩、结晶灰岩,个别处为薄层矽卡岩。由钻孔直接揭露的矿体顶板就是官庄组砂砾岩。矿体底板岩石主要为矽卡岩,也有矽卡岩化闪长岩,蚀变闪长岩、正长闪长岩及闪长岩。

夹石主要岩性为矽卡岩或含铁矽卡岩,个别者为大理岩。

(七)矿山资源利用情况

矿床规模属大型,矿山累计查明铁矿石资源储量 5 040.7 万 t,伴生铜金属量 47 107.8 t,伴生钴金属量 8 118.4t。矿区累计动用铁矿石资源储量 72.2 万 t,其中采出量 41.9 万 t,累计损失量 30.3 万 t,开采回采率 58.0%,矿区累计动用铜金属量 219.8t,钴金属量 21.6t。

三、牛泉铁矿

(一)矿区位置

牛泉铁矿位于莱芜城区西南约 15km 处,南邻西尚庄矿区,北与顾家台矿区隔汶河相望,行政区划属莱芜区牛泉镇。矿体一般产于闪长岩与大理岩的接触带上,个别地段产于闪长岩或大理岩内。

(二)矿区地质特征

揭露地层主要为奥陶纪马家沟群、石炭纪本溪组、古近纪大汶口组及第四系。构造较简单,主要为后期构造,对矿体的完整性起破坏作用。褶皱构造不明显。区内无大面积岩浆岩出露,仅在矿区东南部出露有少量燕山晚期闪长岩,根据钻孔揭露资料,本区有大量闪长岩大致顺层侵入于奥陶纪灰岩中,是燕山晚期矿山岩体的西南延部分。组成岩体的岩石类型有闪长岩、辉石闪长岩、角闪闪长岩,局部见正长闪长岩,闪长玢岩分布。

矿区围岩蚀变主要有磁铁矿化、金云母化、蛇纹石化、绿泥石化、黄铁矿化、碳酸盐化、钠长石化等。它们一般是在矽卡岩化作用晚期或矽卡岩化作用之后,在较高温或中低温条件下发生的交代作用,而钠长石化是岩浆期后早期的高温热液蚀变现象。上述蚀变现象的发生,反映了含矿溶液对围岩的交代作用是一个统一的连续变化过程。晚期蚀变作用常叠加在早期蚀变作用之上,致使形成的岩石类型及矿物组合极为复杂。

根据近矿围岩蚀变特征及矿物组合规律,将围岩蚀变大体划分为 5 个蚀变带,但在某一地段所见蚀变岩石发育并不完全。

(1)蚀变大理岩带。蚀变大理岩为灰白色,中—细粒花岗变晶结构或变嵌晶结构。常见蚀变为蛇纹石化、绿泥石化、透辉石化、橄榄石化等。蚀变大理岩常作为矿层的顶板出现,厚 3~5m。

(2)矽卡岩带。包括外带的蛇纹石金云母岩带和内带的透灰石矽卡岩带与方柱石矽卡岩带。各种矽卡岩均呈暗灰色或灰绿色,具花岗变晶结构或变嵌晶结构。由矿物组合看,本区矽卡岩类型多属钙镁质。早期矽卡岩多受后期热液蚀变作用的叠加和改造,而形成具有复杂矿物组合的矽卡岩。该岩带为主要含矿带。

(3)钠化矽卡岩化闪长岩带。岩石一般呈肉红色,略带紫色色调。钠长石化的表现形式是:斜长石牌号降低,有中更长石或中拉长石变为更钠长石,钠长石在斜长石四周呈反应边或充填其粒间;普通角闪石褪色并被黑云母、绿泥石等矿物交代而析出铁质;作为原岩的副矿物磁铁矿含量降低,部分消失。

(4)矽卡岩化闪长岩带。灰绿色,半自形粒状结构或变余半自形粒状结构。本带为矽卡岩到蚀变闪长岩的过渡带,与蚀变闪长岩的界限较为清晰,而与矽卡岩呈渐变关系。闪长岩的残留部分肉眼尚可辨认。本带分布较普遍但厚度不大。

(5)蚀变闪长岩带。一般常见的蚀变有透辉石化、绿泥石化、碳酸盐化,它们分别交代岩浆期形成的斜长石、普通角闪石、辉石等矿物。本带厚度较大,与闪长岩呈渐变关系。

(三)磁异常特征

由于岩体被覆盖,并具有一定的埋深,加之矿体异常干扰,岩体自身的异常形态没有明显地反映出来,从区域异常上可以看出,本区存在南北两条异常,结合于鹿毛埠(图2-15)。这一磁场特征客观地反映了矿山岩体向本区延伸并倾没于鹿毛埠一带的地质现象,其南北两条异常正是隐伏岩体两翼接触带的部位。其中南翼接触带上的西泉河、纪家庄、西尚庄和茂圣堂异常均查明为铁矿引起,北翼接触带上的杜官庄、杜官庄西两异常亦查明了铁矿体的存在,牛泉异常亦经工作证实属于矿致异常。

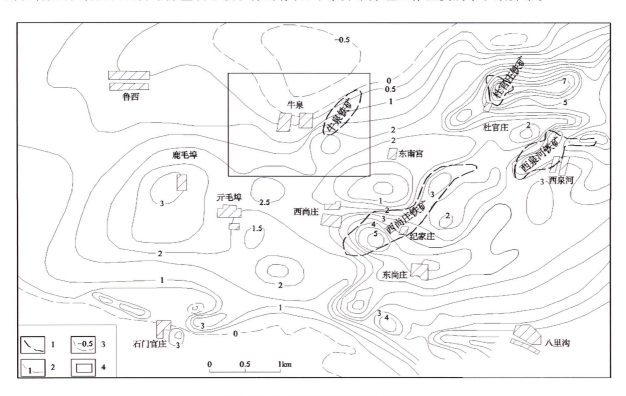

图2-15 牛泉矿区高磁异常分布图
1.矿体范围;2.正高磁异常(×100nT);3.负高磁异常(×100nT);4.矿区范围

牛泉矿区磁异常位于矿山背斜西南倾没端的西北翼。东与杜官庄异常相接,走向74°,西与鹿毛埠异常相连,走向近东西。异常强度特征为南高北低,异常梯度北部略比南部缓,总体特征是强度低,梯度缓,最高值220nT以上。牛泉村东圈出一条磁异常带,异常总体走向近东西。北侧为负异常,负极值在−50nT以下,明显反映出接触带的存在,从整体异常看,该低磁异常明显表现为磁铁矿引起的矿异常特征。结合该区ZK16钻孔467.25~484.08m见到3层铁矿体,矿层累计厚度12.53m的条件分析,由于矿体埋藏较深,所以形成的异常变化较缓。

(四)矿体特征

牛泉矿区共圈定3个矿体,由上至下编号分别为Ⅰ、Ⅱ、Ⅲ。矿体一般产于闪长岩与大理岩的接触带上,个别地段产于闪长岩或大理岩内。矿体形态总体较简单,大多呈似层状产出,Ⅲ矿体为主矿体(图2-16)。

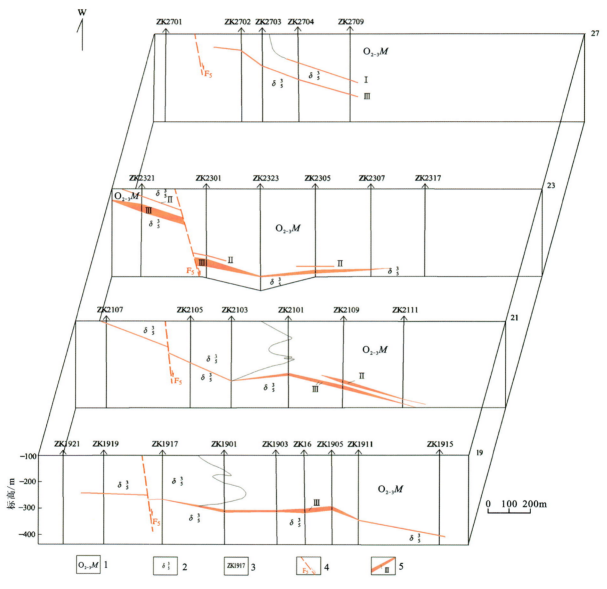

图2-16 牛泉矿区Ⅲ矿体19~27勘探线联合剖面示意图
1.奥陶系马家沟群;2.燕山期闪长岩;3.已施工钻孔;4.断裂及编号;5.矿体及编号

Ⅲ矿体规模1500m(走向)×1000m(倾向),为本矿区的主矿体。矿体主要沿大理岩与闪长岩的接触带产出,局部赋存于矽卡岩或大理岩中,但总体形态仍为似层状。矿体在平面上被F_4、F_5两条断裂切割为西段、南段与东北段3部分。

本矿体埋深328.94~597.16m,产出标高-162.69~-434.74m。若不考虑后期构造影响,总体表现为东部埋深小,西部埋深大,单工程矿体厚0.69~29.52m,平均5.60m,厚度变化系数131.06%,属厚度变化复杂型矿体。单样品TFe品位20.16%～60.86%，平均40.49%，品位变化系数28.43%，属有用组分均匀型矿体。矿体内部结构较简单，一般为单层矿，部分钻孔含1层夹石，夹石岩性全为矽卡岩，铅直厚度为1.69～7.70m。

（五）矿石特征

矿石结构为他形—半自形粒状结构，也见有少量交代残余结构及脉状、网脉状结构等；构造主要有致密块状构造、浸染状构造及少量条带状构造和角砾状构造。

矿石的矿石矿物主要为磁铁矿，其次为假像赤铁矿、赤铁矿、褐铁矿、黄铁矿，含少量黄铜矿、辉铜矿、硫铜钴矿、自然铜等。

矿石的脉石矿物主要为方解石、蛇纹石，其次为绿泥石、金云母等，含少量透辉石、方柱石、斜长石、磷灰石。

矿石中主要有益组分为Cu、Ag、Au、Pb、Zn、Ni、Co、Ti等。

（六）围岩和夹石

矿体的顶板围岩主要为大理岩，其次是矽卡岩、闪长岩、蚀变闪长岩少量，偶见泥质白云质灰岩、角砾岩；底板围岩绝大多数为矽卡岩，蚀变闪长岩少量，偶见大理岩。矿体与围岩产状基本一致，界线一般较清晰，野外肉眼可以划定。局部矽卡岩中含铁较高，矿体与围岩呈渐变关系，靠样品基本分析结果确定其界线。

夹石主要岩性为矽卡岩或含铁矽卡岩。夹石与矿体界线一般较清晰，野外一般根据岩芯的颜色、结构构造、密度及磁性强弱即可以区分，局部与矿体呈渐变关系，靠采样化验界定。

（七）矿山资源利用情况

矿床估算铁矿石资源量2 219.0万t，其中控制资源量691.2万t，推断资源量1 527.8万t，目前没有开发利用。

第三章 淄博金岭富铁矿矿集区

淄博金岭富铁矿矿集区位于山东省淄博市东北部的张店、临淄、桓台的交界处,胶济铁路北侧。大地构造位置处于华北板块(Ⅰ)鲁西断隆区(Ⅱ)鲁中隆起(Ⅲ)鲁山-邹平断隆(Ⅳ)邹平-周村凹陷(Ⅴ)东缘。

淄博金岭矿集区由北界齐河-广饶断裂、西界张店断裂、东界陈家庄断裂、南界炒米店断裂所围限,其内包含金岭背斜和湖田向斜。铁矿床围绕金岭杂岩体侵位所形成的短轴背斜(金岭背斜)周边,岩体与地层的接触带分布。短轴背斜呈北东-南西向展布,长轴长约20km,短轴宽约7km,面积约140km^2。

第一节 淄博金岭矿集区成矿地质条件

一、地层

区内地层以金岭杂岩体为中心,主要有奥陶纪马家沟群、石炭纪—二叠纪月门沟群、二叠纪石盒子群、白垩纪青山群等,大部分隐伏于第四系之下,呈环带状分布(图3-1)。

(一)奥陶纪马家沟群

马家沟群自下而上划分为东黄山组、北庵庄组、土峪组、五阳山组、阁庄组、八陡组,为一套浅海相碳酸盐岩建造,主要岩性由厚层泥晶灰岩、云斑灰岩、中厚层白云岩、薄层泥质灰岩、角砾状白云岩等组成,总厚度800m左右。五阳山组、八陡组灰岩因碳酸盐纯度较高,硅质较少,成为区内主要成矿赋矿层位。

这些地层CaO含量高,一般为45.77%~54.48%,特别是五阳山组和八陡组,CaO平均含量分别为52.23%和54.48%,SiO$_2$含量低(分别为2.38%和0.94%),以上地层均为质地较纯的灰岩,易于交代成矿,而CaO含量低,SiO$_2$含量高,则对交代成矿不利。

(二)石炭纪—二叠纪月门沟群

月门沟群自下而上划分为本溪组、太原组和山西组,主要由深灰色粉砂岩、泥岩夹砂岩、灰岩、铝土岩、煤层(或煤线)等组成,为海陆交互相细碎屑岩-碳酸盐岩含煤建造,总厚度400m左右。其中石炭纪本溪组底部不整合面及太原组底部的徐庄灰岩是区内重要的磁铁矿成矿赋矿层位。

奥灰顶部不整合面属构造薄弱面,为成矿热液运移、沉淀和赋存提供了有利空间,是矿液充填成矿的有利场所;徐庄灰岩厚8~12m,使成矿热液交代成矿成为可能;细碎屑岩类以胶结松散、孔隙度大为特征,也是矿液充填-交代成矿的有利围岩。

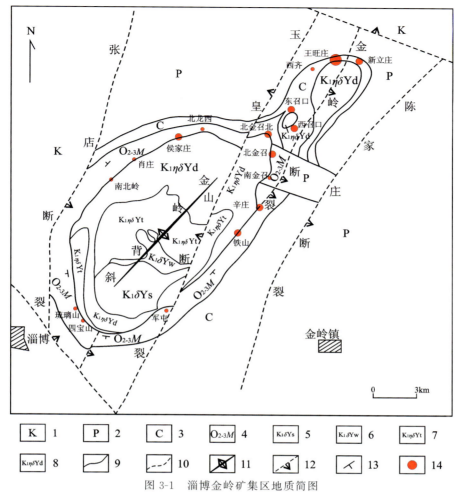

图 3-1 淄博金岭矿集区地质简图

1.白垩系；2.二叠系；3.石炭系；4.马家沟群；5.上水河单元闪长岩；6.万盛单元闪长岩；7.太平单元闪长岩；8.大朝阳单元闪长岩；9.实测界线；10.推测界线；11.背斜轴；12.推测断裂；13.地层产状；14.矿床位置

（三）二叠纪石盒子群

石盒子群自下而上划分为黑山组、万山组、奎山组和孝妇河组，主要由灰绿、黄绿、紫红、灰紫等杂色长石石英砂岩、粉砂质泥岩，夹灰黑色泥页岩及煤线等组成，为一套陆相碎屑岩含煤建造，厚度 10～600m 不等，由南向北具逐渐增厚趋势，主要分布于背斜的东部。

（四）白垩纪青山群

白垩纪青山群区内青山群仅分布八亩地组。岩性为绿色、灰绿色砂岩，以粉砂岩为主，间有黄绿色页岩和碳质页岩。下部夹有安山质岩屑长石砂岩，底部有层间砾岩和角砾岩，见有流纹质凝灰岩砾石和角岩化砂岩砾石。厚 168m，分布于矿集区中南部。

（五）第四系

第四系主要由粉质黏土、粉土、黏土组成，局部含钙质结核，夹中砂或卵砾石。区内广泛分布，以角度不整合覆盖于上述地层之上。厚10～300m,由南向北逐渐增厚。

二、构造

区内发育有褶皱构造和断裂构造。褶皱构造有金岭背斜和湖田向斜。断裂构造主要以北北东向为主。

(一)褶皱构造

1. 金岭短轴背斜

金岭短轴背斜是区内主体构造,轴向45°,长20km,宽10km,核部为金岭杂岩体,两翼依次为奥陶纪碳酸盐岩、石炭系及二叠纪砂页岩。靠近岩体的地层产状较陡,倾角一般为30°～50°,局部60°以上,向外侧逐渐变缓,倾角一般为20°～30°。背斜的北东倾伏端地层更为平缓,倾角一般为10°～20°。金岭短轴背斜与金岭杂岩体的形态产状、分布范围相辅相成。两者为磁铁矿床的生成创造了重要的成矿条件。

2. 湖田向斜

湖田向斜位于金岭短轴背斜南东,与金岭背斜相伴而生。轴向北东—北东东向,西南部收窄,向北东倾伏开阔。核部为二叠系,两翼为奥陶系、石炭系。西北翼产状较陡,倾角为20°～30°;东南翼产状平缓,倾角为5°～10°。

(二)断裂构造

断裂构造以北北东向断裂为主,自西向东依次简述如下。

(1)张店断裂:位于金岭短轴背斜的西侧,走向20°～30°,倾向西,倾角75°,东盘上升,西盘下降,断距达1000m以上。断裂东侧为奥陶系,西侧是侏罗系及白垩系。

(2)玉皇山断裂:位于张店断裂西侧,南起卫固镇以南,穿过金岭岩体,沿北北东方向延伸20km,倾向西,倾角75°,局部直立甚至向相反方向倾斜,波状弯曲,垂直落差较小,一般50m左右,而水平断距300～400m,为压扭性断裂。

(3)金岭断裂:位于金岭短轴背斜东侧,从新立庄矿床西侧与王旺庄矿床之间通过,向南西穿越西召口、北金召、南金召及边辛4个矿床,总长20km,倾向南东,倾角南缓北陡,南部40°～60°,北部70°～83°,在北部形态为西盘南移下降,东盘北移上升,波状弯曲,属压扭性断裂,最大落差120m,水平断距200～300m。

(4)陈家庄断裂:位于金岭断裂东侧,二者平行展布,北北东走向,向东倾斜,倾角不明,为西盘上升、东盘下降的正断裂,水平断距在250～500m之间。

上述4条断裂均为成矿后断裂,其中金岭断裂对西召口矿床、北金召矿床、边辛矿床有一定的破坏作用。

区域内东部及北部有一组近东西向的断裂,自南而北分别为寇家庄断裂、土山断裂、北高阳断裂,这组断裂以产状较陡、垂直落差较大为特点。该组断裂为成矿前构造,对矿床无破坏作用。

(三)接触带构造

金岭岩体与围岩的接触带是一种特殊的构造类型,因岩体的顶部已被剥蚀,接触带呈环带状分布。

其特征为一条宽阔的矽卡岩化及钾钠化蚀变带,向四周倾斜,倾角一般为30°～50°。该接触带构造控制着金岭铁矿区绝大多数铁矿床的形成与展布,是直接而有利的控矿构造。围岩与岩体的蚀变较强烈。

接触带构造内一般分为5个蚀变带:大理岩结晶灰岩带、透辉石金云母矽卡岩带、矽卡岩化闪长岩带、强钾钠化闪长岩带、钠化闪长岩带。其中,大理岩结晶灰岩带多为矿体的顶板,其他蚀变带多为矿体底板。

三、岩浆岩

区内侵入岩主要出露于金岭背斜核部,即金岭杂岩体。杂岩体平面上呈北东向展布的椭圆形,形成不对称穹隆,是岩浆强力就位侵入而成,杂岩体四周奥陶纪灰岩呈环状绕其分布,西南部半环侵入接触关系简单,而东北部半环侵入穿插关系复杂。杂岩体属燕山中晚期早白垩世侵入形成。

岩体的岩性比较复杂,为中偏基性—中性—中偏碱性的多阶段侵入形成的杂岩体(图3-1),主要岩性及形成先后顺序为细粒角闪二长闪长岩、中细粒黑云角闪二长闪长岩、中细粒黑云角闪闪长岩、细粒黑云角闪闪长岩、中细粒角闪闪长岩、中细粒辉石闪长岩等,其中,辉石闪长岩与铁矿形成关系最密切(高继雷等,2021)。

1. 大朝阳单元细粒角闪二长闪长岩

大朝阳单元细粒角闪二长闪长岩($K_1\eta\delta Yd$)主要分布于张店区铁山、玉皇山、尚庄南、凤凰村东、傅山公园、隽家山等地,成半环带状分布,构成金岭杂岩体最外部环带,其中铁山出露面积最大,最具代表性。该岩性分布面积约$1.52km^2$,野外能清晰看到该细粒角闪二长闪长岩侵入到太平、万盛及上水河等闪长岩中(图3-2、图3-3),且能见到大量的早期侵入的岩石包体,包体与围岩的边界清楚。细粒角闪二长闪长岩锆石U-Pb年龄为$(132.7±1.8)Ma$,形成于早白垩世。

图3-2 大朝阳单元侵入万盛单元

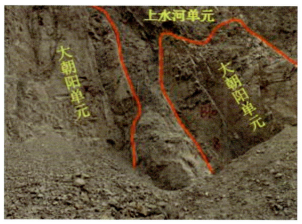
图3-3 大朝阳单元侵入上水河单元

大朝阳单元的岩性为角闪二长闪长岩,灰褐色,块状构造,细粒结构,局部见有较大的斑晶。主要矿物成分:斜长石51%,正长石24%,普通角闪石24%,石英微量,磷灰石微量,金属矿物微量,个别样品含微量或极微量的黑云母、榍石、碳酸盐矿物。

2. 太平单元中细粒黑云角闪二长闪长岩

太平单元中细粒黑云角闪二长闪长岩($K_1\eta\delta Yt$)主要分布于张店区四宝山街道办驻地以东,黑铁山风景区以东,大河南村以南,309国道以北。呈半环带状分布,直径约4.4km,宽约1.0km,出露面积约

2.92km²。大朝阳单元侵入到该单元中(图3-4、图3-5)。

太平单元的岩性为黑云角闪二长闪长岩,灰白色-灰绿色,中细粒结构,块状构造,局部见流面构造,在PM07第2层测得流面产状276°∠31°。主要矿物成分:斜长石44%,正长石21%,普通角闪石26%,黑云母8%,石英少量—微量,金属矿物微量,其他矿物有磷灰石、榍石、碳酸盐矿物等,大多微量。

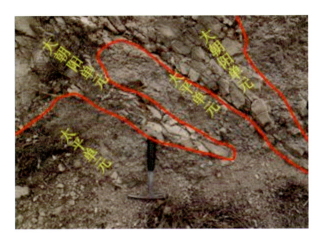
图3-4 大朝阳单元侵入太平单元(远)

图3-5 大朝阳单元侵入太平单元(近)

3. 万盛单元中细粒黑云角闪闪长岩

万盛单元中细粒黑云角闪闪长岩($K_1\delta Yw$)主要分布于张店区花山北部,万盛村以北,东尹村以南,呈枝杈状分布,长约2.7km,宽约1.0km,出露面积约2.09km²。岩体走向为北西-南东向,向西分叉。该单元侵入到上水河单元中,在该单元中见到上水河单元的包体(图3-6);在东尹村东见太平单元呈楔状侵入到该单元中(图3-7),在军屯村南见到该单元被大朝阳单元侵入,故其形成年龄晚于上水河单元,早于太平单元和大朝阳单元。

图3-6 万盛单元中含上水河单元的包体

图3-7 太平单元侵入万盛单元

万盛单元岩性为黑云角闪闪长岩,灰绿—灰白色,中细粒结构,块状构造,主要矿物成分含量:斜长石59.2%,普通角闪石36.8%,黑云母12%,石英少量—微量,金属矿物少量—微量,其他矿物有锆石、磷灰石、榍石、碳酸盐矿物等。该单元与上水河单元的主要区别有两点,一是粒度变粗,二是斜长石含量增高,角闪石含量减少。

4. 上水河单元细粒黑云角闪闪长岩

上水河单元细粒黑云角闪闪长岩（$K_1\delta Ys$）主要分布于张店区花山、军屯村、万盛村、解庄村一带，是矿集区内出露面积最大的岩体，呈近似圆状分布，半径 2.7～3.3km，出露面积约 5.36km²。该单元被万盛单元侵入，并在万盛单元中见到该单元的包体，在张店区军屯村南见该单元被大朝阳单元侵入，锆石 U-Pb 年龄（129.2±3.2）Ma。

上水河单元的岩性为细粒黑云角闪闪长岩，灰绿色，块状构造，半自形粒状结构，主要矿物成分含量为：斜长石 55.3%，普通角闪石 33.7%，黑云母 13%，石英少量—微量，金属矿物少量—微量，磷灰石微量，其他矿物有辉石、锆石、榍石等。

5. 大有单元中细粒角闪闪长岩

大有单元中细粒角闪闪长岩（$K_1\delta Ydy$）主要分布于花山—西山一带，属岩体的中心部位。地表多被第四系覆盖，其分布范围是根据钻探和磁测异常圈定的。

6. 东明生单元中细粒辉石闪长岩

东明生单元中细粒辉石闪长岩（$K_1\delta Yd$）分布于淄博市东北尚庄附近，面积约 10km²。岩体呈椭圆状，长轴走向北东，围岩是马家沟群五阳山组，地表多被第四系覆盖，其分布范围是根据钻探和磁测异常圈定的。该侵入体严格受北东向断裂控制，展布于北东向张店断裂和北东向陈家庄断裂之间，受到金岭左行走滑断裂的错切。该岩体与五阳山组灰岩、白云岩接触带往往形成矽卡岩型铁矿。

此外，区内脉岩较发育，主要分布于马鞍山-香炉山、四宝山、演礼村西、军屯南等地。主要岩性有石英闪长岩、正长岩、辉石闪长玢岩等，穿插于岩体、地层及铁矿体中。

四、地球物理特征

由该区剩余重力异常图上可见（图3-8），剩余重力场较突出，结合本区地质图中地层及岩浆岩分布特征，推断布格重力异常图中的重力高是由侵入岩体所引起的，与地质圈定的金岭岩体范围一致。

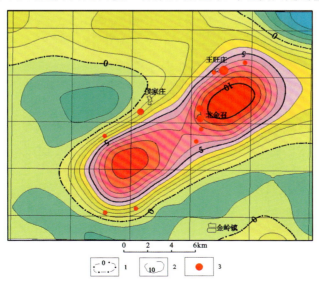

图 3-8　金岭地区 1∶5 万剩余重力异常图

1.剩余重力零等值线及注记（×10^{-5}m·s^{-2}）；2.剩余重力正等值线及注记（×10^{-5}m·s^{-2}）；3.矿床位置

金岭岩体有明显的强磁异常反应,最高强度达 1000nT,具强度高、梯度大特征,且岩体外围有负值异常伴生,主要是接触带上矽卡岩剩磁所致,沉积地层呈负磁场特征(图 3-9)。

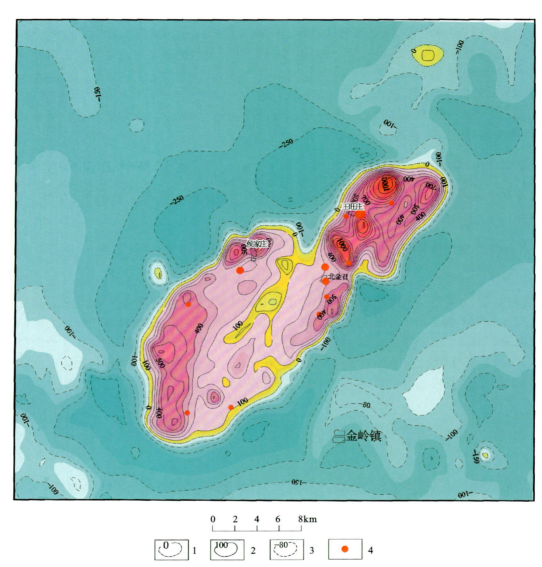

图 3-9　金岭地区航磁 1∶5 万 ΔT 化极等值线平面
1.零等值线;2.正等值线(nT);3.负等值线(nT);4.矿床位置

第二节　淄博金岭富铁矿矿集区勘查开发简史

一、淄博金岭富铁矿矿集区勘查开发简史

淄博金岭铁矿具有悠久的勘查和开采历史,春秋战国时代就有开采、冶炼的记载。据《晋书·慕容德载记》记载,魏晋南北朝时,南燕慕容德述平三年(公元 402 年)即开采商山(今临淄金岭铁山)铁矿,在冶里庄冶铸。鸦片战争后,外国侵略者相继入侵中国,山东铁矿资源遭到掠夺和破坏,1906—1914 年,

德国对金岭铁矿进行开采,采出的矿石部分运往青岛,再从青岛出境。1948年3月,淄博全境解放后,金岭等铁矿山得到恢复与建设。区内共发现铁山、北金召、北金召北、侯家庄和王旺庄等多个铁矿床,累计查明富铁矿资源量约2亿t。现将淄博金岭富铁矿勘查发现历史简述如下。

1. 基础地质工作

第一阶段(1956年以前)以零星地质调查为主,研究程度低。

第二阶段(1956—1979年)为系统地质调查阶段。中华人民共和国成立后,先后有许多地勘单位和地质院校在区内开展了地质调查、矿产勘查等工作,1961年完成了第一轮1∶20万区域地质调查,并在此基础上,围绕铁及冶金化工等资源开展了矿产工作,取得了一定的成果。这个阶段区域地质测量工作对区内地层、岩浆岩、变质岩及矿产等进行了系统研究,建立了区域构造格架,为区内地质工作奠定了基础。基于当时的技术、理论和方法限制,地质认识与当今理论有所差异,成果资料被第二轮1∶20万区域地质调查所取代。

第三阶段(1980—1999年)为深入调查阶段。应用新理论、新方法,1991年完成了第二轮1∶20万区域地质调查工作,覆盖本区。同时展开了物探、化探、矿产普查、专题研究、水文环境、区域地质调查总结及矿产总结等工作。统一了地质认识,基本查明了区域构造格架,并形成了丰富的地质矿产资料。

第四阶段(2000年至今)为全面发展阶段,采用新技术、新手段,以地质调查、矿产勘查为基础,重视环境地质、水文环境调查,在不同领域均取得了丰富的成果。2003年完成的1∶25万淄博市幅区域地质调查修测,采用三大岩类填图新方法、新技术、新理论和"3S"技术,对以往形成的资料进行了全面的清理;填图单元划分合理,资料真实、可靠,样品测试采用了新手段,提高了测试结果的可信度。制图采用了计算机技术,极大地提高了图件的质量。2013—2015年完成的1∶5万长山幅、桓台幅、淄博市幅区域地质调查工作,运用山东省地层侵入岩构造单元划分方案(鲁国土资字〔2014〕185号)和填图新技术,在第四纪松散堆积物、主干断裂、金岭杂岩体等方面取得了重要进展,对金岭杂岩体进行了重新划分,划分为4个岩性单元,其中万盛单元和太平单元是本次新建单元,形成于早白垩世。

2. 物化探工作

区内物探工作主要分为3个阶段:

第一阶段(1954—1965年)主要围绕金岭杂岩体开展普查工作,先后在区内开展了1∶1万高精度磁法测量、1∶2000磁法剖面测量等工作,同时全省范围内开展了1∶10万重力测量和1∶2.5万航空磁测,这一阶段形成了相对较系统的资料,至今仍具有较高的价值。

第二阶段(1977—1990年)主要是开展了鲁中地区航空磁力和放射性测量,同时在整理以往资料的基础上,编制了山东省1∶20万航磁ΔT剖面平面图和等值线平面图,编有1∶20万淄博、临朐、沂水幅航空磁测平面图及剖面图,完成了区内1∶20万区域重力调查测量工作,编有区内1∶20万(分幅)布格重力异常图。提交了1∶20万《山东省北部地区区域重力调查成果报告》。该阶段形成的系统的重磁资料是本次工作开展的基础,具有重要的价值。

第三阶段(1991年以来)主要是对以往形成的不同精度、不同比例尺的重磁资料进行综合整理和分析研究工作,先后编制了山东省1∶50万重磁异常图,重新圈定异常,对主要的异常进行了查证工作,基本摸清了省内引起重磁异常的原因和区内的找矿潜力。

区内化探及人工重砂调查主要集中在1980—1990年,比例尺为1∶20万,形成了丰富的物化探、重砂资料,圈定了单元素异常、多元素组合异常以及重砂异常等,编制了各种异常图件及成矿预测图,并对异常的矿产组合、分布规律及其地质背景、成矿条件进行了分析和总结,为区内找矿提供了重要基础资料和信息。该资料形成时间较晚,内容全面、信息丰富,具有较高的利用价值。

3. 矿床勘查工作

(1)区域地质调查中的矿产资料

第一阶段为1961年完成的第一轮1∶20万区域地质调查中的矿产调查工作,是结合群众报矿对区内的矿床、矿(化)点进行了较为系统的检查,编写了矿床(点)检查报告,同时圈定了物化探及重砂异常,为后来的地质矿产工作奠定了基础。但由于当时的工作方法和测试手段及技术落后,资料精度较低,可利用程度较差,但对以后的矿产勘查工作提供了大量的信息和可供参考的资料。该区域地质调查成果被第二轮区域地质调查工作吸收利用。

第二阶段为1991年完成的第二轮1∶20万区域地质调查中的矿产调查工作,是按照1∶20万区域地质调查暂行规范和规定,对区内的矿产进行系统的调查,对矿点、矿化点做了全面的踏勘,可参考利用。

第三阶段为2003年完成的1∶25万淄博市幅区域地质调查中对各主要成因类型矿床的矿产调查工作,在充分收集整理、勘查研究资料的基础上进行了实地调查,加深了对找矿、控矿地质条件的认识;结合物化探、重砂资料、基础地质研究成果,进行了成矿规律分析和成矿预测。其区域地质调查矿产资料是区内最全的一份矿产资料,可利用程度和可靠性较高,工作中对新发现的矿床(点)进行了踏勘,对已知矿床的找矿地质条件和矿产储量及开采状况等,结合有关新的资料进行补充和修改,并在该次工作的基础上充分总结、分析已知矿床的矿体特征,对深部找矿提出了指示性的意见。

(2)专项矿产勘查资料

区内矿产资源以铁矿、铝土矿及建筑材料用矿产为主。1960年以来针对区内铁矿资源进行了普查、勘查等工作,虽然填图单位划分标准与当今有差异,但对岩性、矿床成因及各类构造的研究比较详细,并投入了大量钻探工作量,该阶段形成的矿产资料已经被以后的地质矿产报告吸收。2000年以来先后针对危机矿山开展了深部及外围找矿工作,系统研究了金岭地区富铁矿资源成矿规律和成矿潜力,划分出成矿预测区,同时针对低缓磁异常进行了少量的验证,取得了较好的效果,金岭杂岩体与马家沟群灰岩接触带延伸1200m未见消失,见有较强的矽卡岩化蚀变带。专项工作中形成的一系列成矿理论和成果是本次调查的重要参考资料。

二、淄博金岭科研简史

区内的专题研究及科研论文方向主要为金岭铁矿和金岭杂岩体。综合研究方面有"山东省区域地质志""山东省区域矿产总结""山东省岩石地层""山东省侵入岩岩石谱系"等专题及综合研究成果,从不同角度提高了区内研究程度。

杨志(1982)总结了中国东部地区矽卡岩铁矿的成岩成矿时代,并讨论了济南和金岭等地区矽卡岩型铁矿成矿岩体。张国军(1985)对华北地区邯邢式铁矿成矿构造进行了分析,对铁矿时空分布、成矿构造等方面进行了详尽论述,其中包括济南、莱芜和金岭等铁矿。许文良等(2003)对金岭闪长岩中橄榄岩和辉石岩包体进行了研究,认为橄榄岩包体来源于古老岩石圈地幔,而辉石岩包体为幔源岩浆在上地幔顶部的堆积体。马江全等(2004)对金岭矿区成矿规律进行了探讨,认为矿区矿床存在岩浆岩控矿带成矿特征,可沿岩浆岩控矿带在各矿体边部、深部尤其是缓倾斜接触带进行找矿工作。2006年,曾广湘等编写了《山东铁矿》一书,对山东省内铁矿进行了详细的分析研究,对矽卡岩型铁矿床进行了解剖,圈定了湖田镇-中埠镇-路山镇找矿靶区。杨一鸣(2013)讨论了我国富铁矿的储量和成因类型,认为矽卡岩型铁矿(如淄博金岭铁矿)是我国主要的富铁矿类型之一。2016年,李洪奎等编写了《鲁西地区铁矿成矿规律研究》,划分出以莱芜、金岭、苍山地区为代表的矽卡岩型铁矿找矿靶区14处。方邵平(2017)认为隐伏的矽卡岩型富铁矿——王旺庄矿床属于热液交代矿床,且具层控特征,认为燕山晚期岩浆岩携带大量铁质,侵入奥陶纪纯灰岩,发生接触交代作用,并使铁大量富集成矿。

杨承海等(2006,2007)认为金岭黑云母闪长岩的锆石U-Pb年龄为(132.8±4.2)Ma($n=12$),表明岩体的侵位结晶年龄为早白垩世,主微量元素和Sr-Nd同位素数据显示鲁西中生代早白垩世高Mg闪长岩的形成应为拆沉的岩石圈与软流圈混熔的产物。王世进等(2009)认为鲁西地区中生代岩浆侵入作用与太平洋板块俯冲作用有关,并与沂沭断裂带的活动关系密切。Jin et al. (2015)认为金岭岩浆侵入杂岩体的岩性复杂,包括二长岩、黑云母闪长岩、石英闪长岩和角闪石闪长岩,是岩浆多期侵位的结果,二长岩与矽卡岩矿床成矿关系密切。张超等(2017)认为鲁西金岭地区闪长岩应形成于太平洋板块俯冲后撤引起的伸展环境,其岩浆源区是基性岩浆底侵华北古老下地壳并与元熔融形成的壳源酸性岩浆。金子梁(2017)认为淄博金岭铁矿区与成矿有关的闪长质岩体其初始岩浆是拆沉下地壳与地幔橄榄岩反应的产物,在流体演化阶段发生3次铁元素富集事件,提出了8阶段的矽卡岩型富铁矿成矿模式。胡雅璐(2018)认为金岭岩浆侵入杂岩体中角闪石岩包体可能与寄主岩石同源,是中地壳岩浆房闪长质岩浆分离结晶的产物。

第三节　淄博金岭富铁矿矿床基本特征

一、淄博金岭富铁矿的分布特征

淄博金岭矿集区是山东省重要的富铁矿基地之一,自1948年起该铁矿区进入正式的开采阶段,据现有资料统计,该矿集区累计查明富铁矿资源量约2亿t。整个矿区共发现铁矿床(点)22处,其中大型1处,中型8处,小型10处,矿点3处。这些铁矿床(点)均分布在金岭岩体与围岩地层的接触带中。

区内已发现的矽卡岩型铁矿均分布于金岭岩体与地层接触带附近,总体上呈北东-南西向展布。根据岩体分布特征和断裂错移情况,全区总体可划分为南、北两部分。北部岩体分布相对杂乱,规模相对较小,已发现的矽卡岩型铁矿床主要有王旺庄铁矿、新立庄铁矿、西齐铁矿、东召口铁矿、西召口铁矿5处,其中大型1处,中型2处,小型1处。南部岩体规模相对大,分布形态相对规则,呈椭圆形,分布有中-小型铁矿10余处,其中侯家庄铁矿、北龙西铁矿、肖庄铁矿、南北岭铁矿、琉璃山铁矿、四宝山铁矿、北金召北铁矿等位于南部岩体的北西侧,北金召铁矿、南金召铁矿、辛庄铁矿、铁山铁矿、军屯铁矿等位于南部岩体的南东侧。从矿体的赋存介质及在垂向上的空间赋存特征看,其空间分布类型可划分为3种:岩体/地层接触带分布型式、平行不整合/层间裂隙分布型式、岩体内捕虏体式分布型式。

（一）岩体/地层接触带分布型式

磁铁矿矿体分布于岩体与地层的接触带上，一般具有"矽卡岩蚀变带包裹磁铁矿矿体"的显著特征（图3-10），磁铁矿矿体常呈"阶梯状"分布，随成矿条件的变化，往往可发育若干阶梯状矿体，发育2～3个阶梯状矿体的现象较为常见；在接触带缓凸起或缓凹陷处最有利于赋存矿体，而在接触带平直处往往矿体赋存的可能性差，常表现为矿体薄弱、尖灭或消失处。

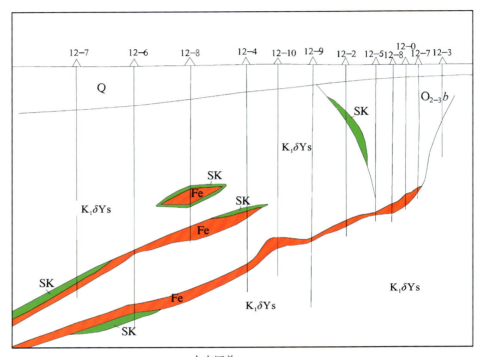

图3-10 北金召矿床12勘查线剖面示意图（据储照波，2012）

（二）平行不整合/层间裂隙分布型式

磁铁矿矿体分布于奥陶纪马家沟群灰岩与石炭纪本溪组底部之间的平行不整合面上以及其他层间裂隙内，一般具有"厚度稳定、似层状分布、产状平缓、规模大"的显著特征；矿化程度受平行不整合面内或裂隙内的岩石物质组成、岩浆灌入物理化学条件及动力条件控制。平行不整合面内的矿体与蚀变带分布范围总体上呈层状或板状展布，裂隙内的矿体与蚀变带分布范围总体上呈分布方向各异的墙状（图3-11）。

（三）岩体内捕虏体式分布型式

磁铁矿矿体分布于岩体内的捕虏体中段，具有矿体与蚀变分布规律不明显，形态不规则，矿体规模受制于捕虏体大小的特征。这种类型的矿体分布于岩体一侧，与接触带界线的距离往往有限，可作为探寻接触带式矿体分布的重要指示标志（图3-12）。

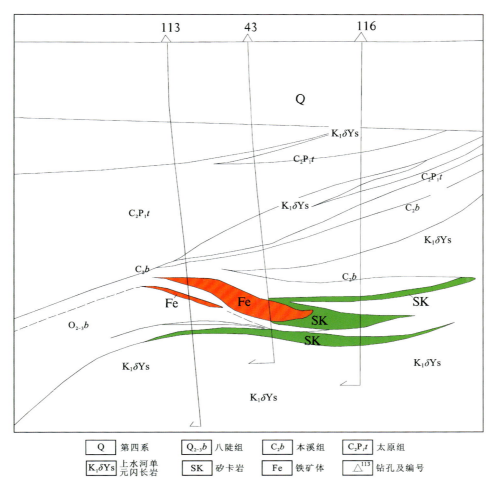

图 3-11　王旺庄矿床西部地段 W13 勘查线剖面示意图（据储照波，2012）

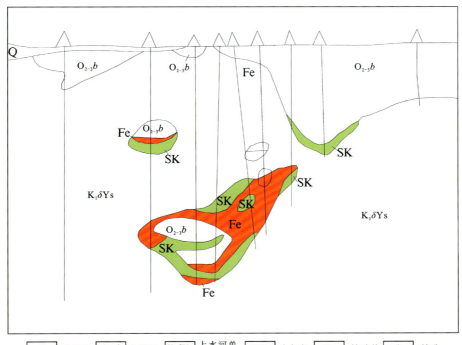

图 3-12　北金召北矿床地质剖面示意图（据储照波，2012）

二、成矿时代

金岭地区矽卡岩型富铁矿赋存于奥陶纪马家沟群碳酸盐类岩石与燕山晚期闪长岩类岩石接触带及其附近,与铁矿成矿关系最密切的岩浆岩为闪长岩杂岩体,区内岩体形成与铁矿的形成具有十分密切的联系。金岭杂岩体岩相特征为中偏基性-中性-中偏碱性的杂岩体,岩性复杂,从早到晚分为辉长闪长岩、黑云母闪长岩、闪长岩、偏碱性脉岩类4个成岩阶段,其中第二阶段与成矿关系最为密切。以往工作对金岭杂岩体形成时代进行了较多分析测试,详见表3-1。

表3-1 金岭地区岩体年龄测试结果一览表

矿集区名称	采样地点	岩性	分析方法	测试结果/Ma	数据来源
金岭	金岭	辉石闪长岩	锆石 U-Pb LA-ICP-MS	133±4	杨承海(2007)
	金岭	辉长闪长岩	锆石 U-Pb LA-ICP-MS	128±2	钟军伟等(2012)
	花山东坡	黑云角闪闪长岩	锆石 U-Pb LA-ICP-MS	129.2±3.2	区域地质调查报告(2017)
	铁山北坡	二长闪长岩	锆石 U-Pb LA-ICP-MS	132.7±1.8	区域地质调查报告(2017)
	金岭	黑云母闪长岩	锆石 U-Pb LA-ICP-MS	126±1.5	金子梁(2017)
	金岭	二长岩	锆石 U-Pb LA-ICP-MS	128±1.4	金子梁(2017)
	黑铁山	闪长岩	锆石 U-Pb LA-ICP-MS	129.17±0.96	张超(2017)
	花山	闪长岩	锆石 U-Pb LA-ICP-MS	130.15±0.65	张超(2017)

结合区内中生代侵入岩产出相关地质特征、以往测试数据分析结果,总体认为淄博-莱芜铁矿形成于早白垩世(130Ma左右),属中生代燕山晚期。

三、矿床成因及成矿模式

经过60余年的地质勘查、矿山开采,并结合地质院校、科研单位的研究成果,本书认为金岭铁矿区矿床属接触交代型磁铁矿床。主要依据如下。

(1)矿体赋存于闪长岩体与碳酸盐岩的接触带上,接触带的形态、产状直接制约着矿体的形态、产状。

(2)接触带附近发生普遍而强烈的交代蚀变作用,如矽卡岩化、钾钠化。

(3)矿石以块状构造为主,浸染状、条带状次之;矿石矿物以磁铁矿为主,磁性铁占有率达90%以上。

(4)矿石中保留有围岩的成分及构造,如交代灰岩不充分时,结晶灰岩与磁铁矿相间分布,呈条带状构造;有的结晶灰岩在矿体中呈夹石产出。

(5)磁铁矿与矽卡岩在空间上紧密共生,矿石中的脉石矿物以矽卡岩矿物居多;在镜下可见到磁铁矿交代透辉石的现象。

通过开采巷道调查和综合分析,前述3种矿体赋存形式既有各自的特点,又有内在的联系,即均以接触带为通道相互连为一体,为此,建立了"三位一体"成矿模式(图3-13)。"三位一体"成矿模式对矿体形成和赋存规律的认识更加客观、深刻,对开拓找矿思路、指导深部及外围找矿、扩大矿床规模具有重要意义,为在该区寻找矽卡岩型铁矿提供了重要理论依据。

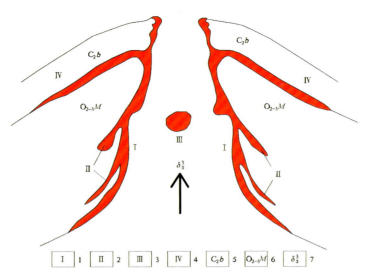

图 3-13　金岭地区矽卡岩型铁矿"三位一体"成矿模式图

1.接触带矿体；2.围岩裂隙矿体；3.岩体内部矿体；4.层间不整合面矿体；5.本溪组；6.马家沟群；7.燕山期闪长岩

四、找矿标志及找矿模型

金岭地区矽卡岩型磁铁矿床的找矿标志比较明显，矿床的控矿因素是重要的基础条件和标志，围岩蚀变和物探磁异常是更直接的找矿标志。

(1)岩浆岩标志：从区域找矿的角度来说，燕山中期基性闪长岩是该类矿床的成矿母岩，无论金岭岩体、莱芜岩体还是济南岩体，都已得到证实。但应特别注意岩体产状的变化部位，如接触带的转折处、岩体分支部位以及岩体形态复杂的地段，往往是找矿的有利部位。

(2)围岩标志：碳酸盐岩是成矿的主要围岩，"高钙、低铝、低镁、低硅"的灰岩地层有利于形成铁矿体，特别是中厚层纯灰岩；白云岩或白云质灰岩成矿能力显著降低，不易形成矿体或形成低品位矿体；泥岩、砂岩等也可形成矿(化)层，但往往具有厚度薄、品位低的特征，难以形成工业矿体。

(3)构造标志：区域性的断裂具有控岩控矿作用，褶皱构造特别是背斜的轴部，有利于矿液的富集而形成铁矿体；构造的交会部位(如断裂之间、断裂与褶皱的交会部位)由于岩石破碎，或易形成破碎带，有利于矿液运移和流动，更易形成规模大、品位高的铁矿体(曾广湘等，1998)。燕山中期基性侵入岩体与灰岩的接触带，是找矿的直接标志，特别是接触带与其他构造复合的部位，有可能找到厚大矿体。

(4)围岩蚀变标志：矿化与围岩蚀变密切相关，强烈的矽卡岩化是区内重要的找矿标志。围岩经受了变质作用、矽卡岩化和矿化热液蚀变作用，各种蚀变作用常互相叠加，使岩石蚀变强烈，蚀变带厚度较大，可作为找矿的重要标志。

(5)物探异常标志：此类矿床具有很强的磁性和较大的密度，能引起较高的磁异常和重力异常。在小比例尺中，显示重磁异常变陡或正负异常的过渡地段，大比例尺重磁剖面测量显示异常较好地段多为磁铁矿赋存位置。

金岭地区磁铁矿体主要赋存于闪长岩与灰岩的接触带以及灰岩与页岩的层间不整合面上。中-基性岩浆上侵带入大量成矿物质，在与碳酸盐岩接触时，产生接触交代作用，在接触带及附近形成矽卡岩和磁铁矿。赋矿部位主要为奥陶纪地层中的灰岩与岩体接触带附近，多数靠近沉积岩岩层一侧，其形态、产状和规模与接触带的形态、产状密切相关。铁矿体发育处异常特征明显，重磁异常不发育部位碳酸盐岩地层多发育，在重磁异常(特别是磁异常)梯度变陡时，即为岩体与地层接触部位，区内已发现的铁矿体多发育于此处，是铁矿勘查重要的依据之一。该区矽卡岩型铁矿床地质-地球物理找矿模型如图3-14所示。

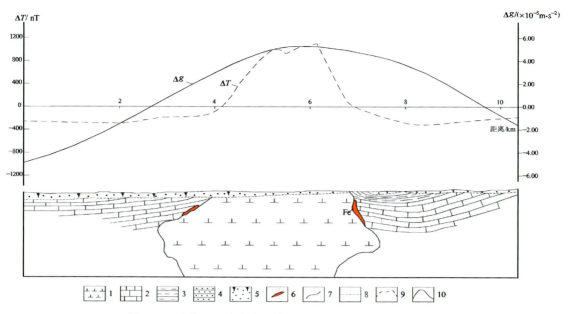

图 3-14　金岭地区矽卡岩型铁矿地质-地球物理找矿模型图

1.闪长岩；2.灰岩；3.泥岩；4.砂岩；5.第四系；6.铁矿体；7.地质界线；8.平行不整合；9.磁异常曲线；10.重力异常曲线

第四节　淄博金岭矿集区典型矿床

一、召口铁矿床

（一）矿区位置

山东省淄博市金岭铁矿召口矿区位于淄博市临淄城区东北方向10km处，行政区划隶属临淄区凤凰镇。召口矿区由3个独立的矿段组成，即北金召矿段、北金召北矿段、东召口矿段。

（二）矿区地质特征

1. 地层

矿区地层主要为奥陶纪马家沟群，其次为石炭纪—二叠纪月门沟群、二叠纪石盒子群，第四系山前组以角度不整合覆盖于上述地层之上（图3-15）。据钻孔揭露，区内马家沟群主要为中上部的五阳山组、阁庄组、八陡组，岩性为灰岩夹白云岩；石炭纪—二叠纪月门沟群主要岩性为一套页岩、泥岩、粉砂岩，夹多层灰岩、煤层、铝土矿等的碎屑岩组合，自下而上进一步划分为本溪组、太原组、山西组；二叠纪石盒子群主要岩性为灰绿、黄绿、紫红等杂色长石石英砂岩、粉砂质泥岩，夹灰黑色泥页岩及煤线，自下而上进一步划分为黑山组、万山组、奎山组；第四系山前组岩性为黄色粉质黏土、粉土、粉质黏土、混姜石或夹姜结石透镜体，夹砂或砂砾石层。

2. 构造

矿区主体构造为金岭短轴背斜，轴向北东，并由南西向北东倾伏，核部为闪长岩，两翼为奥陶系及石

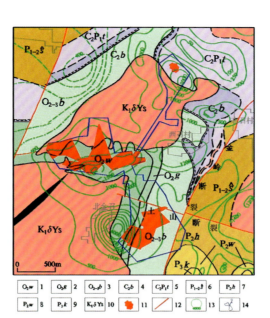

图3-15 召口矿区基岩地质简图

1.五阳山组；2.阁庄组；3.八陡组；4.本溪组；5.太原组；6.山西组；7.黑山组；8.万山组；9.奎山组；
10.上水河单元闪长岩；11.矿体水平投影；12.断裂；13.磁异常；14.采矿权范围

炭系、二叠系。在岩体与奥陶纪灰岩接触带及其附近为铁矿赋存有利部位，形成了一系列大小不等的矽卡岩型磁铁矿体。

金岭断裂由矿区东侧通过，远离矿体，对矿体无影响；土山断裂在北金召矿段北部通过，地表局部可见挤压破碎带，内有构造透镜体和糜棱岩化现象，并为后期的北北东向断裂错断，通过开采发现，对矿体影响不大。

3. 岩浆岩

矿区岩浆岩主要是沂南序列上水河单元闪长岩，岩性主要为辉石闪长岩、钾钠化闪长岩、矽卡岩化闪长岩，据同位素年龄测定，其侵入时代为早白垩世燕山晚期的产物。岩体产状为一复杂的岩盖，面积达60km²。

4. 变质作用与围岩蚀变

本矿床蚀变围岩根据不同的蚀变作用和矿物组合特征，由外到内大致分为5个蚀变带：大理岩结晶灰岩带、透辉石金云母矽卡岩带、矽卡岩化闪长岩带、强钾钠化闪长岩带和钠化闪长岩带。

成矿主要和外蚀变带的大理岩结晶灰岩带与透辉石金云母矽卡岩带有关，前者多为矿体顶板，后者多为矿体底板。

（三）地球物理特征

1. 北金召磁异常

北金召矿床磁异常位于环状矽卡岩接触带的北部，呈等轴状，异常中心部位走向近于南北，异常最高峰值达4 500nT以上，以1000nT等值线圈定南北长750m，东西长700m，具有范围大、梯度陡、圆滑、规则等特征，经验证为北金召Ⅰ矿体引起的磁异常。

2. 北金召北磁异常

该磁异常形状似扁豆,走向近东西,延长1540m,宽600m(以200nT起算),在最大异常中心以西,等值线变稀,梯度变缓;以东异常增强,梯度变陡。该异常有两个异常中心,最大异常强度2500nT,北侧伴随范围宽广的负异常,其极小值为-600~-500nT。

3. 东召口磁异常

该异常近似等轴体,按100nT起算,其分布范围500m×600m,异常两侧等值线较对称且密集,梯度变化大,异常最大值达2500nT,北侧强度为-500nT的负异常。

(四)矿体特征

召口矿区由3个相对独立矿段组成,即北金召矿段、北金召北矿段、东召口矿段。北金召矿段由北金召Ⅰ号、Ⅱ号两个矿体组成,北金召北矿段由北金召北Ⅰ号和01、02、03、04、05号矿体共6个矿体组成,东召口矿段由Ⅰ-1、Ⅰ-2、Ⅲ、Ⅳ共4个矿体群14个矿体组成。

1. 北金召矿体

北金召矿段共分为2个矿体:上部Ⅰ号矿体,下部Ⅱ号矿体(零星矿体)如图3-16所示。Ⅰ号矿体为北金召矿段的主矿体,矿体赋存于闪长岩与奥陶纪马家沟群灰岩的接触带上,分布于N1~N8号勘探线之间,由69个钻孔及17个坑内钻控制。矿体形态呈透镜状、似层状,矿体走向北东30°,倾向南东,倾角50°~65°。矿体沿走向长625m,倾向延伸80~700m,平均为380m,埋藏标高-68~-734m,厚度1.11~135.57m,平均厚度27.56m,厚度变化系数117.42%,厚度变化大。矿体TFe品位37.19%~69.14%,TFe平均品位51.81%,品位变化系数13.8%,TFe有用组分分布均匀。本矿段保有资源量1 116.2万t,占北金召矿段保有储量的99.9%,占召口矿区总保有资源量的85%。伴生铜金属量31 746t,钴金属量1446t。

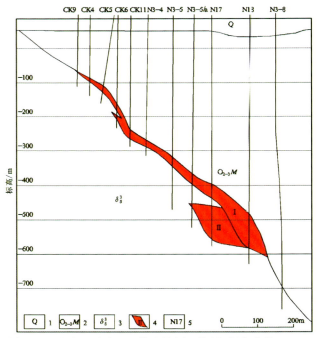

图3-16 北金召矿床N3勘查线剖面简图(据梅贞华,2015)

1.第四系;2.奥陶系马家沟群;3.燕山期闪长岩;4.铁矿体及编号;5.钻孔及编号

2. 北金召北矿体

本矿段由于岩浆岩侵入时形成的接触带构造较为复杂,因而形成的矿体亦非单一,矿区范围内由Ⅰ号和01、02、03、04、05号矿体共6个矿体组成,其中01、02、03、04、05号矿体均已采空,仅剩Ⅰ号矿体。

Ⅰ号矿体赋存于闪长岩与奥陶纪马家沟群灰岩的接触带上,顶板为结晶灰岩,底板为矽卡岩和闪长岩。矿体形态为似层状、透镜状、勺状。走向北东60°,倾向北西,倾角5°~45°,由51个钻孔控制。矿体沿走向长1290m,倾向延伸171~454m,平均281m,赋存标高-396~-80m。矿体厚度1.31~53.76m,平均14.45m,厚度变化系数为107.9%,厚度变化大,矿体形态复杂。TFe品位34.03%~62.86%,TFe平均品位51.09%,品位变化系数14.9%,矿化连续,TFe有用组分分布均匀。本矿段现已开采至-380m水平,仅剩-2~0线在-310~-380m之间矿体未开采,保有资源储量136.6万t,占召口矿区总保有储量的10.4%。伴生矿产Cu、Co低于工业指标,未计算(储量核实基准日:2016年12月31日)。北金石北其他零星矿体特征见表3-2。

表3-2 北金召北矿段零星矿体特征一览表

矿体编号	分布范围		形态	产状(倾向∠倾角)	规模/m			矿石量/万t	TFe品位/%
	线号	标高/m			走向长	倾斜长	厚度		
01	1~3	-200~-250	似层状	320°∠38°	300	105	2.58	16	43.43
02	1~3	-25~-262	似层状	350°∠5°	200	127	4.13	56	48.48
03	4	-278~-284	透镜体	350°∠4°	100	109	6.95	4	57.32
04	1~3	-316~-343	透镜状	350°∠2°	100	90	25.63	24	48.75
05	1~3	-357~-392	透镜状	350°∠29°	200	227	14.40	123	37.78

3. 东召口矿体

矿体赋存标高在-42~-309m之间,其中Ⅳ号矿体为该矿段的主矿体。截至2007年,除了Ⅳ号矿体外其余矿体均已采空。

Ⅳ号矿体分布于7~13线之间,由18个钻孔控制,为该矿段中质量较好的矿体。产于内接触带的闪长岩中,顶、底板主要为闪长岩,局部为矽卡岩或角岩,矿体呈透镜状及扁豆体状。走向292°,倾向南西,倾角5°~30°。矿体沿走向长125m,倾向延伸42~105m,平均74.8m。赋存标高-305~-224m。矿体厚度在1.05~54.03m之间,平均25.52m,厚度变化系数56.5%,厚度变化中等。矿体TFe品位在27.4%~55.12%之间,平均51.02%,品位变化系数12.3%,矿化连续,TFe有用组分分布均匀。本矿体现已停采,保有资源储量59.8万t,占召口矿区总保有储量的4.5%,伴生矿产Cu、Co低于工业指标,未计算。(储量核实基准日:2016年12月31日)。其他零星矿体主要产于外接触带石炭系中,呈扁豆状或透镜体,规模小,赋存标高各异,各零星矿体间一般为石炭系的角岩或砂岩所间隔。伴生矿产Cu、Co低于工业指标,未计算。东召口其他零星矿体具体特征见表3-3。

表3-3 东召口矿段零星矿体特征一览表

矿体编号	分布范围		形态	产状(倾向∠倾角)	规模/m			矿石量/万t	TFe品位/%
	线号	标高/m			走向长	倾斜长	厚度		
Ⅰ-1	5~19	-84~-110	似层状	30°∠11°	300	105	3~11	28	51.15
Ⅰ-2	16~18	-75~-96	似层状	38°∠22°	50	40	4.06	1.1	47.21
Ⅲ	4~19	-117~-130	凹透镜体	40°∠8°	370	240	13.10	34.7	25.30

（五）矿石特征

1. 矿石矿物成分

矿石中的主要金属矿物是磁铁矿，其次是少量的黄铜矿、黄铁矿，微量的赤铁矿、褐铁矿、白铁矿、闪锌矿和极微量的硫钴镍矿。矿石中的金属矿物含量一般为50％～70％，最高达80％。

矿石中的脉石矿物以透辉石、金云母、蛇纹石为主，其次为绿泥石、方解石、石膏、萤石、磷灰石等，其含量一般在15％～20％之间。

2. 矿石化学成分及共（伴）生矿产

根据光谱分析、组合分析、多元素分析结果，召口矿矿石中含有Fe、S、P、Cu、Co、Au、Ag、Ca、Mn、Si、Al、Ca、Mg等。从分析结果可看出，本矿床矿石中主要有益元素为铁，可综合利用的元素为Cu、Co，有害组分S、P含量都不高，均在工业指标要求以内。

TFe含量在30％～64.74％之间，平均含量为51.74％；Cu含量一般在0.02％～0.8％，平均为0.287％，Co含量在0.008％～0.035％之间，平均为0.0205％，并与黄铁矿、黄铜矿密切共生，经选矿富集后可综合利用。

3、矿石结构、构造

矿石的结构主要为他形—半自形粒状结构，磁铁矿粒径0.16～1.0mm。其次为自行—半自形粒状结构，交代残余结构和镶嵌结构；矿石构造以块状为主，浸染状、条带状次之。块状矿石以磁铁矿为主，全铁一般在50％以上。浸染状构造矿石含有较多的矽卡岩矿物，磁铁矿呈浸染状分布，矿石品位较低。部分矿石由于矿物成分混杂而呈斑杂状、条带状。

4. 矿石类型

矿石自然类型按组成矿石的主要含铁矿物种类划分，均为磁铁矿石，按结构构造划分，属浸染状及致密块状铁矿石；召口矿矿石中TFe平均品位为51.74％（$w(TFe) \geqslant 50\%$），伴生Cu平均品位0.287％，伴生Co平均品位0.0205％，工业类型属于需选磁性铁矿石。

（六）围岩和夹石

1. 围岩

北金召、北金召北矿段矿体顶板围岩绝大多数为结晶灰岩，个别钻孔顶板围岩为矽卡岩和蚀变闪长岩，顶板围岩与矿体接触界线清楚；直接底板岩石主要为透辉石矽卡岩，与矿体接触界线基本清晰。

东召口矿段Ⅳ号主矿体顶、底板围岩主要为角岩、矽卡岩和闪长岩，其他矿体顶、底板围岩一般为角岩。

2. 夹石

北金召、北金召北矿段中夹石较少，一般以矽卡岩、煌斑岩为主，其次含少量透辉石化闪长岩。东召口矿段夹石较发育，夹石厚度0.3～10m不等，其岩性主要为矽卡岩和含矿矽卡岩，也有后期岩脉的穿插。夹石一般呈无规律分布。

(七)矿床开发利用概况

召口矿区自1967年投入开采,主要开采矿体为北金召矿段Ⅰ矿体、北金召北矿段Ⅰ、05矿体及东召口矿段的Ⅰ-1、Ⅰ-2、Ⅲ矿体。其中东召口矿段Ⅰ-1、Ⅰ-2、Ⅲ矿体已采空且剩余矿体2009年后一直未进行开采。北金召北矿段大部已开采至-380m水平,仅剩西部0~-2线间-380~-310m间少部分矿体未开采,其余已采空。北金召矿段大部已开采至-430m水平,仅N6线才开采至-350m水平,N6线-350m以下及N3-N5线-430m以下矿体未开采。

截至到2016年12月31日,召口矿区累计查明资源储量3 692.4万t,伴生铜矿石量1 668.1万t,铜金属量47 877.4t,伴生钴矿石量1 718.2万t,钴金属量3 523.4t。保有铁矿资源储量1 313.6万t,TFe品位51.74%;伴生铜矿石量1 105.8万t,铜金属量31 746t;伴生钴矿石量705.7万t,钴金属量1446t。

二、侯家庄铁矿床

(一)矿区位置

山东省淄博市金岭铁矿侯家庄矿区位于淄博市高新区卫固镇东北,行政区划隶属高新区卫固镇。矿床西北距恒台县城10km,西南距淄博市驻地张店城区15km,东南18km为胶济铁路金岭站,南距G20高速淄博出入口13km。

(二)矿区地质特征

1. 地层

矿区地层主要为奥陶纪马家沟群,其次为石炭纪—二叠纪月门沟群,第四系山前组以角度不整合覆盖于上述地层之上(图3-17)。

(1)奥陶纪马家沟群($O_{2-3}M$)

五阳山组(O_2w):主要岩性为中厚层泥晶灰岩、花斑灰岩,上部夹多层土黄色薄层泥质白云质灰岩、微晶白云岩,厚度280~400m。本段灰岩质纯钙高,是矿区主要的成矿围岩。

阁庄组(O_2g):主要岩性为灰黄色中薄层泥晶白云岩、灰绿色泥灰岩,厚度30~60m。

八陡组($O_{2-3}b$):主要岩性为厚层泥晶灰岩,中部夹有灰黄色白云质灰岩,厚度90~170m。本段灰岩质地纯,CaO含量高,是金岭铁矿区重要的成矿围岩。

(2)石炭纪—二叠纪月门沟群(C_2P_2Y)

本溪组(C_2b):为一套以杂色泥岩、灰色中粒砂岩为主,夹铝土质页岩的碎屑岩组合。底部以奥陶系古风化面为界,与下伏马家沟群八陡组呈平行不整合接触;顶部以见到灰岩为界,厚度20m左右。

太原组(C_2P_1t):本组总厚度200余米,主要分布于矿区北部。本组以海陆交互相沉积为特点,以含灰岩为特征。主要岩性为灰—灰黑色泥岩、页岩、粉砂岩、砂岩;夹4~5层灰岩,以底部"徐家庄灰岩"最厚,厚8~12m;本组是重要的含煤地层,含煤10余层,因煤质差、煤层薄而工业价值不大。

(3)第四纪山前组($Q\hat{s}$):分布全区,覆盖于基岩之上,由粉质黏土、黏土及砂质黏土夹砂砾石层组成,厚度80~220m,由南向北逐渐增大。

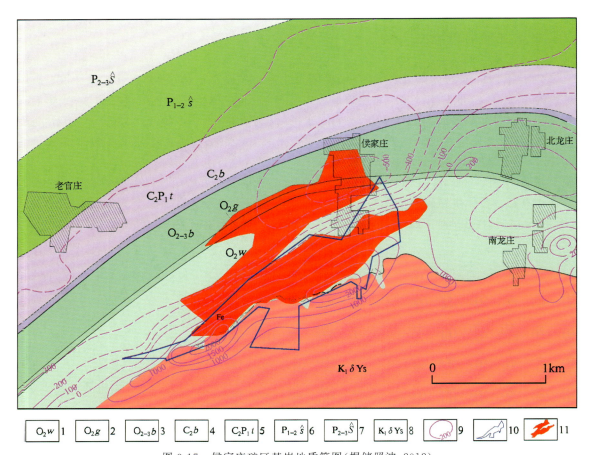

图 3-17　侯家庄矿区基岩地质简图(据储照波,2012)

1.五阳山组;2.阁庄组;3.八陡组;4.本溪组;5.太原组;6.山西组;7.石盒子群;8.上水河单元闪长岩;
9.磁异常;10.采矿权范围;11.矿体水平投影

2. 构造

侯家庄矿区范围内,尚未发现明显的断裂构造,构造形式主要表现为北西向单斜构造和接触带构造。

侯家庄矿区岩层呈单斜状态,岩层走向60°,倾向西北,倾角30°～40°,靠近岩体部位受岩体侵入,产状有一定的起伏,局部岩层倾角50°以上。

闪长岩与马家沟群灰岩的接触带是特殊的构造形式,接触带的产状与岩层产状基本一致,灰岩与闪长岩大多呈整合接触,局部小角度斜交。岩浆期后含矿热液沿接触带运移渗透,发生蚀变交代作用,在合适的物理化学条件下形成磁铁矿体。因此,接触带是直接而有利的控矿构造,接触带的形态、产状直接制约着矿体的形态、产状以及厚度变化。

3. 岩浆岩

区内岩浆岩主要是上水河单元闪长岩、正长闪长岩及后期脉岩。闪长岩分布在深部及远离接触带部位。呈灰色-灰白色,全晶质中细粒结构,含斜长石50%～60%,正长石少量,角闪石30%～50%,石英<5%,少量黑云母;副矿物有磁铁矿、磷灰石、锆石、榍石,总共含量不足5%。

正长闪长岩:分布在接触带附近,灰色、淡红色,中粒结构-似斑状结构,主要矿物为斜长石,已钠长石化,并被钾长石交代,斜长石呈不规则残留状;少量辉石,多已透辉石化,淡绿色,多呈单独的他形晶体;其次为角闪石,淡绿色,透闪石化。当暗色矿物基本消失,几乎全部由钠长石组成或者由钠长石、钾长石两种矿物组成时,则演变为钠长石岩或二长岩。

脉岩类:包括闪长玢岩、煌斑岩等,多呈脉状产出,穿插于岩体、围岩及矿体之中。属于岩浆活动最晚期的产物。

4. 围岩蚀变

由于岩浆岩的侵入作用,沿岩体与围岩的接触带及两侧发生了强烈的交代、蚀变及热变质作用,形成了宽大的蚀变带。主要表现为强烈的矽卡岩化,是热液活动交代作用的结果。在交代作用下,形成大量的透辉石、绿帘石、石榴子石、透闪石、钠长石、绿泥石等矽卡岩矿物,并形成各种矽卡岩及矽卡岩化闪长岩,与成矿关系最为密切。其次由于热变质作用,碳酸盐类岩石发生重结晶而形成结晶灰岩或大理岩。

(三)地球物理特征

磁异常走向60°左右,以500nT等值线圈定异常,异常区域长2800m,宽400～500m;异常平面形态呈"鞋底"状,出现2500nT和2000nT两个峰值圈,由西南向北东方向沿接触带分布;在对应2500nT异常圈的北侧伴有—500nT的卵形负异常。

(四)矿体特征

矿体赋存于闪长岩与马家沟群灰岩接触带上,共圈定了4个矿体,Ⅰ号为主要矿体,Ⅱ号矿体在矿床内很少分布,且已采空。Ⅰ₀号、Ⅱ₀号矿体为零星矿体,也均已采空。

Ⅰ号矿体:分布于1～21A勘查线之间,由129个钻孔控制。矿体走向55～65°,倾向北西,倾角一般在20°～40°之间,西部较陡,呈似层状或扁豆状产出,矿体尖灭再现明显,在剖面上呈膨胀收缩的连藕状(图3-18)。埋藏在—53～—391m标高之间,矿体走向长2150m,倾向延伸80～570m,平均355m。矿体厚度一般在1.76～43.62m之间,平均矿体厚度7.24m。TFe品位一般在34.57%～60.37%之间,平均品位51.42%,矿化连续,品位分布均匀。

(五)矿石特征

1. 矿石矿物成分

矿石矿物由金属矿物和非金属矿物组成。金属矿物主要为磁铁矿,其次为少量黄铁矿和黄铜矿,其中,磁铁矿呈他形—半自形粒状,粒径0.05～0.4mm;非金属矿物主要是透辉石、石榴子石、绿泥石、黑云母以及碳酸盐类等。

2. 矿石化学成分及共伴生矿产

根据光谱分析、组合分析、多元素分析结果,矿石主要有益组分为Fe,可综合利用的元素为Cu、Co,有害组分S、P含量都不高,尤其是P均在限度以下。TFe含量在34.57%～60.37%之间,平均为51.42%,Cu含量一般在0.015%～0.30%之间,平均为0.153%,Co含量在0.00～0.0095%之间,平均为0.020%,并与黄铁矿、黄铜矿密切共生,经选矿富集后可综合利用。

3. 结构构造

矿石为他形—半自形晶粒状结构,以块状构造为主,并有斑杂状及条带状构造。

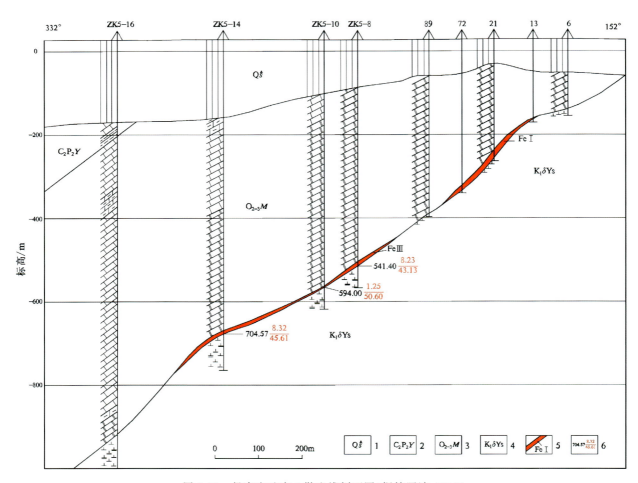

图 3-18 侯家庄矿床 5 勘查线剖面图(据储照波,2012)

1.第四系山前组;2.石炭系—二叠系月门沟群;3.奥陶系马家沟群;4.上水河单元闪长岩;
5.铁矿体及编号;6.见矿深度(m)、厚度(m)及品位(%)

4. 矿石类型

矿石自然类型以原生磁铁矿为主,约占全部矿石量的 96%,局部见氧化矿石。按结构构造划分,以致密块状矿石为主,少量斑杂状、条带状矿石。

(六)矿体围岩和夹石

矿体顶板围岩绝大部分为结晶灰岩,矿体底板围岩全部为透辉石矽卡岩和透辉石石榴子石矽卡岩以及矽卡岩化正长岩、二长岩。透辉石矽卡岩为矿体直接底板,矿体内部夹石不发育。

(七)矿床开发利用概况

侯家庄矿床共圈定 4 个矿体,Ⅰ号为主要矿体,Ⅱ号、Ⅰ₀号、Ⅱ₀号矿体均已采空。截至 2016 年 12 月 31 日,侯家庄矿床累计查明资源储量 1 167.6 万 t;伴生铜金属量 17 805t,钴金属量 2305t。保有铁矿石资源储量 70 万 t,TFe 品位 51.70%;伴生铜金属量 908t,钴金属量 93t。

三、王旺庄铁矿床

(一)矿区位置

王旺庄铁矿位于山东省淄博市临淄城区西北约17km,行政区划隶属淄博市临淄区朱台镇。矿区南8km为309国道,东南17km为胶济铁路辛店站。

(二)矿区地质特征

1. 地层

矿区地层由老至新为古生代奥陶纪马家沟群、石炭纪—二叠纪月门沟群本溪组和太原组,二叠纪月门沟群山西组和二叠纪石盒子群。

奥陶纪马家沟群主要由灰岩、白云岩组成,总体厚度700~800m,其中与成矿关系最密切的为较纯的灰岩。

石炭纪—二叠纪月门沟群本溪组以铁质黏土岩、铝土页岩为主,夹薄层草埠岭灰岩、徐家庄灰岩,灰岩及本溪组底部的铁质黏土岩(局部为风化残积铁矿)是王旺庄铁矿的主要赋矿围岩。太原组和山西组总厚度为300m左右,主要岩性为砂岩、砂质页岩及少量的薄层石灰岩。

此外,王旺庄铁矿北部有侏罗系砾岩、砂岩,白垩系安山岩、安山玄武岩及安山质火山角砾岩,第四系在区内广泛分布,厚度不一,一般为156.11~229.28m,主要为洪积层及坡积层,以亚砂土、亚黏土夹有砾石层为主(图3-19)。

2. 构造

褶皱构造有金岭短轴背斜和湖田向斜。王旺庄铁矿处于金岭短轴背斜的北东倾伏端。断裂构造以北东向为主,自西向东依次为张店断裂、玉皇山断裂、金岭断裂、陈家庄断裂。均属于成矿后断裂,未通过王旺庄铁矿,对矿床无影响。其次是一组东西向断裂,自北向南有北高阳断裂、土山断裂、冠家庄断裂,为成矿前断裂,作为金岭杂岩体的侵入通道。

3. 岩浆岩

矿区岩浆岩主要由辉石闪长岩、正长闪长岩、二长岩构成,岩石特征如下。

辉石闪长岩:分布在深部及接触带部位。灰色-灰白色,全晶质中细粒结构,斜长石30%~50%,角闪石30%~50%,辉石20%~30%,石英小于5%,少量正长石、黑云母。

正长闪长岩、二长岩:分布在接触带附近,与成矿关系密切。灰色、淡红色,中粒结构-似斑状结构,主要矿物为斜长石,已钠长石化,并被钾长石交代,斜长石呈不规则残留状;少量辉石,多已透辉石化,淡绿色,多呈单独的他形晶体;其次为角闪石,淡绿色,透闪石化。当暗色矿物基本消失,几乎全部由钠长石组成或者由钠长石、钾长石两种矿物组成时,则演变为钠长石岩或二长岩。

4. 围岩蚀变

由于岩浆岩的侵入和岩浆期后热液作用,沿接触带及两侧发生强烈的交代变质作用、蚀变作用及热变质作用,形成宽大的蚀变带。按空间关系及蚀变作用特点,蚀变大致可分为3个带。

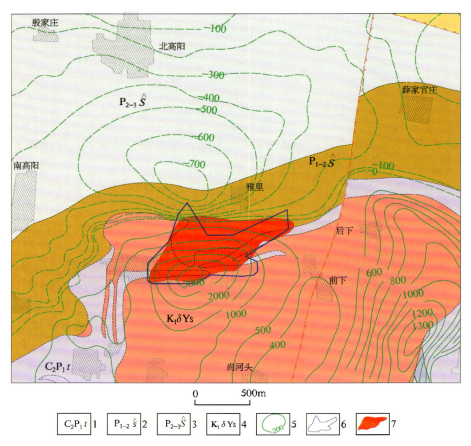

图 3-19 王旺庄矿区基岩地质简图(据梅贞华,2015)
1.太原组;2.山西组;3.石盒子群;4.上水河单元闪长岩;5.磁异常(nT);6.采矿权范围;7.矿体水平投影

1)内蚀变带

内蚀变带分布于岩体边部几十米的范围内,局部可达数百米,蚀变强度由接触带向岩体内部逐渐减弱,一直过渡到原岩,没有明显的界线。蚀变类型主要为钾钠化和矽卡岩化。

钾钠化:亦称为碱质交代,主要表现为原岩的退色现象,岩石中的暗色矿物减少以至消失,主要矿物斜长石大部钠长石化,并被钾长石交代。钠化强者呈灰—灰白色,钾化强者呈微红—肉红色。碱质交代的结果,岩石中的碱质含量增高,钾、钠含量可达 10%以上;暗色矿物分解以至消失,原岩中的铁质被大量析出,成为磁铁矿生成的主要铁质来源。

矽卡岩化:以透辉石化为主,其次为石榴子石化、绿泥石化、透闪石化。主要分布于接触带向岩体内的几十米范围内,局部接触带外侧的围岩中亦有所发育。

2)接触交代变质带

此带是岩体与围岩的接触变质带,在岩浆期后热液的作用下,闪长岩与碳酸盐岩发生强烈的双向交代作用,形成大量的矽卡岩矿物,并形成磁铁矿,二者是在同一交代过程中不同阶段的产物。矽卡岩矿物主要有透辉石、石榴子石、绿帘石、透闪石、绿泥石等,根据其含量和组合形式,分为透辉石矽卡岩、石榴子石矽卡岩、石榴子石透辉石矽卡岩。透辉石矽卡岩与成矿关系极为密切,多构成矿体的直接底板或者顶板,厚度几米至几十米不等,其厚度与矿体的厚度往往显示出正相关关系,即透辉石矽卡岩厚度较大时,矿体较厚,反之亦然。

石榴子石矽卡岩分布范围及厚度远不及透辉石矽卡岩,多分布在透辉石矽卡岩的底部或者无矿地段的接触带上。

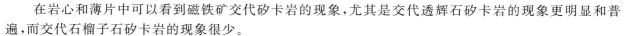

在岩心和薄片中可以看到磁铁矿交代矽卡岩的现象,尤其是交代透辉石矽卡岩的现象更明显和普遍,而交代石榴子石矽卡岩的现象很少。

3)外蚀变带

在接触变质带的外侧,形成热力变质蚀变带,其宽度一般为250～400m,向深部有变薄的趋势。其特征是在岩浆岩侵入的高温作用下,碳酸盐类岩石发生重结晶,灰岩变质为结晶灰岩、大理岩,砂质泥岩、页岩变质为角岩,砂岩变质为变质砂岩。

此外,外蚀变带中尚未见有碳酸盐化、硅化、黄铁矿化等,与矿体无明显的空间关系及成因联系。

(三)地球物理特征

该区磁异常位于金岭岩体东北部边缘,形态为长轴椭圆形,长1800m,宽1280m(以100nT起算),走向NE74°,强度一般为1800nT,最大值2600nT,北侧伴有-700nT形态似半月形负异常,曲线北陡南缓(图3-19)。

(四)矿体特征

矿床内已发现矿体16个,矿体总体走向北东东,倾向北北西,倾角较缓,一般10°～15°,矿体呈透镜状、层状或不规则状,有分枝复合现象。其中规模较大的矿体有3个。

Ⅰ号矿体赋存于闪长岩与灰岩的接触带上,赋存范围在18～33线间,埋藏深度289～594m,赋存标高-260～-565m。矿体形态呈透镜状或似层状,沿走向和倾向均有膨胀狭缩和分枝复合现象。矿体总体走向80°,倾向350°,倾角5°～10°,4线附近倾角变陡,为30°～40°。矿体规模较大,控制钻孔98孔,已控制长1169m,宽67～267m,厚1.74～71.17m,平均厚度22.48m。矿体TFe品位30.39%～62.77%,平均49.53%,品位分布均匀。Cu含量0.004%～0.0268%,平均0.048%;Co含量0.0044%～0.0203%,平均0.0122%。矿体资源储量矿石量2285.7万t,占矿床总量的39.1%,规模属中型,为主要矿体。

Ⅱ号矿体产于Ⅰ矿体之上的奥陶纪马家沟群灰岩与石炭纪本溪组之间的假整合面上(图3-20)。分布在18～29线间,埋藏深度254～577m;赋存标高-225～-548m。矿体形态呈似层状或大型透镜体状,矿体中间有夹层,常见膨胀狭缩、分枝复合现象。矿体走向78°,倾向248°,东部倾角较缓(5°～10°),4线以西倾角变陡(30°～40°)。矿体规模中等,控制钻孔98孔,控制长1048m,宽72～382m,厚1.25～90.31m,平均厚度27.49m。矿体TFe品位24.99%～68.80%,平均53.66%。Cu含量痕量到0.701%,平均0.071%;Co含量0.0049%～0.0462%,平均0.0153%。Ⅱ矿体是本区的主矿体,资源储量矿石量3279.6万t,占矿床总量的56.1%,规模属中型,为主要矿体。

Ⅲ号矿体赋存于石炭纪本溪组顶部徐家庄灰岩中,严格受层位控制。分布范围在12～37线间,埋藏深度309～478m;赋存标高-280～-449m。矿体规模中等,呈似层状、透镜状,控制钻孔46孔,控制长960m,宽62～243m,厚1.37～14.03m,平均厚2.85m。矿体走向北东东,倾向北北西,东部倾角5°～10°,向西至4线附近倾角变陡(30°～40°)。全铁品位30.45%～65.85%,平均54.05%,其变化系数为18.4%,品位分布均匀;Cu含量0.015%～3.214%,平均0.251%;Co含量0.0047%～0.0792%,平均0.0155%。矿体资源储量矿石量135.5万t,仅占矿床总量的2.3%,为次要矿体。

(五)矿石特征

1. 矿石矿物成分

矿石中的主要金属矿物是磁铁矿、黄铁矿、磁黄铁矿,黄铜矿少量,赤铁矿、褐铁矿、白铁矿、闪锌矿、

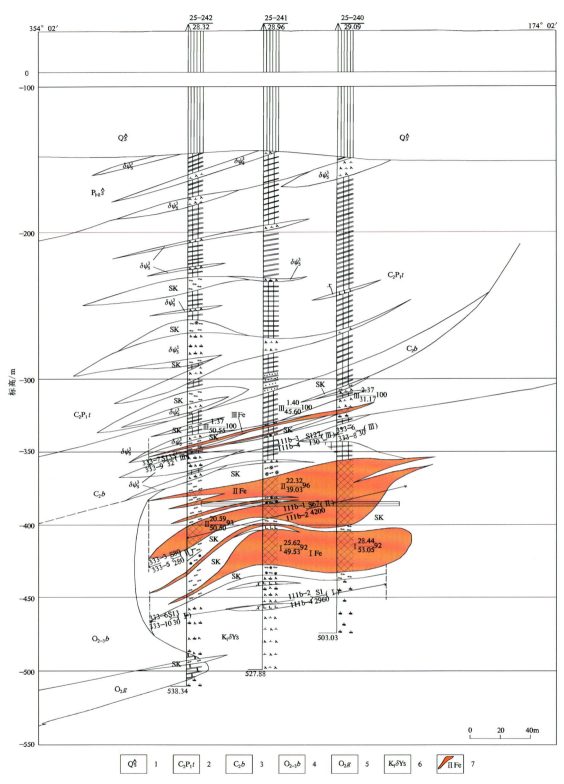

图 3-20 王旺庄 25 勘查线地质剖面图（据梅贞华，2015）

1.第四系山前组；2.太原组；3.本溪组；4.八陡组；5.阁庄组；6.上水河单元闪长岩；7.铁矿体及编号

辉钼矿等微量,以及极微量的硫钴镍矿等。矿石中的金属矿物含量一般为50%~70%,最高达80%。矿石中的非金属矿物以透辉石、方解石、蛇纹石为主,其次为石榴子石、透闪石、橄榄石、金云母、绿泥石、阳起石、石英、长石、绿帘石等。

2. 矿石化学成分及共(伴)生矿产

主要有益元素全铁含量在20.00%~69.41%之间,平均含量为51.73%。次要有益组分中,铜呈硫化物产出,一般含量为0.003%~1.584%,平均含量为0.065%。钴亦为有益组分,主要呈类质同象赋存在黄铁矿及磁铁矿中,含量为0.0045%~0.0255%,平均含量为0.0139%。硫的含量一般在0.01%~1.50%之间,最高16.48%,平均含量为1.049%。其他有害杂质含量均低。

3. 结构构造

矿石的结构主要为他形—半自形粒状结构,少数呈板状结构,压碎结构、环带结构、交代残余结构、包含结构等常见。

矿石构造以块状为主,浸染状次之。块状矿石以磁铁矿为主,全铁含量一般在50%以上。浸染状构造矿石含有较多的矽卡岩矿物,磁铁矿呈浸染状分布,矿石品位较低。部分矿石由于矿物成分混杂而呈斑杂状、条带状。

4. 矿石类型

矿石自然类型为磁铁矿石。按结构构造划分为浸染状及致密块状铁矿石。矿床工业类型属于需选铁矿石;根据组合样品造渣组分含量计算,矿石的酸碱度$[(CaO+MgO)/(SiO_2+Al_2O_3)]$为0.72,属于半自熔性矿石,而选矿后的铁精矿酸碱度为0.9~1.10,属于自熔性矿石。

(六)矿体围岩和夹石

1. 围岩

Ⅰ号矿体顶板围岩以矽卡岩为主,少部为闪长岩。底板围岩主要是矽卡岩,少数为闪长岩、大理岩。矽卡岩与矿体多呈渐变过渡,闪长岩与矿体边界较明显。Ⅱ号矿体赋存于马家沟群与本溪组的假整合面上,其围岩下部以闪长岩、矽卡岩为主,少量矽卡岩化大理岩;上部以角岩为主。Ⅲ号矿体赋存于石炭纪本溪组的层间构造中,其围岩多为角岩。

2. 夹石

Ⅰ号矿体夹石以矽卡岩为主,少量矽卡岩化大理岩;Ⅱ号矿体夹石以矽卡岩为主,少量闪长岩及角岩。

(七)矿床开发利用概况

王旺庄矿区2007年6月投入开采,主要开采Ⅱ号矿体,采空区均已填充。

截至2014年12月31日,累计查明铁矿石资源量5851.7万t,保有铁矿石资源储量5215.3万t,TFe平均品位为51.73%;累计查明伴生铜矿石金属量12349t,保有铜矿石金属量10472t,平均品位为0.17%;累计查明伴生钴矿石金属量801t,保有钴矿石资源量381t,平均品位为0.023%。

第四章 济南富铁矿矿集区

济南富铁矿矿集区分布在济南市东郊、郭店地区和东南郊区一带。富铁矿产地和储量集中分布于东郊黄台—历城区郭店镇胶济铁路两侧附近，是鲁西地区三大富铁矿成矿区之一。

济南富铁矿矿集区东北以唐王-埠村断裂为界，南以奥陶纪地层与寒武纪地层不整合接触界线为界，西南以齐河断裂为界，北部以隐伏济南岩体为界。面积约 620km²。矿体主要赋存于燕山晚期早白垩世辉长岩或闪长岩与奥陶纪碳酸盐岩的接触带上，部分矿体赋存在离接触带不远的碳酸盐岩的层间界面和内接触带的残留体、捕虏体中。

第一节 济南矿集区成矿地质条件

一、地层

济南富铁矿矿集区地层区划属华北-柴达木地层大区、华北地层区、鲁西地层分区。区内沉积地层广泛分布，出露的地层主要有古生界、晚古生界、新生界。古生界由出露较好的寒武纪—奥陶纪碳酸盐岩沉积地层及石炭纪—二叠纪海陆交互相砂岩-碳酸盐岩含煤沉积地层组成，其中石炭纪—二叠纪地层出露零星，多为隐伏地质体。新生代地层主要为新近纪黄骅群陆相沉积地层及广泛发育的第四纪地层（图 4-1）。

（一）下古生界

下古生界主要为寒武纪—奥陶纪长清群、九龙群及马家沟群，分布于矿集区南部的广大地区，岩性为一套厚度达 1800m 的海相碳酸盐岩沉积建造。该套地层整体呈北西西向或者北东东向展布，与下伏新太古代基底花岗岩为角度不整合接触，被上覆的石炭系—二叠系所覆盖或者被第四系覆盖。

1. 长清群

长清群处于寒武系下部，总体分布于济南矿集区的南部，总厚度约 250m。长清群属陆表海碎屑岩-碳酸盐岩建造，依其岩石组合特征自下而上划分为朱砂洞组及馒头组，与区域上对比缺失李官组、朱砂洞组，仅发育丁家庄白云岩段。

朱砂洞组：仅分布于大佛寺及西营马鞍山一带，仅发育丁家庄白云岩段，岩性主要为泥质白云岩，含

第四章 济南富铁矿矿集区

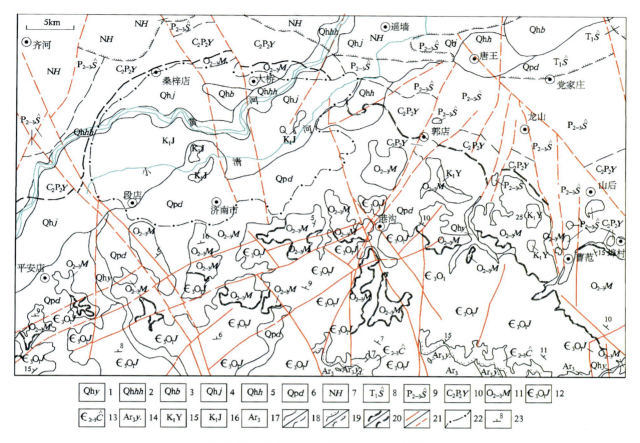

图 4-1 济南富铁矿矿集区基岩地质图（据宋志勇等，2014）

1.沂河组；2.黄河组；3.白云湖组；4.巨野组；5.黑土湖组；6.大站组；7.黄骅群；8.孙家沟组；9.石盒子群；10.月门沟群；11.马家沟群；12.九龙群；13.长清；14.新太古代雁翎关组；15.沂南岩体；16.济南岩体；17.新太古代侵入岩；18.实测/推测地质界线；19.实测/推测平行不整合界线；20.实测/推测不整合界线；21.实测/推测断裂；22.推测岩体侵入界线；23.地层产状（°）

燧石结核（角砾）白云岩及细晶白云岩等，出露厚度为 24.05m，其异岩不整合于新太古代片麻状奥长花岗岩之上，与上覆馒头组为整合接触。

馒头组：集中分布于南部大佛寺—锦绣川水库—西营镇一带。岩性为以一套陆缘海潮坪相环境为主的紫红色砂质页岩、泥灰岩、内碎屑灰岩的岩石组合，地层厚 240m 左右。自下而上划分为石店段、下页岩段及上页岩段，缺失洪河砂岩段。

2. 九龙群

九龙群主要由碳酸盐岩组成，与上覆马家沟群平行不整合接触（怀远间断），与下伏长清群整合接触，地层厚度 1000 余米。依据其岩石组合特征自下而上可分为张夏组、崮山组、炒米店组及三山子组。

张夏组：主要分布于南部仲宫镇—涝坡—锦绣川水库、龙湾乡一带以及东南部玉皇山—马鞍子山—大寨山一带。主要岩性为厚层鲕粒灰岩、叠层石藻礁灰岩、藻凝块灰岩及薄层灰岩等。其与上覆崮山组整合接触，与下伏馒头组亦为整合接触。地层厚度为 166.65m。

崮山组：主要分布于南部唐王寨—马鞍子山—石屋子寨—大寨山以及中南部凤凰岭—青铜山—鸡冠子山—双头山—瓦里脊一带。岩性以黄绿色页岩、灰色薄层疙瘩状-链条状灰岩、竹叶状灰岩为主夹灰色薄板状灰岩、鲕粒灰岩、砂屑灰岩。其与上覆炒米店组为整合接触，与下伏张夏组亦为整合接触。

地层厚度为69.99m。

炒米店组：主要分布于中南部千佛山—饿狼山—玉皇山—围子山一带。岩性为灰色薄层泥质条带灰岩、生物碎屑灰岩、砾屑灰岩、云斑灰岩及中厚层竹叶状灰岩（风暴岩）夹鲕状灰岩、厚层藻凝块灰岩，局部发育柱状叠层石。其与下伏崮山组为整合接触，与上覆三山子组亦为整合接触，地层厚度为172.25m。

三山子组：主要分布于兴隆乡—西坞乡—龙湾乡及马鞍山—大庄寨—双山顶以及刘智远村东一带。三山子组岩性为中厚层微晶白云岩及含燧石条带、燧石结核白云岩，依据岩性组合特征，划分为a段及b段。其上因"怀远间断"与马家沟群群东黄山组平行不整合接触，下与炒米店组呈整合接触，地层厚度为122.11m。

3. 马家沟群

马家沟群平行不整合于九龙群之上，主要分布于大官庄—孟家—千佛山—凤凰山—八里庄一线以及有兰峪—黑龙寨—贾家庄一带，另外在地势较高的山坡及山顶上也有出露；马家沟群依据灰岩、白云岩相对集中分布划分为东黄山组、北庵庄组、土峪组、五阳山组、阁庄组和八陡组，其中阁庄组及八陡组地表未见出露。

东黄山组：主要分布于橛子山—黑龙峪—香炉石顶及马鞍山—北大山—老虎涧一带，另外在刘智远村东也有出露。东黄山组以泥晶微晶白云岩、土黄色角砾状泥质白云岩为主，底部见复成分砾岩。其底与三山子组呈平行不整合接触，顶与北庵庄组呈整合接触，地层厚度为9～40m。

北庵庄组：主要分布于八里洼—大汉峪—蟠龙、红山—凤凰山—老虎涧—腊山—青龙山及马山坡—刘智远村—殷陈等地，地层厚度为262.54m。北庵庄组以灰色厚层微晶灰岩、厚层含云斑白云质灰岩、中厚层微晶白云岩为主，上部夹少量生物碎屑灰岩。

土峪组：区内土峪组多为隐伏地质体，仅在玉岭山、草山岭及格山一带零星出露。土峪组以灰黄色、灰红色厚层角砾状白云岩、中薄层白云岩为主，偶夹微晶灰岩。

五阳山组：区内五阳山组多为隐伏地质体，仅在玉岭山、草山岭及格山、围子山、鲍山一带出露。五阳山组以灰黄色、灰红色厚层角砾状白云岩、中薄层白云岩为主，偶夹微晶灰岩。

阁庄组：阁庄组为隐伏地质体，地表未见出露，根据钻孔资料，以灰质微晶白云岩为主，夹白云质灰岩、泥灰岩等，底部为角砾状白云岩，地层厚度为119.87m。

八陡组：八陡组为隐伏地质体，地表未见出露，根据钻孔资料，岩性以微晶灰岩、白云质泥晶灰岩、砂屑灰岩、云斑状含白云质灰岩为主，其底与阁庄组整合接触，未见顶。地层厚度大于128m。

马家沟群五阳山组和北庵庄组，主要为质地较纯的石灰岩，与接触交代（矽卡岩）型铁矿成因关系密切，常为富铁矿的有利围岩。

（二）下古生界

下古生界（石炭纪—二叠纪地层）主要分布于区内北部，多为隐伏地质体，基岩仅在虞山一带出露，根据钻孔资料，该套地层被中生代岩体侵入，呈环带状分布于岩体边部；岩性主要为一套海陆交互相—陆相含煤沉积建造，自上而下划分为月门沟群、石盒子群。

1. 月门沟群

月门沟群为一套海陆交互相—陆相含煤岩系，隐伏于区内北部，与下伏奥陶纪马家沟群平行不整合接触,与上覆石盒子群整合接触。该群自下而上划分为本溪组、太原组和山西组,岩性以铝、铁质泥岩,粉砂岩,细砂岩及煤层为主,发育煤层是该群的重要特征。

本溪组:隐伏于区内北部,依据钻孔资料,该组岩性为一套紫色、杂色铁铝质泥岩、铝土岩及粉、细砂岩组合,厚度为11~55m。本组以相当于风化壳沉积的铁铝质泥岩为特征,区域分布稳定,识别标志明显。

太原组:区内未见基岩露头出露,隐伏于新近纪地层之下,呈环状分布于七里铺—桑梓店—兴隆庄—郭店一带。太原组岩性为灰黑色、灰色的砂岩、泥岩、页岩夹数层灰岩,其顶、底分别以稳定的灰岩出现与结束作为划分和识别标志,与下伏本溪组和上覆山西组均呈整合接触,厚度为70~101m。

山西组:区内为隐伏地质体,其分布特征与太原组一致,呈环状分布于七里铺—桑梓店—兴隆庄—郭店一带。山西组岩性以泥岩、粉砂岩及细砂岩为主,上部夹中粗粒砂岩、砂砾岩等,底与太原组,顶与石盒子群黑山组均为整合接触,该组以深灰色泥岩发育为标志。

2. 石盒子群

该群多呈隐伏地质体,仅在虞山一带有少量出露,根据钻孔资料,其分布与月门沟群山西组相似,呈环状分布于七里铺—桑梓店—兴隆庄—郭店一带,地层厚度为174m。自下而上划分为黑山组、万山组、奎山组、孝妇河组。其底与山西组为整合接触,顶被新近纪黄骅群所覆盖。

(三)新生代地层

新生代地层以广泛发育的第四系为主,在钻孔资料中见有新近纪黄骅群明化镇组。第四系主要分布于区内北部山前冲积平原、河流两侧及山间凹地。

二、构造

矿集区位于山东省西部,大地构造位于华北板块(Ⅰ级)鲁西隆起区(Ⅱ级)鲁中隆起(Ⅲ级)泰山-济南断隆(Ⅳ级)北部,横跨齐河潜凸起、泰山凸起两个Ⅴ级构造单元。

矿集区以发育断裂构造为基本特征,主要发育北西—北北西向、北北东向两组,其应力场以张性和张扭性为主。褶皱构造不发育,局部见轴向近东西—北东东向的宽缓褶皱。

(一)褶皱构造

褶皱构造的成因类型按规模大小主要有4种:滑脱褶皱、穹隆构造、牵引褶皱或次生构造、柔流褶皱。有一定规模的褶皱构造见于党家庄镇附近北大山—凤凰山一线,为一系列背、向斜组合,济南西南郊散落于山前平原的孤立山包多为背斜构造,如丘山等。

1. 滑脱褶皱

滑脱褶皱呈带状展布于基岩区北侧,中生代岩体南侧,由一系列轴向近东西—北东东向小规模宽缓近于平行的连续背斜和向斜组成,褶皱群展布区长约15km,宽约5km,主要发育于奥陶纪马家沟群北庵庄组及东黄山组等地层中,尤以北庵庄组最为发育,层理面可见明显的相对运动擦痕。向南至马家沟群与三山子组的边界部位褶皱逐渐消失,岩层则转以单斜为主。

2. 穹隆构造

穹隆构造主要分布在董家及郭店之间,董家穹隆平面上呈椭圆状分布,长约 3km,宽约 2km(图 4-2),东侧被大田庄断裂所截切;穹隆核部为中生代闪长岩体,外部为奥陶纪马家沟群北庵庄组灰岩及石炭纪—二叠纪砂岩、泥岩。它是中生代岩浆侵入古生代沉积地层中,使沉积地层上拱而成。

在岩体侵入的外接触带地层中发育的各种褶曲构造,主要是岩体侵入活动时所产生的侧压作用而形成的,这些褶曲轴线往往随接触带的走向变化而变化。岩体与围岩的接触带也是一个构造薄弱地带,其受后期地应力作用易产生一些脆性断裂叠加复合于这些接触带,易促使这些复杂构造部位成为容矿空间(图 4-3)。典型的济南铁矿也多赋存于该接触带中,其类型也多为接触交代(矽卡岩)型铁矿。

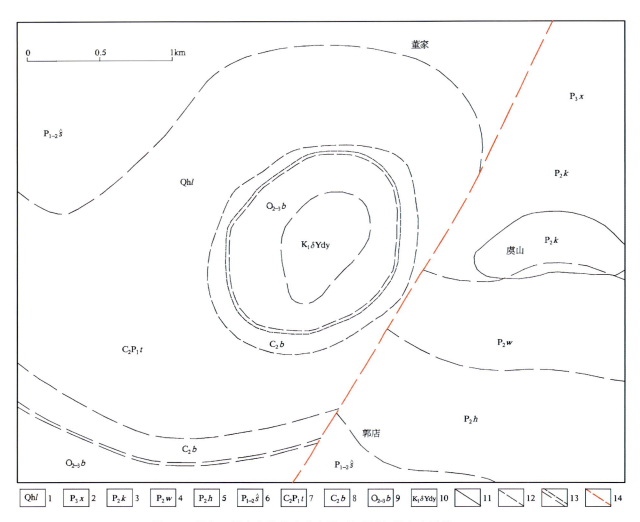

图 4-2 董家—郭店穹隆构造分布平面解译图(据宋志勇等,2014)

1.临沂组;2.孝妇河组;3.奎山组;4.万山组;5.黑山组;6.山西组;7.太原组;8.本溪组;9.八陡组;
10.大有单元闪长岩;11.实测地质界线;12.推断地质界线;13.不整合界线;14.推断断裂

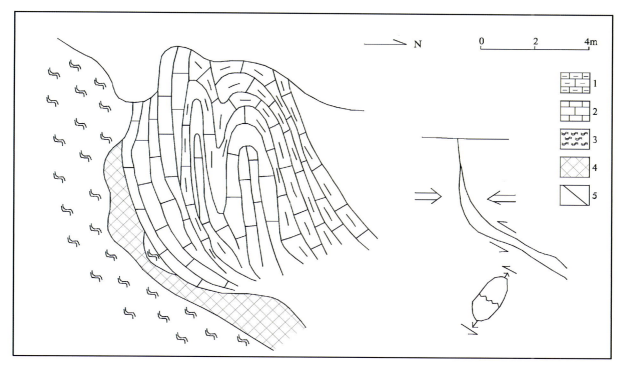

图 4-3　岩体外接触带地层褶皱剖面示意图(武家山)(据宋志勇等,2014)
1.泥质灰岩;2.灰岩;3.矽卡岩;4.磁铁矿;5.断裂

3. 牵引褶皱

该类褶皱数量较多由断裂牵引形成,局部显示为断裂的拖褶,但规模较小,主要分布在断裂的两侧,一般在断裂两侧形成单一的背斜或向斜构造,平缓开阔,靠近断裂面略陡,宽数米至数十米。褶皱轴面产状受断裂控制,一般轴面走向平行断裂,多见于断裂附近较软弱的岩层内。

4. 柔流褶皱

柔流褶皱分布在围子山、唐冶等地,且靠近早白垩世闪长岩(大有单元)侵入五阳山组接触带附近,灰色中厚层含燧石结核条带灰岩多发生大理岩化并发生塑性变形,形成柔流褶皱,其中燧石结核条带表现得较为明显。

五顶茂陵山西南坡受早白垩世济南岩体侵入,北庵庄组与其接触处的灰岩也发育大理岩化现象,形成一系列柔流褶皱构造。

(二)脆性断裂构造

区内脆性断裂非常发育,是主要构造类型。脆性断裂大多具多期活动,性质复杂,规模及产状也各不相同。根据发育方向大致可划分为北西—北北西向、北北东向、北东东向和近东西向、近南北向 5 组。区内规模较大的脆性断裂构造有港沟断裂、千佛山断裂、东梧断裂和炒米店断裂等。不同方位的断裂具有形成时代的多期性、活动性质的多样性,断裂性质多以张性和张扭性为主(表 4-1)。

表 4-1 济南矿集区主要脆性断裂一览表

总体走向	断裂名称		编号	规模（区内）		产状			地质特征	主要活动性质
				长/km	宽/m	走向	倾向	倾角		
北西—北北西向断裂	崮山断裂		F_1	14		330°			隐伏断裂，遥感影像线性特征明显，重磁显示负异常带，控制水系发育	张扭性
	石马断裂		F_2	18	2	335°	NE	65°	切割寒武纪—奥陶纪地层，北段隐伏断裂	张性
	大寨山-周王断裂		F_3	33	0.5	320°	SW	65°	切割寒武纪—奥陶纪地层，北段隐伏断裂	张性
	吴家-腊山断裂		F_4	38	1～2	335°	NE	80°	切割寒武纪—奥陶纪地层，北段隐伏断裂	张性
	千佛山断裂		F_5	40	5～10	320°～350°	SW	58°～76°	南段基岩区由多条平行断裂组成，构成地垒、地堑，切割变质基底、寒武纪—奥陶纪地层，发育牵引褶皱，发育碎裂岩、构造角砾岩、构造透镜体，碳酸盐化、褐铁矿化蚀变，充填脉岩，断面发育擦痕、阶步；中段、北段为隐伏断裂，中段切割济南岩体，线性特征明显，重磁梯度带	左行张扭性
	东梧断裂	十八盘断裂	F_6	15.5	3～20	330°～340°	SW	68°～88°	由向北收敛的断裂束组成，构成地堑，切割变质基底、寒武纪—奥陶纪地层，发育牵引褶皱，发育构造角砾岩、碎裂岩，断面平直，局部呈波状，发育擦痕、阶步等，闪长玢岩脉充填，遥感影像线性特征明显，重磁梯度带	左行张扭性
		刘智远断裂		8		340°～345°	SW	55°	南部切割寒武纪—奥陶纪地层，北部隐伏断裂，切割济南岩体，遥感影像线性特征明显，重磁梯度带	左行张扭性
	黑山顶-有兰峪断裂		F_7	15	1～2	322°	SW	80°	切割寒武纪—奥陶纪地层，发育构造角砾岩，脉岩充填，遥感影像线性特征明显	张性
	文化桥断裂		F_8	16		350°	260°	>60°	隐伏断裂，叠加地震剖面明显	张性
	齐河断裂		F_9	12		310°	SW		隐伏断裂	张性
	桑梓店断裂		F_{10}	12		327°	SW		隐伏断裂，遥感影像线性特征明显	张性
	南车断裂		F_{11}	6		325°	NE		隐伏断裂	张性
	解家村断裂		F_{12}	6.5		338°	NE		隐伏断裂	张性
	吴家铺断裂		F_{13}	6		315°	NE		隐伏断裂，重磁梯度带	张性
北北东向断裂	刘家峪-傅家庄断裂		F_{14}	9.5	10	15°	SEE	85°	切割寒武纪—奥陶纪地层，发育构造角砾岩，遥感影响线性特征明显	张性
	港沟断裂	大田庄断裂	F_{15}	30	4～9	24°	SEE	70°～80°	南段切割变质基底、寒武纪—奥陶纪地层，发育牵引褶皱，发育碎裂岩、构造角砾岩、劈理，充填脉岩，北段为隐伏断裂，遥感影像线性特征明显，低负重力异常带	张性
		唐冶断裂		16		35°	NWW		隐伏断裂，低负重力异常带，与大田庄断裂构成地堑	张性
	伏路断裂		F_{16}	6.5	2～3	40°	NW	62°	切割寒武纪—奥陶纪地层，发育构造角砾岩，断面呈锯齿状，遥感影像线性特征明显	张性
	焦斌屯-后河断裂		F_{17}	17		24°	NW		隐伏断裂	张性
	天兴庄断裂		F_{18}	8		29°			隐伏断裂，控制水系发育	张性
	卧牛山断裂		F_{19}	12		26°	NW		隐伏断裂，重力低值带，负剩余异常带	张性
	鸭旺口断裂		F_{20}	7		22°	NW		隐伏断裂	张性

续表 4-1

总体走向	断裂名称	编号	规模(区内)		产状			地质特征	主要活动性质
			长/km	宽/m	走向	倾向	倾角		
北东东向断裂	团山-陡沟断裂	F_{21}	15	1.5	62°	NNW	80°	切割寒武纪—奥陶纪地层,发育构造角砾岩,遥感影像线性特征明显	张性
	曹大峪-橛山断裂	F_{22}	16.5	1	62°	SSE	80°	切割寒武纪—奥陶纪地层,遥感线性特征明显	张性
	饿狼山断裂	F_{23}	12	2	64°	SSW	78°	切割寒武纪—奥陶纪地层,发育构造角砾岩,断面呈锯齿状,遥感影像线性特征明显	张性
	北武寨山断裂	F_{24}	10	3~4	68°	NNW	65°~75°	切割寒武纪—奥陶纪地层,发育碎裂岩、构造角砾岩,褐铁矿化,断面呈锯齿状,遥感影像线性特征明显	张性
	搬倒井断裂	F_{25}	12	2~5	73°	NNW	70°	切割寒武纪—奥陶纪地层,发育构造角砾岩,断面呈锯齿状,遥感影像线性特征明显	张性
	兴隆断裂	F_{26}	20	2~10	67°	NNW	60°~75°	切割寒武纪—奥陶纪地层,发育构造角砾岩,断面呈波状,遥感影像线性特征明显	张性
	小石崮沟-大涧沟断裂	F_{27}	9.5		45°	SE		切割寒武纪—奥陶纪地层,第四系覆盖严重,遥感影像线性特征明显	张性
	左耳-蟠龙断裂	F_{28}	27	2~30	65°	SSE	70°~82°	有多个断面组成,切割寒武纪—奥陶纪地层,发育构造角砾岩,断面呈锯齿状,发育擦痕,遥感影像线性特征明显	(右行)张性
	纸房断裂	F_{29}	13		60°	NNW		隐伏断裂,重磁梯度带,有汞异常	张性
南北向断裂	炒米店断裂	F_{32}	18	1~5	SN	85°	50°~85°	由一组断裂组成的地堑,切割寒武纪—奥陶纪地层,发育构造角砾岩,控制第四系地貌,电磁测深等值线陡立密集	张性
	小佛寺断裂	F_{33}	3	0.5	8°	W	54°	切割变质基底、寒武纪—奥陶纪地层	张性
	黑龙峪断裂	F_{34}	10	0.5~10	0°	W	60°~75°	由多条近平行的断裂组成地堑,切割变质基底、寒武纪—奥陶纪地层,发育构造角砾岩,硅化,断面粗糙,遥感影像线性特征明显,地貌上表现为近南北向沟谷	张性
	西营-龙湾断裂	F_{35}	15	2~10	1°	W	68°~77°	切割变质基底、寒武纪—奥陶纪地层、脉岩,发育牵引褶皱,发育构造角砾岩,断面发育擦痕,控制第四系地貌,遥感影像线性特征明显	张性
	鹊山断裂	F_{36}	0.5	5	SN	E	58°	切割中生代岩体,发育劈理及构造透镜体,充填脉岩,断面呈波状,控制地貌发育	张扭性
东西向断裂	老虎洞断裂	F_{30}	3	3	82°	S	80°	切割奥陶纪地层,发育劈理化带、构造角砾岩,断面呈波状	压性
	鸡冠山断裂	F_{31}	3.5	2~3	81°	N	75°	切割寒武纪—奥陶纪地层,发育构造角砾岩	张性

1. 北西—北北西向断裂

北西—北北西向断裂规模较大者有千佛山断裂、东梧断裂(十八盘断裂、刘智远断裂)、崮山断裂等。

主要表现为3期活动：早期右行张扭性活动,中期左行压扭性活动及晚期的张性活动,与区域构造活动演化一致。

千佛山断裂(F_5)：位于矿集区中部,南起变质岩区的孤山,经天井峪、丁字寨穿越千佛山西麓,经南郊宾馆东北角进入济南市区被第四系覆盖。总体走向北西—北北西,倾向南西,倾角60°~80°。千佛山断裂向北有延伸,通过中生代济南岩体时变为北北西向,且与北部的石庙断裂相接,在地表形成反"S"形,区内长40km。由此划分的各段走向稍有变化,南段330°左右,中段350°左右,北段320°左右。其在泉泸和兴隆分别为北东、东向,被左耳-蟠龙断裂和兴隆断裂所截切。千佛山断裂将矿集区分为东西两个不同的区域,存在明显的差别,具有"分界性"断裂的性质。千佛山断裂具有活动期次多、构造期长、活动影响范围大等"分界性"断裂的特点。

东梧断裂(F_6)：位于矿集区东部,南起变质岩区的西营,经石岭、十八盘、过东梧隐伏于第四系之下,在港沟西山再现,被港沟断裂截切后,过小汉峪隐伏于第四系之下,经刘智远、姜家庄、西沙河延伸至黄河。总体走向330°~345°,倾向存在变化,主断面平直光滑,整体南西倾,局部倾向北东,倾角68°~88°,区内长约23m。其南段切割变质基底,总体上是继承早前寒武纪北西向构造发育而来,在其两侧发育受控的片麻理及包体带,局部的长英质脉体与其展布方向相同；在其中段均切错寒武纪—奥陶纪地层,北段被第四系覆盖。东梧断裂中部被左耳-蟠龙断裂分为南北两段,其由北部第四系覆盖区的刘智远断裂和南部基岩区的十八盘断裂组成。东梧断裂与港沟断裂相交处分支断裂发育,岩石破碎。

崮山断裂(F_7)：位于矿集区西部,南起小崮山,向北经魏庄西至新赵庄,总体走向330°,区内长14km。断裂为隐伏断裂,大体沿大沙河展布,掩盖于第四系之下,向南、向北均延出。断裂遥感影像线性特征明显,重磁显示负异常带。由于受第四系掩盖,性质不易查明,由断裂两侧所出露的地层及相对位移来看,推测该断裂为左行扭动,并有东盘相对抬升、西盘相对下降的张性活动。

2. 北北东向断裂

港沟断裂(F_{15})：位于区内南东,南起变质岩区的东崖,经老庄、猪耳顶、开家庄、西坞至港沟,过莲花山隐伏于第四系之下,走向20°~30°,倾向北西,倾角较陡,约70°,区内长30km。该断裂是由数条不同规模、性质相近的北北东向断裂组成的断裂束,主要为大田庄断裂和唐冶断裂两条断裂组成,构成断陷地堑。断裂早于其他方向的断裂形成,有脉岩充填。主要表现为早期张性,中期压扭性活动,晚期张性活动。

3. 南北向断裂

南北向断裂是区内最晚一期构造活动,地貌上控制了水系的延展方向。代表性断裂为炒米店断裂、黑龙峪断裂,主要表现为张性活动。

炒米店断裂(F_{32})：位于西南部饿狼山东坡,南起小崮山,经范庄、炒米店之后向北隐伏于第四系之下,经杨台向峨眉山方向延伸,总体走向近南北,倾向东,倾角50°~85°。由一组近南北向展布的地堑式断裂束组成,在地形上表现为近南北向沟谷。该地堑构造南部收敛变窄,宽约500m,北部较开阔,宽1km；区内长约18km。组成地堑的各条断裂,均为张性,各支断裂的断距一般仅50~60m。断裂带内均发育张性构造角砾岩。

黑龙峪断裂(F_{34})：南起黄钱峪,经侯家庄、黑龙峪、郭家庄,终止于北北东向港沟断裂,主要由多条近平行的断裂组成的地堑式构造,断裂带长约10km,走向近南北。断裂面沿走向锯齿状延伸,西侧断裂东倾,在黑龙峪一带见断面,倾向南东,倾角62°,破碎带宽约10m,见断裂角砾岩,角砾为灰岩,呈不规则状,钙质、泥质胶结疏松。近断面上盘灰岩破碎,近南北向节理构造发育,节理面粗糙不平,张性裂缝宽者可达10cm,东侧断裂西倾,两侧断裂所夹北庵庄组向下陷落。

4. 东西向断裂

区内东西向断裂在地表出露零星,连续性差,规模均不大,主要横切南北向山脊的奥陶系盖层,如马武寨山、北大山等地,对构造格架的影响不大。该断裂由一系列性质相近的压性断裂构成,断裂具有一定的等距性,多伴随褶皱构造发育,在断裂两侧多发育劈理化带,性质类似于轴面劈理的特征。规模稍大的断裂包括老虎洞断裂、鸡冠山断裂等。

5. 北东东向断裂

北东东向断裂在南部基岩区广泛发育,呈近等距排列,但延伸不稳定。多数被北西向断裂限制,少数切割北西向断裂。区内有左耳-蟠龙断裂、兴隆断裂等。主要特征表现为断裂由多条近平行的断裂组成,切割寒武纪—奥陶系地层,断裂面呈锯齿状延伸,断裂破碎带规模、大小不一,发育碎裂岩、构造角砾岩,角砾呈棱角状,多见有褐铁矿化现象。

三、岩浆岩

新太古代变质基底分布于东南部的西营—红岭、大佛寺—锦绣川水库一带;中生代侵入岩(济南辉长岩)则集中分布于济南市区及周边的孤零山包,各岩体一般呈独立侵入体产出,少数形成复杂岩体,多呈岩瘤状产出,平面上为不规则的椭圆形。岩石类型从基性岩—中性岩—酸性岩皆有,区内以发育辉长岩为主要特征,区内侵入岩序列见表4-2。岩体侵入多使围岩形成穹隆状构造,如济南市区形成类似穹隆构造。接触带多为顺层整合接触,其上赋存有工业价值的矽卡岩型铁矿。岩性主要为中粒辉石闪长岩、闪长岩等,与成矿关系密切的为闪长质岩体。

区内中生代侵入岩划分为2个序列6个单元,形成于早白垩世,具有多期次活动的特点。

表4-2 侵入岩岩石单位划分一览表

年代单位				岩石单位				同位素年龄及测试方法(Ma)
代	纪	世(期)	阶段	序列	单元	岩性	代号	
中生代	白垩纪	早白垩世(燕山晚期)	一	沂南	大有	中细粒含黑云角闪闪长岩	$K_1\delta Ydy$	134.6Ma;全岩 K-Ar(苏守德等,1980)
				济南	马鞍山	中粒辉石二长岩	$K_1\eta Jm$	82.6Ma;黑云母 K-Ar(李昶绩,1992)(128.22±0.82)Ma;LIMS U-Pb(宋志勇等,2014)
					燕翅山	细粒辉长岩	$K_1\nu Jyc$	128.35Ma;黑云母 K-Ar(黄有德等,1981)
					金牛山	中细粒辉长岩	$K_1\nu Jj$	(130±3)Ma;LIMS U-Pb(杨承海,2007)
					药山	中粒苏长辉长岩	$K_1\nu Jy$	(131±2)Ma;LIMS U-Pb(杨承海,2007)
					无影山	中粒含苏橄榄辉长岩	$K_1\nu Jw$	257.8Ma;全岩 K-Ar(董一杰,1980)

续表 4-2

年代单位			岩石单位				同位素年龄
代	纪	世（期）	阶段	序列	单元	岩性	代号	及测试方法（Ma）
新太古代		中期	二	新甫山	上港	片麻状中粒含黑云奥长花岗岩	$Ar_3\gamma oXs$	（2623±9）Ma；SHRIMP（万渝生等，2009）2680Ma；SHRIMP（宋志勇等，2014）
		早期	一	万山庄	南官庄	中细粒变辉长岩（斜长角闪岩）	$Ar_3\nu Wn$	2670Ma（单颗粒锆石Pb-Pb）（侯建华等，2014）

1. 济南序列

中生代济南序列侵入岩为一自北向南侵入略向北倾的巨型岩镰，中心在新徐庄—桃园一带，空间形态为东薄西厚的楔状体，总面积约 400km²，大部分为第四系所覆盖，仅在济南市区周边的孤零山包，如匡山、华山、鹊山、南北卧牛山、北马鞍山、粟山等地可见露头。主期侵入体呈环带状分布，各单元之间为涌动或脉动侵入关系，少数以岩瘤状独立侵入体产出，多个单元互相混杂形成复杂岩体（济南杂岩体）。侵入体与围岩界线清楚，岩体多方向侵入奥陶纪地层，岩体边部发育平行于接触面的流动构造。接触带多为顺层整合接触，在这些接触带上具较强烈的矽卡岩化、大理岩化，赋存有工业价值的矽卡岩型铁矿。

中粒含苏橄榄辉长岩（无影山）：主要分布于省医科院附属医院—山东科技大学济南校区（原无影山）、匡山和南北卧牛山—驴山一带，在标山及凤凰山等地也有小面积出露。在该侵入体的中心部位普遍可见有橄榄岩类包体，包体岩性主要为含长单辉橄榄岩，并且斜长岩脉也较发育。主体岩性为中粒含苏橄榄辉长岩，部分为中细粒橄榄苏长辉长岩、中粒含橄榄苏长辉长岩。

中粒苏长辉长岩（药山）：主要分布于药山、凤凰山、标山、华山、无影山南北两侧、匡山西坡及马鞍山、粟山等地，其中药山侵入体最大，均呈不规则状，涌动或脉动侵入无影山单元，与无影山单元呈渐变过渡关系，其应为济南序列辉长岩的主要侵入体，其主体岩性为中粒苏长辉长岩。

中细粒辉长岩（金牛山）：主要分布于鹊山、华山、省气象局、济南市第四人民医院（原无影山北坡、金牛山南坡）一带，规模较小。其主体岩性为中细粒辉长岩。

细粒辉长岩（燕翅山）：主要分布于药山单元外围靠近围岩处，露头零星，东北部坝子一带侵入石炭纪—二叠纪地层，其余侵入奥陶纪地层，与围岩为侵入接触关系。仅在茂陵山、燕翅山以及药山西北坡有零星露头；另外在茂陵山、燕翅山、老虎山也见有斑状闪长岩出露，多个济南铁矿矿区于侵入体边缘部位见辉石闪长岩，在燕翅山的矽卡岩带内还可见到细粒钠化辉长岩的包体（图4-4）。其主体岩性为细粒辉长岩，闪长岩。

中细粒辉石二长岩（马鞍山）：主要分布于马鞍山、粟山及黄河北鹊山一带。马鞍山侵入体最大，小岩瘤状产出，平面形态近圆形，其与粟山应是同一个侵入体。在马鞍山、粟山侵入药山单元，在鹊山西北坡脉动侵入金牛山单元，山鞍部两者为断裂接触。其主体岩性为中细粒辉石二长岩。

2. 沂南序列

中细粒含黑云角闪闪长岩（大有）：分布于济南市围子山东侧，在唐冶—邢村一带也隐伏有该地质体，平面形态弯月形，出露总面积约为 1.05km²。侵入体呈岩瘤状侵入奥陶纪马家沟群五阳山组中，围岩大理岩化，并发育流褶构造，围岩外倾伏。侵入体与围岩的接触带发生强烈的接触交代蚀变，在有利部位易形成具工业价值的磁铁矿体，局部的接触带仅发生轻度蚀变，围岩发生重结晶化现象。其主体岩性为中细粒含黑云角闪闪长岩。

3. 中生代脉岩

区内脉岩种类较多,分布零散,主要有辉绿岩脉、煌斑岩脉、细晶辉石脉、帘石脉、闪长玢岩脉、伟晶岩脉、斜长岩脉等,各类脉岩产出形态、分布特征各不相同。

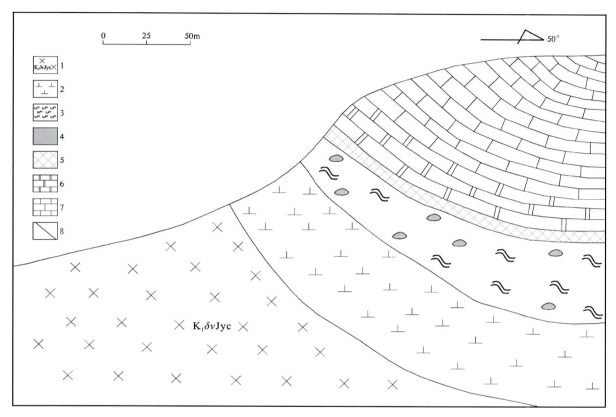

图 4-4　燕翅山矿区 4 勘查线示意图(据宋志勇等,2014)

1.燕翅山单元辉长岩;2.似斑状闪长岩;3.矽卡岩;4.钠化辉长岩(包体);5.磁铁矿;6.白云岩;7.灰岩;8.地质界线

四、地球物理特征

(一)区域磁场特征

由于主体岩石古生代盖层属无或微磁性,因此区域磁场背景在零等值线附近平缓起伏变化。按照磁场的强度、走向及其变化特征,济南市区显示为近椭圆状平稳正异常区,强度一般 50～100nT,最高可达 300nT,其应是中生代辉长岩岩体所引起的;在其北部为近东西向扁豆状负异常区,强度一般为 -200～-100nT,最低可达 -300nT,推测其为中生代辉长岩的北边界;东侧围子山地区显示长条状近南北向负异常区,为 -100～-50nT,推测这个地区沉积盖层之下仍有辉长岩、闪长岩系列岩体的存在,这应是沂南序列大有单元所引起的(图 4-5)。

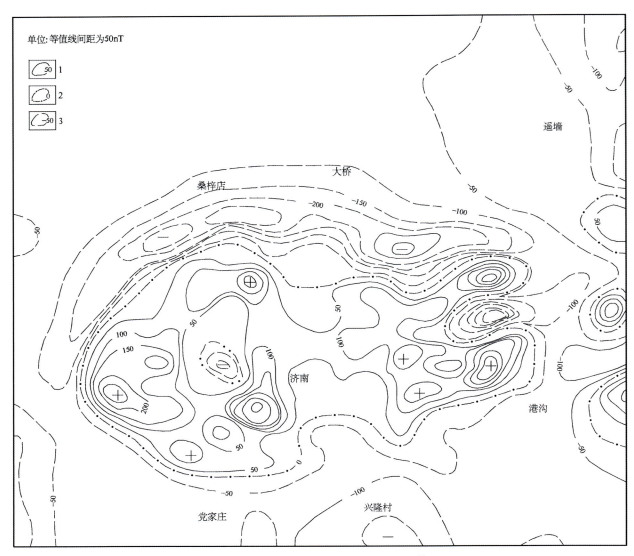

图 4-5 矿集区航空磁力异常平面图（据宋志勇等，2014）
1.正 ΔT 等值线及注记(nT)；2.零 ΔT 等值线及注记；3.负 ΔT 等值线及注记(nT)

以磁性差异为基础的磁力勘探，对直接或间接划分断裂构造有很大作用。本区断裂构造的磁场特征主要表现有以下几种形式：①稳定的磁异常走向错动和突然断开；②不同岩层磁场分界线；③走向狭窄的低负磁异常带等。

（二）区域重力场特征

区内区域重力场显示为波动正负重力场区，区域重力场总体在 $(-20\sim-10)\times10^{-5}\,\mathrm{m\cdot s^{-2}}$ 之间宽缓波动变化，在其背景上济南市区为椭圆状局部正高重力异常，并显示明显的凝聚中心，其对应济南中生代侵入体，是岩体厚度增大和岩性由边缘相向中心相过渡的综合效果。岩体最大厚度位于泺口—大魏家庄一带（图 4-6）。

重力异常在断裂构造方面主要有以下 4 种表现形式：①走向稳定的狭窄的低负重力异常带；②宽大的低负重力异常带，反映了地堑性质的构造存在；③线性重力异常的扭曲带；④重力梯度带异常等。

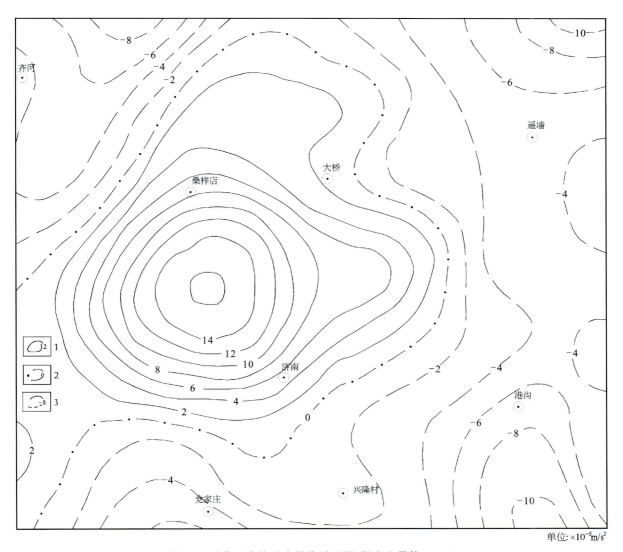

图 4-6 矿集区布格重力异常平面图(据宋志勇等,2014)
1.布格重力正异常等值线及标注;2.布格重力零异常等值线及标注;3.布格重力负异常等值线及标注

区内辉长岩、闪长岩系列多呈岩瘤、岩株、岩盖或似层状产出,与围岩具有明显的密度和磁性差异,为重磁圈定岩体边界、确定岩体主部的空间赋存状态提供了良好的地球物理前提。根据地球物理场等所反映的深部构造特征,对济南岩体的边界进行圈定,整体表现为走向近东西向的不规则椭圆状(图 4-7)。

根据重力场的特征,剖面上显示为上大、下小的复杂似层状,岩体边界内倾。与围岩的接触界面南缓北陡,东缓西陡。并以千佛山断裂分为东、西两部分,西部厚度明显大于东部。在岩体内部发育较多的灰岩捕房体(多已热接触变质形成大理岩包体)以及上覆残留体。由于捕房体的存在,在岩体内部易形成重力低值带(图 4-8)。

另外,由于区内不同时代地层岩性、物性间的明显差异,存在较为明显的电性差异,可以很好地区分深部的不同岩性层的分布情况,对区内地层进行划分,推断垂直方向的地层序列,推断第四系及第三系厚度、奥陶系灰岩顶板和岩浆岩侵入体的埋深,以及圈定隐伏断裂有很大的帮助。山东省地质矿产工程勘察院大地电磁测深资料清晰地显示了济南岩体的边界以及各地层的分布位置,也证实了区内西、北部第四系之下存在着石炭系—二叠系。

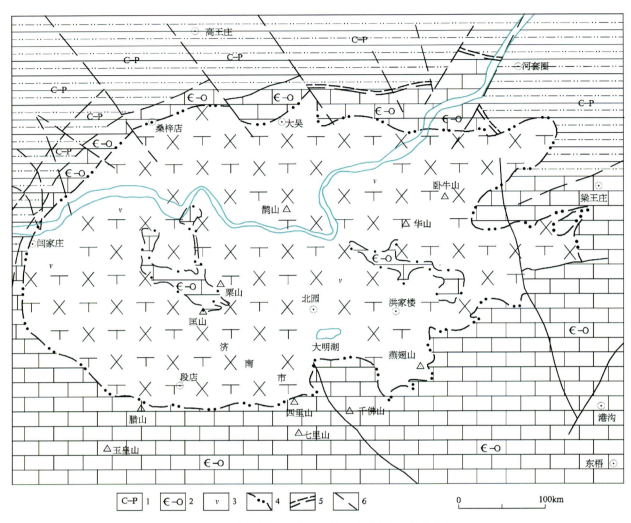

图 4-7 据航磁重力特征解译的济南岩体分布范围图（据宋志勇等,2014）
1.石炭系—二叠系;2.寒武系—奥陶系;3.辉长岩;4.岩体界线;5.平行不整合界线;6.推断断裂

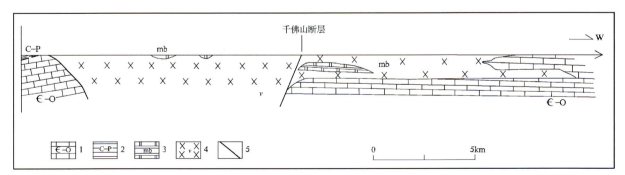

图 4-8 根据重力场特征绘制的济南岩体边界特征剖面示意图（据宋志勇等,2014）
1.寒武系—奥陶系;2.石炭系—二叠系;3.大理岩;4.济南岩体;5.断裂

第二节　济南矿集区勘查开发简史

一、济南矿集区发现勘查简史

据资料记载,济南铁矿地质调查工作最早始于1941年8月,日本人大西千秋和增渊坚吉分别对济南市东南郊的七里河、五顶山、砚池山、姚家庄一带埋藏浅并有铁矿露头的地区进行过短期地质调查并提交了《济南东方铁矿产地磁力探矿要旨调查报告》《济南东方铁矿调查报告》。此后,至解放初期济南再没有做过铁矿地质工作。

中华人民共和国成立后,随着钢铁工业的发展,1956年冶金地质勘探部门五〇二队,在济南郭店地区及东郊开展地质普查,完成1∶5万地质测量800km^2,同年3～11月冶金部地质局地球物理探矿总队二区队,在郭店以西完成1∶1万和1∶2万磁法普查234km^2,圈出6000～7500nT的异常5处(张马屯、农科所、王舍人庄、徐家庄、虞山),经过1∶2000磁法详查,同年10月由五〇二队对大于2000nT的高磁异常进行钻探验证,证明了异常是由磁铁矿引起。

1953—1956年,由冶金地质系统对上述异常进行地质评价工作,除了评价王舍人庄、徐家庄、农科所、东风、农场果园等一批小型铁矿床外,更主要工作区是张马屯矿区。1957—2010年,济南市地质局第一地质队、山东省地质局第五地质队先后对农场果园、沙沟矿区、高尔矿区、机床四厂、吴家山、东顿丘、流海矿区、虞山矿区开展勘查工作。

二、济南矿集区开发简史

济南富铁矿的开采冶炼历史悠久,历代文献多有记载。汉代在产铁地区设铁官监理矿冶。当时全国40个郡,共设铁官49处,山东占12处,就包含历城(济南);唐代冶铁业有较大发展,兖州曾是当时的炼铁中心,莱芜、历城等地都产铁。

近代中国主要为帝国主义列强的掠夺性开采,虽然做了一些工作,但所留资料寥寥。

中华人民共和国成立以来,地质、冶金等部门先后勘查出一大批富铁矿床及矿点。济南铁矿、郭店铁矿等先后被开发。主要包括东顿丘铁矿、虞山铁矿、农科所铁矿、东风铁矿、张马屯铁矿等,其中张马屯铁矿"大帷幕注浆堵水"工程,使张马屯这个大水富铁矿成为山东钢铁工业中不可多得的一个矿山。

目前大部分已经停采或闭坑,还有部分铁矿因水量大,埋藏深或地面厂矿建筑物等压矿,未能得到开发利用,如王舍人铁矿、机床四厂铁矿、徐家庄铁矿等。

三、济南矿集区科研简史

中华人民共和国成立以来,地质部门先后做了大量的科研工作,提交了相关科研报告和大量学术论文。通过科研工作划定了济南富铁矿分布范围,确定了矿床成因类型、成矿时代、找矿标志等,并指出了找矿方向,圈定了成矿预测区。

1959—2010年,济南市地质局、山东省地矿局、山东地质局第五地质队、山东省第一地质矿产勘查院等多家单位先后就济南矿集区富铁矿开展了科研工作,提交了《济南铁矿勘探程度及其找矿方向》《山东省济南地区接触交代型铁矿成矿预测说明书》《济南地区铁矿成矿地质条件与找矿方向》《山东省铁矿资源潜力评价成果报告》等资料。

郭献章在国内著名的大水矿山济南钢城矿业有限公司张马屯铁矿建立了针对帷幕稳定性的微震监测系统。李旭绩、杨承海、许文良分别对沙沟岩体、济南岩体进行了测年工作,测得大有单元岩体年龄应晚于130Ma;济南序列岩体的形成时代应为130Ma左右。

第三节　济南矿集区矿床基本特征

一、济南富铁矿的分布特征

济南矿集区包含济南市东郊、郭店地区和东南郊区3个集中分布区域,共有中型矿床4处,小型矿床19处,矿点5处,矿化点1处(图4-9)。各矿床(点)规模储量特征见表4-3。

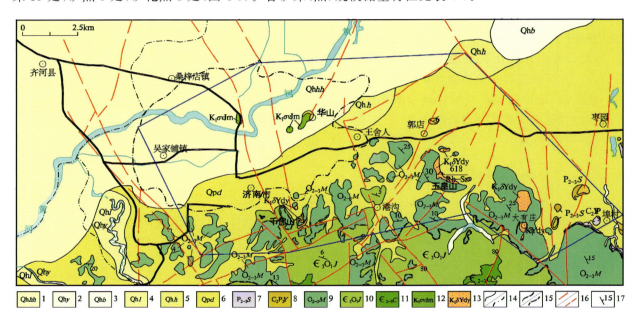

图 4-9　济南富铁矿矿集区铁矿床(点)分布图

1.黄河组;2.沂河组;3.白云湖组;4.临沂组;5.黑土湖组;6.大站组;7.石盒子群;8.月门沟群;9.马家沟群;
10.九龙群;11.长清群;12.马鞍山单元辉石二长岩;13.大有单元闪长岩;14.实测/推测地质界线;15.实测/
推测平行不整合界线;16.实测/推测断裂;17.地层产状

表 4-3　济南富铁矿矿集区铁矿床(点)一览表

编号	位置	规模				勘查阶段
		大型	中型	小型	矿化点	
1	张马屯铁矿	√				勘探
2	历城区农科所		√			勘探
3	济南铁矿十里河			√		勘探

续表 4-3

编号	位置	规模				勘查阶段
		大型	中型	小型	矿化点	
4	历城区机床四厂		√			详查
5	历城区徐家庄			√		勘探
6	历城区王舍人庄		√			勘探,停采
7	虞山铁矿		√			普查,闭坑
8	农场果园铁矿			√		勘探
9	历下区茂陵山			√		勘探
10	燕翅山			√		初勘
11	燕子山			√		勘探
12	历城区大辛庄			√		勘探
13	盘龙山			√		勘探
14	历城唐冶			√		普查,闭坑
15	历城邢村			√		普查,闭坑
16	历城高而			√		普查
17	郭店钓鱼台			√		勘探
18	郭店康山子			√		勘探
19	历城区西沙沟			√		勘探,闭坑
20	郭店铁矿玉皇山			√		普查,闭坑
21	东顿丘铁矿			√		
22	六山圈铁矿			√		
23	大有铁矿			√		
24	腊山			√		勘探,已采尽
25	刘长山				√	勘探
26	历城区黄台山			√		勘探
27	历下区酒精总厂			√		勘探
28	七里河南				√	检查
29	洪山坡				√	勘探
30	桃花峪				√	勘探
31	历城区武家山			√		勘探
32	流海庄铁矿			√		勘探

济南铁矿包括张马屯、机床四厂、王舍人庄、农科所、东风、徐家庄、农场果园7个矿区,除张马屯矿床具中等规模外,其他均为小型矿床,其储量占济南铁矿总储量的89%。郭店矿区包括了康山子、东顿丘、段家坟等26个矿体,其规模都很小,共探明储量645.6万t,矿体埋藏浅,品位富,从1956年起有多个单位进行过地质及开采工作;20世纪70年代省地质局第五地质队和物探队紧密配合,在该区进行过大量地质工作,没有新的发现。目前大部分已知矿体已闭坑或停采。东南郊区包括了砚池山、帽岭山、燕子山、洪山坡等小型铁矿,矿体规模更小,自1958年群众土法开采,已基本采完。

济南富铁矿现已达到勘探、详查工作程度的有8个矿区,探明铁矿石总储量5 877.3万t,伴生钴金属量9241t,其中张马屯矿区探明铁矿石储量2 928.5万t,占54.5%。

二、成矿时代

济南杂岩体源岩及围岩为铁矿提供铁质、矿化剂以及热动力条件,各类构造为矿液运移提供通道及容矿空间,接触交代变质为成矿提供动力条件,成矿阶段与变质作用密切相关。前人对济南序列进行了IA-ICP-MS U－Pb测年,锆石$^{206}Pb/^{238}U$年龄的加权平均值为$(130.8\pm5)Ma$。大有单元岩体的年龄应晚于130Ma。

综合分析,本区中生代侵入岩形成时代为130Ma左右,成矿时代应为早白垩世燕山晚期。

三、矿床成因及成矿模型

1. 成矿阶段

早期钠质交代阶段:是成矿作用的前期,以钠质交代为特征,发育在有矿接触带的内侧,具有强烈的去铁作用及镁离子的迁移,主要活动元素为Na^+、OH^-及卤素等挥发份。

矽卡岩-磁铁矿阶段:是区内铁矿成矿主要时期,形成各种矽卡岩及磁铁矿体,主要是交代外接触带碳酸盐岩形成;首先是生成无水硅酸盐,其后是大量磁铁矿,主要活动性组分为Fe^{2+}、Fe^{3+}、Mg^{2+}、OH^-、Si^{4+}及挥发性组分。

高中温热液阶段:是成矿阶段的延续,形成钙、镁质的含水硅酸盐矿物及铁、铜硫化物为特征,尤其是角闪石、绿帘石、葡萄石等最发育,大量含钴黄铁矿、黄铜矿在这阶段形成,活动性组分以Ca^{2+}、S^{2-}及Cu^{2+}为主。

中低温热液阶段:与成矿尚有一定关系,如蛇纹石化常与磁铁矿共存。

表生作用阶段:磁铁矿变成假象赤铁矿、褐铁矿,含铜硫化物变成铜蓝等。

2. 矿床成因

本区磁铁矿体95%以上赋存于济南杂岩体与奥陶纪马家沟群碳酸盐岩的接触带上,并且矿体空间位置,受似层状辉长岩体上隆下凹的控制,可以表明侵入体与铁矿的形成密切相关。富铁矿的形成与接触带所发育的钠化、矽卡岩化及热液蚀变交代作用密切相关;钠化发育在近矿的岩浆岩中使铁质析出,成为磁铁矿的物质来源;透辉石矽卡岩、方柱石透辉石矽卡岩与磁铁矿紧密共生,热液期蛇纹石与磁铁矿紧密共生;矿石中普遍具交代结构、交代残余结构等。

矽卡岩在成矿过程中起主导作用,分析认为济南富铁矿成因类型为接触交代矽卡岩型铁矿(图4-10)。

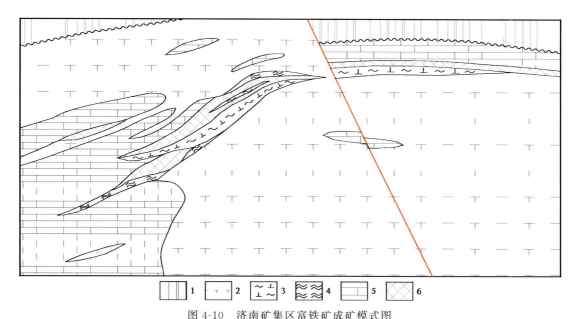

图 4-10 济南矿集区富铁矿成矿模式图
1.第四系；2.闪长岩；3.蚀变闪长岩；4.矽卡岩；5.大理岩；6.铁矿体

四、找矿标志及找矿模型

（一）找矿标志

根据本区地质特征和控矿因素的认识对本区铁矿类型的地质和物探找矿标志有如下几点认识。

1. 地层标志

区内铁矿围岩主要是中上奥陶统，主要为马家沟群五阳山组、阁庄组、八陡组，岩性主要是中厚层纯灰岩、微晶灰岩、厚层云斑灰岩及白云岩。就矿化层位化学成分而言，"高钙、低铝、低镁、低硅"的纯灰岩利于交代成矿。纯灰岩性脆，节理、裂隙发育，易形成断裂，给矿液活动提供有利空间；另外，碳酸钙在成矿过程中起着沉淀剂和矿化剂的作用。

2. 构造标志

构造对矿体的控制作用非常重要，区内铁矿控矿构造主要有短轴背斜、穹隆、向斜构造（如沙沟背斜、虞山穹隆、唐冶塑性流变褶皱）；断裂构造（北北东向、北北西向、近东西向）与接触带复合部位；岩体接触带附近裂隙；受捕房体、围岩层间裂隙；岩体内大理岩夹层接触带。这些构造制约着铁矿床的赋存与分布，其中尤以断裂构造与接触带复合部位是找矿的重要标志。

3. 岩浆岩标志

本区铁矿成矿母岩是燕山晚期中基性侵入杂岩体，其中杂岩体中早期基性岩（辉长岩类）和晚期中性岩（似斑状闪长岩、辉石闪长岩及角闪闪长岩）与成矿有直接成因关系，且以基性岩成矿为主，岩石化学成分上属于钙碱性的正常系列，一般钠大于钾，属于浅成侵入体。

岩体呈复杂的似层状，常成顺层或枝叉状侵入中上奥陶统中，矿体产出部位常和岩体顶面起伏有关系。岩体顶部界面上凸而形成的穹隆构造、背斜构造,下凹而形成的"凹当"部位以及岩体呈复杂的"舌状""手指状"伸入并捕虏围岩时,也有利于成矿。

4. 围岩蚀变标志

区内围岩蚀变主要有钠化、矽卡岩化及大理岩化3种。矽卡岩化在矿体内接触带比较发育,常构成矿体底板,其中与矿体关系最为密切的是透辉石矽卡岩。钠化在空间上与矿体关系密切,它的分布方向与矿体平行,发育程度往往与矿体规模成正消长关系,钠化可以促使已结晶的岩石中铁质活化迁移,成为磁铁矿的物质来源。除上述3种蚀变外,接触带附近的角闪石化往往与矿体有密切关系,接触带上若发育角闪石斑晶,深部往往有矿体存在。

5. 磁异常标志

磁异常的形态,反映了磁异常与磁性体的内在联系,矿致磁异常在形态规整程度、分布面积大小、极大值与极小值之间的距离、梯度变化、异常等值线形态等方面主要体现出以下特点。

高陡异常:区内矿致异常或已知铁矿引起的磁异常大都为高陡异常,形态规整、异常强度大、梯度陡,峰值在2000nT以上,最高达到5000nT左右,高陡异常是十分重要的磁异常找矿标志;

低缓异常:磁场强度一般低于2000nT,梯度变化缓慢形态规整。矿体一般埋藏较深,处于济南岩体早期侵入体边缘相的上隆部位与中上奥陶统马家沟群较纯灰岩接触带的低缓异常也是不可忽视的找矿标志;

孤立负异常:负异常分布范围较大,绝对值比正异常大,与正异常走向不一致,一般由北陡倾斜的薄板状矿体或反磁化的矿体所引起的负异常也可考虑找矿。

(二)找矿模型

矿体主要赋存于燕山期济南辉长岩体或闪长岩体与奥陶系碳酸盐岩的接触带上,接触部位矿石量占到95%以上;中基性岩浆上侵在与地层接触时发生了矽卡岩化等蚀变,在岩体上隆、下凹、构造发育及接触带部位聚集成矿。不同形态的磁异常、重力异常,显示了磁性体、岩体、地层的空间形态,同样对铁矿赋存分布起着指导作用。

根据《济南地区成矿地质条件及找矿方向》《山东省铁矿资源潜力评价》及典型矿床的分析研究,对铁矿的成因要素进行综合分析,确定找矿模型(表4-4)。

表4-4 济南矿集区铁矿成因要素一览表

成矿要素		描述内容	成矿要素分类
地质环境	岩石类型	辉石闪长岩、角闪闪长岩,奥陶纪马家沟群五阳山组、阁庄组、八陡组灰岩	重要
	岩石结构	中—粗粒结构为主,其次为中—细粒结构。灰岩为细晶—隐晶质结构	次要
	成矿时代	辉石闪长岩、角闪闪长岩为主要成矿母岩,形成时代为(锆石 LA-ICP-MS U-Pb)平均130.8Ma,属燕山晚期	必要
	成矿环境	奥陶纪马家沟群厚层纯灰岩为围岩,燕山晚期中基性侵入岩与之接触,形成矽卡岩型铁矿	必要
矿床特征	矿物组合	金属矿物主要为磁铁矿,次为黄铁矿,微量黄铜矿、辉铜矿;非金属矿物主要为透辉石、透闪石、蛇纹石、绿泥石、碳酸盐矿物等	重要
	结构构造	半自形粒状结构,块状构造	次要
	蚀变作用	钠长石化、矽卡岩化、大理岩化、蛇纹石化、透辉石化、绿泥石化、方柱石化	重要
	控矿构造	马家沟群灰岩与中基性侵入岩接触带构造	必要

续表 4-4

成矿要素		描述内容	成矿要素分类
地球物理特征	磁异常特征	高陡异常：曲线圆滑、形态规整、异常强度大，梯度陡，峰值在 2000nT 以上，最高达到 5000nT 左右； 低缓异常：峰值低于 2000nT，梯度变化缓慢、形态较规整，异常形态依接触带产状而定； 孤立负异常：负异常分布范围较大，绝对值比正异常大、与正异常走向不一致	必要

第四节　济南矿集区典型矿床

一、张马屯铁矿床

（一）矿区位置

该铁矿床位于济南市东郊张马屯村东约 1km，交通方便。

（二）矿区地质特征

1. 地层

本区地层主要为第四系全新统冲积层、奥陶系马家沟群及上寒武统，区内岩性主要为大理岩、结晶灰岩、白云质灰岩、泥质条带灰岩、燧石结核灰岩、竹叶状灰岩等。

中上奥陶统、上寒武统均隐伏于第四系之下，中上奥陶统与上寒武统呈整合接触关系。

2. 构造

区内构造为一单斜构造，岩层走向北北西，倾向北东东，倾角 20°左右。钻孔揭露东梧断裂走向 330°，倾向南西，倾角 62°，为一张性断裂，断距 60～140m，并将矿体分为 I、II 号矿体于东西两侧。

3. 岩浆岩

济南辉长岩的边缘相闪长岩是成矿母岩，有辉石闪长岩、角闪闪长岩和石英闪长岩，与成矿关系最密切的是辉石闪长岩，在岩体边部，岩浆岩与围岩互相穿插，形成复杂的接触带，有利于矿体的形成。

4. 围岩蚀变

矿区内主要围岩蚀变为矽卡岩，主要生成于灰岩与闪长岩的接触带内，只有少量出现于大理岩和闪长岩体内，呈脉状或透镜状产出。此外矽卡岩常以夹层的形式出现于矿体内，大致分为外蚀变带、中蚀变带和外蚀变带。

接触（交代）变质作用的发生均与岩浆活动关系密切，越接近岩体部位，原岩特征保留越少，矿物组合就越简单，交代作用就越彻底，在气液活动中心，甚至可以出现单矿物岩。具较明显的分带性，从而也说明了其变质作用有分带性，理想状态下应该是呈现环带状（图 4-11）。

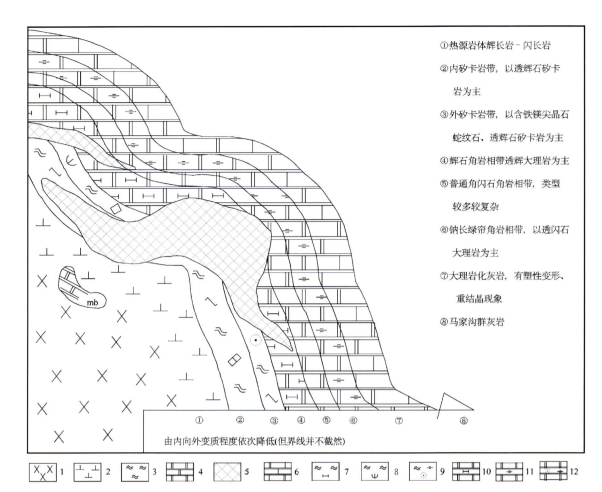

图4-11 接触(交代)变质作用理想状态分带示意图(据宋志勇等,2014)
1.辉长岩;2.闪长岩;3.矽卡岩;4.大理岩;5.磁铁矿;6.大理岩化灰岩;7.透辉石矽卡岩;
8.蛇纹石矽卡岩;9.石榴透辉矽卡岩;10.透辉大理岩;11.透闪大理岩;12.石榴透闪大理岩

(三)地球物理特征

本区共圈定一个磁异常,为张马屯异常。异常形态不规则,是一个幅度宽、走向延展较大的异常,以1000nT圈定长达1400km,异常值在－900～5500nT之间。磁性地质体走向NE60°,异常极值两侧梯度差不多,北部有一片负值,高达－900nT,异常呈现北翼负值小于南翼正值的特点,考虑到斜磁化条件,可见矿体向北西倾斜;东西两侧异常之间扭曲,表明矿体是不连续的,东侧负值减弱较大,表明东侧矿体倾角较陡,有一定延伸;西侧异常负值减弱较小,表明矿体较东矿体倾角缓,延伸不大。

(四)矿体特征

矿区主要包含Ⅰ号矿体、Ⅱ号矿体及少量零星矿体。

Ⅰ号矿体分布于+5～11线之间的接触带内,主要赋存于闪长岩内,顶部分支较多,矿体形态复杂,多呈扁豆状及透镜状,在纵剖面图和中段图上呈马鞍状,局部为镰刀状;倾向北西,倾角平缓,为16°～40°,浅部较平缓,向北西倾伏较陡,长约690m,延伸达170～598m,最大厚度75m,一般厚度15～30m,平均厚度21.57m,埋深220～434m。

Ⅱ号矿体分布于4～-1线之间,主要产于闪长岩与灰岩接触带内,矿体呈透镜状。长约460m,延伸100～230m,最大厚度44m,一般厚度20～40m,平均厚度24.70m,走向41°,倾向北西,沿走向由西向东由厚变薄,埋深80～210m,西面较深、东面较浅,在矿体顶部有分支现象,倾角40°～60°,上部较缓、下部稍陡。

此外,矿区还有7个小矿体,规模均不大。

(五)矿石特征

1. 矿石矿物成分

本区矿石绝大部分为磁铁矿,其次是少量含矽卡岩磁铁矿及极少量氧化铁矿石。

矿石矿物:主要为磁铁矿、黄铁矿及少量的赤铁矿、黄铜矿、磁黄铁矿、白铁矿、斑铜矿、镜铁矿、褐铁矿、假象赤铁矿等。

脉石矿物:透辉石、透闪石、蛇纹石、绿泥石、黑云母、方解石及碳酸盐矿物等。

2. 矿石化学成分及共(伴)生矿产

根据光谱分析结果,矿石中含有化学成分 Fe、S、SiO_2、Mg、Ag、Ba、Mn、Pb、Ga、Ni、Ti、V、Co、Cu、Zn、Ca。根据全区组合加权平均品位计算的各种元素含量见表4-5。

表4-5 矿区各化学成分平均含量一览表

元素	Co	Cu	Fe	Ni	MnO	P
含量/%	0.017	0.045	54.03	0.012	0.104	0.035
元素	CaO	MgO	Al_2O_3	SiO_2	S	Ag
含量/%	3.040	5.530	1.620	7.640	2.247	1.099×10^{-4}

根据全分析及光谱分析结果,矿石主要有益组分为Fe,有害组分为S,可综合伴生有益元素为Co;TFe含量在45%～55%之间,局部可高达60%以上,一般在矿体底部含量较低;S含量在1.5%～4.5%之间,个别高达5%以上;Co含量在0.015%～0.025%之间,平均0.017 4%,由于Co与黄铁矿紧密共生,经选矿富集后,可综合利用。

3. 结构构造

矿石结构主要为粒状结构,磁铁矿、黄铁矿在透辉石、碳酸盐矿物集合体中常具此种结构。

本类矿床的矿石构造较简单,主要为致密块状,其次为浸染状。致密块状矿石由80%左右的磁铁矿和少量蛇纹石、方解石、滑石、透辉石等组成。主要产于靠近大理岩附近,方解石在矿石内往往成团块状或脉状。浸染状矿石磁铁矿以浸染状分布在碳酸盐岩及矽卡岩中,矿石品位决定于稀疏和稠密浸染程度,黄铁矿、磁黄铁矿、黄铜矿等硫化物往往具有这种构造形式或散布在磁铁矿中,这种铁矿多为中等品位的矿石,分布在沿矿体倾斜尖灭部位,或矿体近岩体的一侧。

4. 矿石类型

本区矿石自然类型主要为少量氧化铁矿石及原生矿石;由于本区矿石含Fe、S均较高,故工业类型属高炉高硫富铁矿。

（六）围岩和夹石

矿体上盘为大理岩、闪长岩及矽卡岩等，闪长岩多已蚀变为蚀变闪长岩，矽卡岩为透镜体或脉状与闪长岩或大理岩在矿体上盘相间穿插出现；矿体下盘以蚀变闪长岩居多，其次为矽卡岩和大理岩等；矿体上下盘与岩层界线比较明显。矿体夹石主要为矽卡岩夹层，厚度较薄，局部见大理岩呈脉状插入。

（七）矿床开发利用现状

张马屯铁矿于1956年被物探工作者首次发现，1967年开始筹建张马屯铁矿，1978年10月正式投产。该铁矿在1973年由山东省冶金地质勘探公司勘探，探明B+C+D级储量2 927.6万t，认定该铁矿为一中型富铁矿床，现已闭坑停产。

二、郭店矿区虞山铁矿

（一）矿区位置

郭店铁矿包含沙沟、段家坟、武家山、玉皇山、钓鱼台、虞山6个矿段，大小矿体达20多个。现以虞山铁矿为例进行介绍，虞山铁矿位于历城区郭店镇虞山西侧，地理坐标为东经117°13′31″～117°13′46″，北纬36°44′17″～36°44′22″。

（二）矿区地质特征

1. 地层

本区基底岩系没有出露，盖层主要发育古生界，均为第四系覆盖。钻孔揭露岩性由老至新为马家沟群五阳山组、阁庄组、八陉组。岩性主要为纯灰岩、豹皮灰岩、白云质灰岩、角砾状泥灰岩；石炭系—二叠系本溪组、太原组、山西组及二叠系石盒子群，岩性主要为铁铝质岩，灰色、深灰色粉砂岩，黑色页岩，泥岩，夹多层薄层灰岩；第四系主要为平原组砂质黏土。

2. 构造

矿区发育在北东向的短轴背斜之上，短轴背斜西翼接触带较陡，约45°，东翼接触带呈明显的舒缓波状，矿体赋存在大理岩向岩体突出部位（图4-12）。西翼接触带平直不利于成矿。

3. 岩浆岩

虞山岩体，岩性为闪长岩。岩体呈椭圆形，长轴方向30°，岩体出露部位长1460m，宽500m，呈岩株状。据已有钻孔资料说明虞山岩体南与沙沟岩体北和张家庄岩体可能互相贯通，在它们的接触带上常有一些小矿体。岩体深部或岩体中心部位常出现有少量辉石闪长岩及富辉石闪长岩，靠岩体边部（指接触带附近）主要为闪长岩，接触带上出现钠化闪长岩。

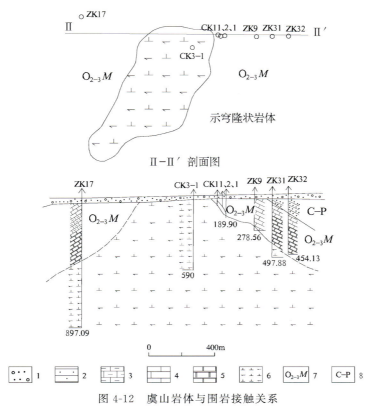

图 4-12 虞山岩体与围岩接触关系

1.第四系;2.砂岩;3.白云质灰岩;4.灰岩;5.大理岩;6.闪长岩;7.马家沟群;8.石炭系—二叠系

4. 围岩蚀变

矿区围岩蚀变主要是指气成-热液作用在接触带附近对碳酸盐岩和侵入体的交代作用,是一个长期多阶段重叠交代过程。磁铁矿是交代作用一定阶段的产物。主要蚀变类型有钠化、矽卡岩化、热液蚀变等。

(三)地球物理特征

虞山磁异常为一南北长 4km,东西宽 2km 的弧形而平稳的异常,并以此为背景,沿接触带出现一系列局部异常,由北至南分别编号为Ⅰ、Ⅱ、Ⅲ、Ⅳ、Ⅴ、Ⅵ异常,各异常特征见表 4-6。对Ⅰ、Ⅱ、Ⅳ、Ⅴ号异常进行了验证,验证结果Ⅰ、Ⅱ、Ⅳ号异常均见矿,Ⅱ、Ⅴ号异常都未见矿。Ⅲ号异常为虞山矿体引起,与铁矿体分布完全吻合。

表 4-6 虞山磁异常特征及钻探验证情况一览表

异常编号	异常范围/m		异常强度/nT	异常形态	地质位置	研究程度	验证结果
	长	宽					
Ⅰ	550	250～470	600～850	菱角形	近接触带	已钻探	见矿
Ⅱ	200	100	900～1600	长条形	接触带	未验证	
Ⅲ	450	300	400～4000	椭圆形	接触带	前人勘探	见矿
Ⅳ	250	100	1100～1600	椭圆形	接触带	已钻探验证	见矿
Ⅴ	520	100～200	800～1000	椭圆形	接触带	钻探验证	未见矿
Ⅵ	180	130	500～600	椭圆形	近接触带	未验证	

(四)矿体特征

虞山铁矿主矿体为Ⅲ号矿体,为一小型铁矿体,总体呈透镜状。矿体产状为走向北北东、倾向南东东,倾角北端较陡约25°,南端较缓,约55°。矿体形态变化较简单。Ⅲ号矿体沿走向长400m;延伸100m;埋深最小87m,最大158m。矿体厚度最小1.01m,最大27.72m,厚度变化系数为77.2%,属厚度变化不稳定型。矿体最低品位24.5%,最高品位59.39%,平均品位为47.65%,品位变化系数为30.48%,属有用组分分布均匀型矿体。矿体厚度北段厚,南段薄(图4-13)。

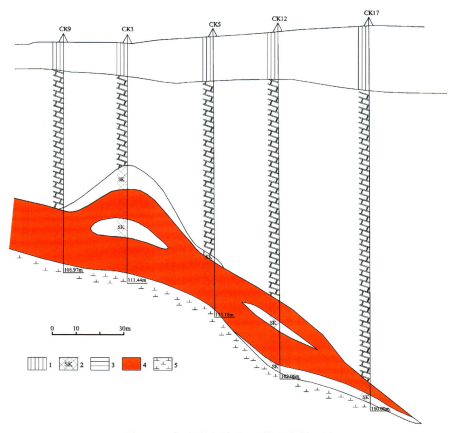

图4-13 郭店虞山铁矿12勘查线剖面图
1.第四系;2.矽卡岩;3.大理岩;4.磁铁矿;5.闪长岩

(五)矿石特征

1. 矿石矿物成分

矿石中金属矿物主要为磁铁矿,其次为黄铁矿及少量的赤铁矿、黄铜矿、磁黄铁矿、白铁矿、斑铜矿、镜铁矿、褐铁矿、针铁矿、假象赤铁矿、蓝辉铜矿、铜蓝。脉石矿物主要有透辉石、钙铁榴石、方柱石、方解石,次要矿物为阳起石、透闪石、蛇纹石、滑石、绿泥石、葡萄石、磷灰石、白云石和极少量石英。

按矿物生成的相对时间分析,每一种矿物可能不止一个世代,如透辉石、方柱石、石榴子石等,所以在不同矿物的生成先后关系上,常有彼此互为先后的现象(表4-7)。

表 4-7　虞山矿区围岩蚀变主要矿物生成顺序表

矿物名称	热力变质期	矽卡岩期		热液期
		早期	后期	
金云母	——			
镁铁橄榄石	——			
镁铁尖晶石	——			
透辉石钙铁辉石		——	——	
方柱石		——	——	
石榴子石	——	——	——	
绢云母				——
绿泥石				——
蛇纹石				——

2. 矿石化学成分及共(伴)生矿产

矿石的化学成分以 Fe 为主，其次有 Si、Al、Ca、Mg、S、P 等。根据矿石化学成分(表 4-8)，其 $(CaO+MgO)/(SiO_2+Al_2O_3)$ 的值为 0.97，属自熔性矿石。S、P、Co 含量都较低，达不到综合利用要求。

表 4-8　矿石化学成分

主要成分/%	造渣组分/%				其他组分/%		
TFe	SiO_2	Al_2O_3	CaO	MgO	S	P	Co
47.65	11.95	3.44	8.00	7.00	0.02	0.27	0.02

3. 结构构造

矿石结构为半自形—自形晶粒状集合体。构造较简单，一般可分为致密块状、浸染状、条纹—条带状、斑杂状、粉末状构造等。

致密块状构造：矿石由 80% 左右的磁铁矿和少量蛇纹石、方解石、滑石、透辉石等组成。主要产于大理岩附近，方解石在矿石内往往呈团块状或脉状。

浸染状构造：磁铁矿以浸染状分布在碳酸盐岩及矽卡岩中。矿石品位决定于稀疏和稠密浸染程度。黄铁矿、磁黄铁矿、黄铜矿等硫化物往往具这种构造型或散布在磁铁矿中。

条带状构造：由磁铁矿组成的黑色条带及脉石组成的淡色条带相间构成，脉石矿物主要为透辉石或钙铁辉石、蛇纹石等。

4. 矿石类型

矿石自然类型为稠密浸染状磁铁矿，根据基本分析全铁(TFe)与磁性铁(mFe)的比值为 85.3%，说明矿石为磁铁矿石，主要为原生矿石，无氧化矿石，矿体的平均品位为 47.65%，矿石工业类型为需选矿石。

(六)围岩和夹石

矿体主要赋存在燕山期中基性虞山岩体与中奥陶统的阁庄组、五阳山组碳酸盐岩的接触带上，其次赋存在内接触带的残留体中。矿体顶板95％为大理岩，少量为矽卡岩。矿体底板95％为闪长岩体，少量为矽卡岩。矿体中夹有少量矽卡岩、大理岩。

（七）矿床开发利用现状

1957年首次发现该铁矿；1968—1999年，山东省冶金局五〇二队、地质局八一六队、地质局第五地质队、地质矿产局八〇一水文地质工程地质大队、第一地质矿产勘查院，先后在该区开展了大量地质工作，对矿区开发进行了选区和论证工作；1999年12月山东省冶金设计院对其进行了矿山开发利用设计论证，历元铁矿有限公司随之开始基建，2001年正式投产，最大生产规模为年产10万t，开采方式为地下开采，开采方法为留矿采矿法。

自投入基建生产以来，完成主井1口，副井1口，工作量400m，沿主副井开拓掘进巷道210m，2001—2003年，共动用21.2万t，其中采出16.5万t，损失矿石量4.7万t，回采率为77.8％，损失率为22.2％，贫化率一般4％～7％，最大8％，采掘比为9.9m/万t；开采最大深度为标高－92m。目前矿山闭坑停产。

第五章 齐河-禹城富铁矿矿集区

齐河-禹城富铁矿矿集区位于山东省西北部地区,德州市、聊城市和济南市境内,行政区划属齐河县、禹城市、高唐县、茌平县、东阿县和长清区管辖。矿集区的地理坐标为东经116°15′00″~116°45′00″,北纬36°30′00″~36°50′00″,面积约为1640km²。

齐河-禹城矿集区位于齐广断裂以南,聊考断裂以东,桑梓店断裂以西,南以奥陶纪地层与寒武纪地层不整合接触界线为界。铁矿床围绕李屯、潘店、大张岩体周边分布,赋存于岩体与地层的接触带上。

第一节 齐河-禹城富铁矿矿集区成矿地质条件

矿集区大地构造位置属华北板块(Ⅰ)鲁西隆起区(Ⅱ)鲁中隆起区(Ⅲ)济南—泰山断隆(Ⅳ)北部,由北向南,自西而东分别为乐平铺潜凹陷(Ⅴ)、齐河潜凸起(Ⅴ);部分涉及华北坳陷区(Ⅱ)济阳坳陷(Ⅲ)惠民潜断陷(Ⅳ)中的临邑潜凹陷(Ⅴ)(图5-1)。

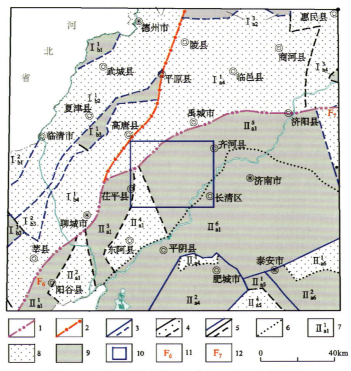

图5-1 齐河-禹城富铁矿矿集区大地构造位置图

1.Ⅱ级单元界线;2.Ⅲ级单元界线;3.Ⅳ级单元界线;4.Ⅴ级单元界线;5.断裂及推断断裂;
6.不整合界线;7.单元代号;8.凹陷区;9.隆起区;10.矿集区范围;11.聊考断裂;12.齐广断裂

区内为黄河北冲积平原区,地表大面积第四系覆盖,基岩隐伏。奥陶纪马家沟群碳酸盐岩分布广泛,是接触交代型铁矿的重要控矿围岩;济南序列侵入体局部发育,是接触交代型铁矿的成矿母岩;区内隐伏构造发育,以断裂为主,构造线方向主要为北北东向和北西向两组,有少量北北西向断裂,断裂构成了潜凸起与潜凹陷的边界,构造主要表现为潜凹与潜凸相间分布。该区先后经历了海西期、印支期、燕山期和喜马拉雅期构造运动,几个期次的构造运动均对该区产生了显著影响。

一、地层

本区地层区划属华北-柴达木地层大区的华北地层区之鲁西地层分区。根据钻孔揭露,结合区域资料,本区域地层由老至新为新太古代泰山岩群,古生代寒武系、奥陶系、石炭系、二叠系,新生代新近系及第四系。区域地层划分详见表5-1。

表5-1 区域地层简表

地层系统					主要岩性特征
界	系	统	群	组	
新生界	第四系 Q				由土黄色、棕黄色、灰绿色黏土、砂质黏土夹黄白色松散砂砾组成,局部砂砾层可胶结成岩。层厚0~500m
	新近系 N				主要由棕褐色、褐黄色、棕红色、灰绿色、紫色砂质泥岩、泥岩、粉砂岩、细砂岩组成,局部夹中砂岩,底部灰白色含砾砂岩。层厚0~1400m
古生界	二叠系 P	乐平统 P_3	石盒子群 $P_{2-3}\hat{S}$		自下而上分为黑山组、万山组、奎山组、孝妇河组,主要由一套陆相沉积的灰色、黄绿色、灰绿色砂岩及紫红色、灰紫色、灰色泥岩组成,万山组含铝土岩,偶夹煤线。层厚大于210m
		阳新统 P_2	月门沟群 C_2P_2Y	山西组	以灰色砂岩、粉砂岩、泥岩为主,含煤层0~5层,可采煤层0~1层。层厚80~235m
		船山统 P_1		太原组	以灰色泥岩、砂岩为主,夹3~5层灰岩,含煤层4~9层。层厚140~235m
	石炭系 C	上石炭统 C_2		本溪组	以紫色、灰色泥岩、粉砂岩为主夹砂岩,底部夹铝土岩。层厚5~20m
	奥陶系 O	上奥陶统 O_3	马家沟群 $O_{2-3}M$	八陡组	以深灰色中厚层状灰岩为主,夹薄层白云岩、云斑灰岩。层厚100~430m
				阁庄组	以黄灰色、褐色中薄层白云岩为主,上部夹角砾状白云岩。层厚60~209m
		中奥陶统 O_2		五阳山组	以灰色中厚层灰岩、云斑岩为主,夹白云岩,夹虫迹灰岩。层厚85~355m
				土峪组	以土黄色、紫灰色中薄层白云岩为主,夹角砾状白云岩。层厚30~84m
				北庵庄组	灰—深灰中薄层微晶灰岩、厚层云斑灰岩为主,夹叠层白云岩。层厚120~278m
				东黄山组	上部为黄绿色薄层泥质白云岩,夹竹叶状灰岩及页岩;中部为中厚层状鲕状灰岩;下部为紫红色云母页岩及薄层灰岩。层厚20~75m
	寒武系 ∈		九龙群 $∈_3O_1J$		上部为青灰色厚层灰岩,夹竹叶状灰岩及页岩;中部为中厚层状鲕状灰岩;下部为紫红色云母页岩及薄层灰岩。层厚约520m
			长清群 $∈_{2-3}\hat{C}$		
新太古界			泰山岩群 $Ar_3T.$		岩性主要为花岗片麻岩及混合岩化黑云母角闪斜长片麻岩等。层厚大于1200m

（一）新太古代地层

新太古代地层主要为泰山岩群，岩性主要为花岗片麻岩及混合岩化黑云母角闪斜长片麻岩等，变质程度及混合岩化程度均较高，为区域基底岩系，其上覆有古生代盖层。在济南南部零星分布，以包体形式残存于新太古代花岗质片麻岩中。

（二）古生代地层

寒武纪长清群、寒武纪—奥陶纪九龙群分布于区域东南部，发育较好，为一套陆表浅海相碳酸盐岩（灰岩、白云岩、微生物灰岩等）以及泥砂质碎屑岩（泥岩、页岩、粉砂岩和砂岩）建造。

寒武纪—奥陶纪九龙群在区域东南部分布较广，分为张夏组、崮山组、炒米店组、三山子组。

奥陶纪马家沟群在东部及南部广泛出露，为一套陆表浅海相碳酸盐岩沉积建造，自下而上包括东黄山组、北庵庄组、土峪组、五阳山组、阁庄组和八陡组，均为隐伏地层。主要岩性为厚层纯灰岩、白云岩，夹泥灰岩，白云质灰岩及豹皮灰岩。一般呈单斜状产出，与寒武系整合接触。矿体主要赋存在岩体与地层的接触部位。马家沟群碳酸盐岩是接触交代型铁矿的重要控矿围岩。

石炭纪—二叠纪地层为隐伏地层，该地层也广泛发育，分布在区域西北部，属海陆交互相—陆相含煤碎屑岩建造，分为月门沟群、石盒子群。

月门沟群包括本溪组、太原组、山西组，与下伏马家沟群为平行不整合接触，主要为泥岩、砂岩、粉砂岩等，本溪组底部夹铝土岩，太原组和山西组含煤层。石盒子群包括黑山组、万山组、奎山组和孝妇河组，主要由一套陆相沉积的砂岩及泥岩组成，万山组夹铝土岩，偶夹煤线。

（三）新生代地层

新生代地层均为隐伏地层，在区域西部及西北部潜凹区广泛分布。

古近纪官庄群，分布于西南部，主要为砖红色砾岩、泥质砂岩。

古近纪济阳群包括孔店组、沙河街组和东营组，由含砾砂岩、砂岩、细砂岩、粉砂岩、砂质泥岩、泥岩组成。

新近系为一套河流相沉积，主要分布在北部平原区，主要由砂质泥岩、泥岩、粉砂岩、细砂岩组成，局部夹中砂岩，底部为灰白色含砾砂岩。

第四系为冲、洪积相松散沉积物，广泛分布在西部及北部平原区，沉积厚度较大。东南部的丘陵地带及山间谷地也较发育。主要由黏土、砂质黏土、砂土组成，局部含砂砾层。

二、构造

本区域断裂构造发育且较复杂，褶曲构造次之，区域上以断块构造为主要特征。

（一）褶皱构造

区内主要褶皱构造均为隐伏构造，通过现有地质推断可知有务头背斜、潘店向斜、魏官庄穹隆。这些构造形态主要是根据地震资料解译的，局部有钻探工程控制。务头背斜轴部呈向南凸出的弧形，西部为北西向,东部为北东向;潘店向斜位于务头背斜南部,向斜轴部平行于务头背斜的背斜轴,二者相伴而生,中间被断裂切割;魏官庄穹隆呈椭圆形,轴向北东,轴向长度400m,宽度170m。

(二)断裂构造

本区域断裂构造发育,区域上以断块构造为主要特征(图5-2)。据其展布总体划分为北东—北北东向、北西—北北西向、近东西向3组断裂构造,且以前两者较发育,南北向断裂在该区不甚发育。各组断裂互相切割,控制了区域内凸起、凹陷的产生与发育。本区域构造特征总体上表现为南浅北深的单斜构造形态。区域内主要断裂构造介绍如下。

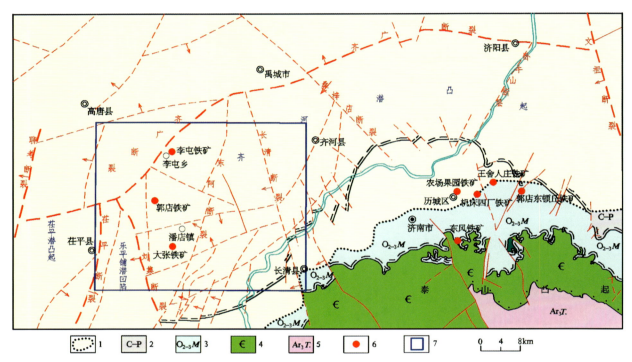

图5-2 区域地质略图(据郝兴中等,2019)

1.第四系覆盖区;2.石炭系—二叠系;3.马家沟群;4.寒武系;5.泰山岩群;6.矿床位置;7.矿集区范围

1. 近东西向断裂

该组断裂在区域内不甚发育,主要断裂构造为齐广断裂。

齐广断裂:位于本区北部,是鲁西隆起区和华北坳陷区的分界断裂构造。该断裂为区域性隐伏断裂,西端相交于聊考断裂,向东延伸入广饶境内,延展长度约107km,规模大,并切割北西向、北东向断裂。断裂总体走向近东西,向本区西部逐渐呈弧形转为北东-南西向,断裂总体北倾,为高角度张性断裂。关于该断裂构造的最早形成时期有不同观点,《山东省区域地质志》中认为该断裂为新生代产物,形成于古新世末或始新世初,也有学者认为该断裂构造至少在中生代已开始发育。从新生代地层发育特征推测,其强烈发展时期为中新世末,第四纪仍有活动。断裂北侧古近系和新近系厚度比南侧厚2000m左右,断裂北侧第四系厚度也明显大于南侧,据此推测断裂带落差可达2200m。沿断裂有一系列小规模的中、基性岩体侵入。

本区域内还分布有高庙-禹城断裂、莒镇断裂、潘店断裂等规模不大的近东西—北东东向断裂。

2. 北东—北北东向断裂

该组断裂区域内较发育，与北西向断裂共同构成区域内构造格架，且切割北西向断裂。

聊考断裂：南部为鲁西隆起和华北坳陷两个Ⅱ级构造单元的分界断裂，南部为鲁中隆起、鲁西南潜隆起和临清坳陷3个Ⅲ级构造单元的分界断裂构造。该断裂为巨大隐伏张性断裂，总体走向北北东，倾向西，延展长度约108km。据区域地质资料可知，断裂两侧奥陶系埋深、新生界厚度均有较大差别。该断裂大致形成于古生代，中、新生代又有所发展，断距可达3300m，断裂对其两侧的地层沉积和构造形态有重要的控制作用，该断裂在聊城以北与齐广断裂相交。

茌平断裂：位于本区域西部，大致平行于聊考断裂，北端被齐广断裂所截，总体走向北北东，倾向东，倾角大于50°，延展长度约64km。该断裂为隐伏断裂。据煤田勘查资料，断裂西盘地层为太原组和山西组，东盘为石盒子群，断裂为张性正断裂，推测燕山晚期为其主要活动时期，喜马拉雅期仍有活动。

东阿断裂：为隐伏的区域性大断裂，南起阿城镇，北端被齐广断裂所截，延展长度100km，总体走向北东，倾向北西，为一高角度正断裂。该断裂在西南段为早古生代与晚古生代的分界断裂，北西段切割古生代地层，其断距自南而北逐渐变小。据区域物探资料及钻孔控制，区内断裂断距200～300m。该断裂燕山晚期为其主要活动时期，喜马拉雅期仍有活动。该断裂大致沿潘店航磁异常延展。

3. 北西—北北西向断裂

该组断裂为区域内主要断裂，其形成时期稍早，普遍被其他断裂切割。

刘集断裂：为一规模较大的区域性断裂，是齐河潜凸起的西部边界断裂。该断裂大部分隐伏，南端出露并切割古生代地层，向北交于齐广断裂，总体走向北西，倾向南东，倾角约70°，延展长度约55km，主要活动时期为燕山期。

长清断裂：该断裂南起长清以南，北端被齐广断裂所截，延展长度约76km，总体走向北北西，倾向西，倾角约60°。断裂南端切割古生代地层及前寒武纪侵入岩，出露断裂角砾岩和破碎带。该断裂早期活动表现为张性，晚期为左行张扭性。主要活动时期为燕山期，断裂通过的胡同店一带有地热显示，断裂附近在中国近代有多次地震发生，推测该断裂在喜马拉雅期仍有活动。

桑梓店断裂：为一隐伏断裂，总体走向北西，延展长度约24km。由煤田勘查资料证实，该断裂切割奥陶纪、石炭纪、二叠纪地层，北端切割齐广断裂，并使之发生左行错动。济南岩体周围发育一系列放射性断裂，性质为张性，推断该断裂的产生是由于济南岩浆岩侵位引起，之后发生右行平移，错断了古生代地层。齐广断裂形成之后，该断裂又发生了左行扭动，使齐广断裂发生了左行平移。

文祖断裂：为齐河潜凸起的东部边界断裂，北部隐伏，南端出露，总体走向北北西，倾向西，延展长度大于36km，为一高角度左行张扭的断裂，该断裂向北左行错断齐广断裂并延入济阳凹陷，两盘位移幅度南段大于北段。南段切穿古生代地层，破碎带中角砾岩发育；北部在齐广断裂以南切割二叠系。

三、岩浆岩

区域出露的岩浆岩有太古代岩浆岩和中生代岩浆岩。中生代岩浆岩侵入奥陶纪、石炭纪—二叠纪地层，是铁矿主要赋存层位。

（一）新太古代岩浆岩

新太古代岩浆岩主要分布于泰山-济南断隆泰山凸起构造单元内，多呈岩基、岩株状，主要岩石类型以闪长岩类、花岗岩类为主，普遍遭受区域变质作用和混合岩化作用，构成结晶基底。

(二)中生代岩浆岩

1. 济南序列

区域中生代岩浆岩以燕山晚期侵入岩为主,分布有限,主要为隐伏的李屯岩体、潘店岩体和大张岩体(图5-3,表5-2)。侵入时代厘定为早白垩世燕山晚期。

表5-2 齐河-禹城富铁矿矿集区区域侵入岩划分表

地质年代				岩石谱系单位及代号			
代	纪	世	期	序列	单元	代号	岩性特征
中生代	白垩纪	早白垩世	燕山晚期	济南	马鞍山	$K_1\eta Jm$	中粒辉石二长岩
					燕翅山	$K_1\nu Jy$	细粒辉长岩
					金牛山	$K_1\nu Jj$	中细粒辉长岩
					药山	$K_1\nu Jy$	中粒苏长辉长岩
					茶叶山	$K_1\nu Jc$	中细粒苏长辉长岩
					无影山	$K_1\sigma\nu Jw$	中粒含苏橄榄辉长岩
					萌山	$K_1\sigma\nu Jm$	细粒橄榄辉长岩
					李屯、大张、潘店	待建	闪长岩

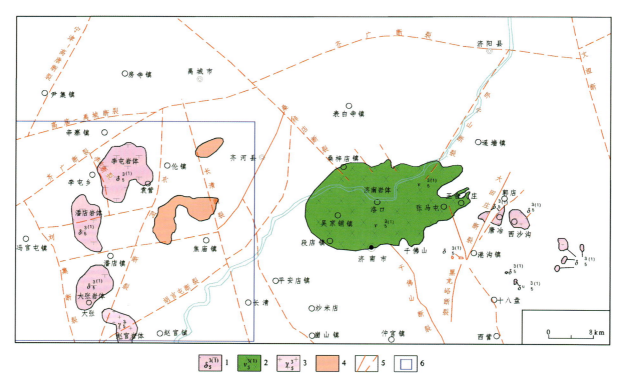

图5-3 齐河-禹城高铁矿矿集区中生代岩浆岩分布示意图(据郝兴中等,2019)
1.闪长岩;2.辉长岩;3.花岗岩;4.岩性不详岩浆岩;5.断裂及推断断裂;6.矿集区范围

李屯岩体、潘店岩体和大张岩体为隐伏岩体,位于济南岩体西部,齐广断裂南侧。岩体主要由闪长岩组成。前期勘查所揭露的岩浆岩岩性特征、磁铁矿产出部位以及矿石特征等,与济南铁矿具有较明显的相似性,位于"济南-金岭成矿带"西部。

2. 岩脉

区内后期脉岩零星分布,齐河大张和禹城李屯矿区钻孔中可见多种类型脉岩产出,如在石炭纪—二叠纪地层或闪长岩体内有辉绿岩脉、伟晶岩脉、煌斑岩脉、斜长岩脉、闪长玢岩脉、细晶岩脉等侵入,细晶岩中可见方铅矿、闪锌矿产出,规模一般较小。

综上所述,齐河-禹城地区发育有奥陶纪马家沟群等碳酸盐岩地层,其岩性主要为青灰色厚层灰岩、豹皮状灰岩夹泥灰岩和角砾状灰岩,岩层厚度500～1200m。该区东部有燕山期岩浆岩侵入活动,以岩床侵入到石炭纪—二叠纪地层和奥陶纪马家沟群中。区内东西向断裂和北东向断裂发育。其中东西向为齐广断裂,属区域性大断裂,具延伸广、落差大等特点,成矿前断裂与岩体接触带的复合部位是矿体形成的有利部位。

四、地球物理场特征

(一)区域重力场特征

从区域重力场的展布特征看(图5-4),区域整体呈现西北低东南高的重力场特征,二者以蒋官屯镇西-博平镇西-冯官屯镇-禹城市的北北东向转北东向大型密集重力梯级带分界,其中蒋官屯镇西至博平镇西梯级带为聊城-兰考断裂在区内的局部反映,博平镇西-冯官屯镇-禹城市梯级带为齐广断裂的重力特征,受二者控制,形成西北部华北坳陷区与东南部鲁西隆起区两个Ⅱ级构造单元。

受区域断裂控制,西北部华北坳陷区内新太古代泰山岩群、古生代寒武系—奥陶系等高密度地层下移明显,同时沉积了厚度可达2000m以上的低密度新生代地层,使西北部重力场值明显降低。与之相反,断裂作用下东南部地块抬升,高密度泰山岩群变质基底和寒武系—奥陶系埋深变浅,导致布格异常值整体升高。

同时受Ⅱ级构造单元内的一系列次级构造影响,形成了坳陷区内的布格重力高和隆起区内的布格重力低,如西北部的高唐重力高、西南部的茌平重力高、中南部的牛角店镇-赵官镇北东向重力高,均推断由断裂控制下的高密度地层抬升引起;另外西南部的乐平铺重力低、北部的伦镇重力低,推断由断裂控制下的中、新生代沉积盆地引起。

区域内存在两处侵入岩体引起的重力高,分别为辉长岩体引起的济南西北部吴家铺镇重力高和中生代闪长岩体引起的杜郎口镇-潘店镇-李屯乡重力高。

(二)区域磁场特征

从区域磁场特征看(图5-5),背景磁场低缓且平稳,与区域布格重力异常图对应分析发现,博平镇-南镇-禹城市的北东向低磁场区与临邑潜凹陷重力低基本对应,乐平铺镇周边的低磁场区与乐平铺潜凹陷基本对应,此类低磁场区内中、新生代地层覆盖较厚且磁性较低或无磁性,同时高磁性的泰山岩群变质基底埋藏较深,使地表磁场明显减弱。区域内高磁场区可大致分为两类,首先是牛角店镇至长清区高磁场区和高唐高磁场区,结合区域地质、钻孔资料推断,此类区域整体由高磁性的新太古代泰山岩群变质基底引起,局部强磁性变质岩可引起一定规模的正磁异常;其次是济南西北吴家铺镇磁异常区和杜郎口镇-潘店镇-李屯乡磁异常区,此类异常已验证分别由具有一定磁性的中生代辉长岩类和闪长岩类引起,是矽卡岩型铁矿床的重点找矿区域。

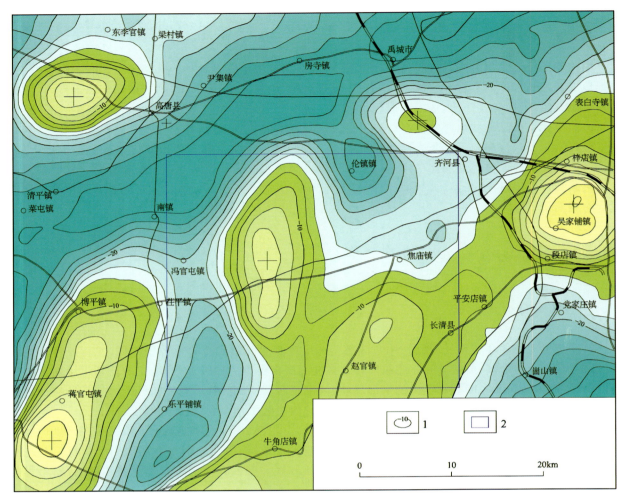

图 5-4　齐河-禹城矿集区区域布格重力异常图（据郝兴中等,2019）
1.布格重力异常等值线及标注（$\times 10^{-5}$ m·s^{-2}）；2.矿集区范围

综观区域重磁场特征,低负磁场区主要由微磁性或无磁性的古生代至新生代沉积地层引起,大规模的高磁场区主要受泰山岩群变质基底控制,局部封闭的正磁异常主要由中生代磁性侵入岩体引起。济南岩体重磁高值异常和杜郎口镇-潘店镇-李屯乡重磁高值异常具有一定的重磁同源性,后者位于本次找矿预测区内,是矽卡岩型铁矿找矿预测工作的重点研究对象。

第二节　齐河-禹城富铁矿矿集区勘查开发简史

本矿集区铁矿勘查工作尚属起步阶段,尚未有已经开发的铁矿床。

一、齐河-禹城富铁矿发现勘查简史

齐河-禹城地区开展煤炭资源勘查的历史比较久,自1957年开始踏勘,至今已经有50余年的历史,先后有多家单位参与勘查活动,取得了丰硕的研究成果。

第五章 齐河-禹城富铁矿矿集区

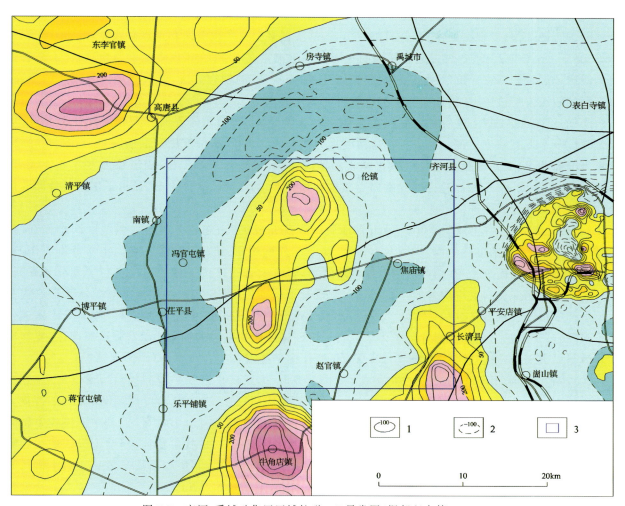

图 5-5　齐河-禹城矿集区区域航磁 ΔT 异常图（据郝兴中等，2019）
1.正磁异常等值线及标注(nT)；2.负磁异常等值线及标注(nT)；3.矿集区范围

该区的地质工作在 2000 年之前主要以煤田勘查为主，2000 年以后，随着全省深部找矿工作的逐步推进，矿集区及周边陆续开展了以铁矿勘查为主的航磁测量、重力测量、电法测量及钻探工作，在齐河-禹城深覆盖区的铁矿勘查和科研工作取得了重要进展。

2006—2008 年，山东省地质调查院在《东平—汶上地区铁矿调查评价项目成果报告》中对潘店磁异常进行了潜力分析，在牛角店异常的大李地区进行了钻探工作，在孔深 1111m 处见到闪长岩体。普查区位于牛角店异常北邻，推断大李异常深部隐伏中基性岩体；推测潘店异常是接触交代型富铁矿引起，并圈出了预测靶区。

2009 年，在中国地质调查局《东部地区铁铜矿产资源综合评估成果报告》中对潘店磁异常也进行了评述和预测，推测潘店异常是接触交代型富铁矿（矽卡岩型铁矿）引起。

2011 年，山东省地质调查院完成的"山东省重要矿产资源潜力评价"项目认为该区具有矽卡岩型铁矿的成矿条件；项目中对潘店航磁异常进行了潜力预测，圈定 4 个最小预测区，预测接触交代型铁矿矿石量 1510 万 t。

2010—2014 年，中国地质调查局国土资源航空物探遥感中心承担了地质大调查项目"鲁豫皖相邻地区 1∶5 万航磁调查"，此次大比例尺、高精度航磁调查新发现航磁异常 1161 处，极大地丰富了区域磁场面貌和异常信息。该 1∶5 万航磁调查项目在矿集区及周边开展，目的是探索平原覆盖区矿产勘查新

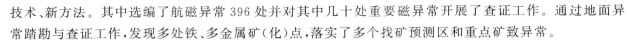

技术、新方法。其中选编了航磁异常396处并对其中几十处重要磁异常开展了查证工作。通过地面异常踏勘与查证工作,发现多处铁、多金属矿(化)点,落实了多个找矿预测区和重点矿致异常。

2013—2016年,山东省煤田地质规划勘察研究院承担完成了2013年度省级勘基金项目"山东省齐河县潘店地区铁矿调查评价",项目采用"物探先行,钻探验证"的勘查方法,首次在该区发现了品位高、厚度大的矽卡岩型铁矿,区内地质找矿工作取得突破性进展。

2013—2016年,中化地质矿山总局山东地质勘查院完成了"山东省齐河县大张地区铁矿普查"项目,通过1:1万高精度磁测、1:2.5万高精度重力测量、1:5000高精度磁测剖面测量、1:5000高精度重力剖面测量、大地电磁测深(MT)、机械岩芯钻探、三分量磁测井等工作,圈定重力异常2处(G-1、G-2)、圈定磁异常1处,钻探验证磁异常均为磁铁矿致异常,揭露磁铁矿体1个,显示了该区具备形成接触交代型铜及多金属矿产的可能。

2016—2018年,中化地质矿山总局山东地质勘查院完成的"山东省齐河县大张地区铁矿普查(续作)"项目,开展了大地电磁测深、机械岩芯钻探、井中三分量磁测、样品采集等工作。本次普查工作,通过大地电磁测深剖面测量,并结合区内已知地质资料,对本次普查区内的地层层序进行了划分和推断,并对大地电磁测深资料反应明显的主要断裂构造进行了推断,并结合已知钻孔资料对矿体赋存位置及规模进行了推断。根据ZK001、ZK002钻孔资料及本次ZK003井中三分量磁测资料,对Ⅰ号矿体进行了重新圈定;于闪长岩内部揭露Ⅱ号矿体。综合评价该区矿床类型为接触交代型富磁铁矿床,主要产出在岩体与中奥陶统碳酸盐岩的接触带上以及闪长岩体内的捕虏体中。

2017—2018年,山东省地质调查院完成了"山东齐河-禹城矿集区找矿预测"项目,通过1:5万专项地质填图、1:5万区域重力测量(琉璃寺幅、伦镇幅、潘店幅)、1:5000高精度磁测剖面、1:1万重力剖面测量、大地电磁测深、机械岩芯钻探及各类岩矿分析等手段,圈定了4找矿靶区,其中Ⅰ级找矿靶区3个,Ⅲ级找矿靶区1个,分别为潘店Ⅰ级铁矿找矿靶区、大张Ⅰ级铁矿找矿靶区、李屯Ⅰ级铁矿找矿靶区、薛官屯Ⅲ级铁矿找矿靶区。实施验证钻孔(PZKI、DZKI)均见矿,其中在潘店异常区PZKI钻孔的1 444.44~1 542.19m段共揭露5层铁矿体,厚度56.94m,平均品位TFe 51.82%、mFe 47.20%;大张异常区的西侧施工了DZK1钻孔,累计见矿厚度17.53m,平均品位TFe 59.75%、mFe 57.06%。预测区内矽卡岩型铁矿总远景资源量14 899.88万t。

2019年至今,山东省地质调查院承担了"山东齐河-禹城矿集区矿产地质调查"项目,该项目是中国地质调查局发展研究中心实施的"重要锡、锰等矿集区矿产地质调查"子项目。该矿产地质调查工作在大张异常区进行了系统的调查评价工作,在大张异常区北东侧苏塘子村施工了DZK2钻孔,该孔未揭露铁矿体,但在井中三分量磁测过程中,在1039m处大理岩和岩体接触带处发现了相对较为明显旁侧磁异常,表明该区有高磁性体的存在,为铁矿体的可能性较大,是指示今后勘查工作的重要依据。

第三节 齐河-禹城矿集区矿床基本特征

一、齐河-禹城矿集区富铁矿的分布特征

根据矿集区内以往勘查工作资料,区内有李屯、大张、潘店3处矿产地,目前仍在勘查中。各矿区情况如表5-3和图5-6所示。

表 5-3 齐河-禹城富铁矿矿集区矿床信息统计表

矿区名称	行政区划	矿体空间分布	资源量	规模
李屯	禹城市李屯乡、辛寨镇	李屯铁矿位于李屯次级磁异常区北西侧，铁矿体发育于石炭纪—二叠纪（碎屑岩）地层、奥陶纪（碳酸盐岩）地层以及奥陶纪地层与闪长岩体接触带处	推断的资源量 1 000.80 万 t（截止到 2018 年）	中型
大张	齐河市潘店镇	大张铁矿位于大张次级磁异常区南西侧，可分为Ⅰ、Ⅱ号铁矿体，Ⅰ号铁矿体赋存于奥陶纪（碳酸盐岩）地层与闪长岩接触处，Ⅱ号矿体呈捕虏体状发育于闪长岩体内	推断＋远景资源量 2 870.00 万 t（截止到 2018 年）	中型
潘店	禹城市李屯乡、莒镇、齐河县潘店镇、高唐县琉璃寺镇、茌平区冯官屯镇	潘店铁矿位于潘店次级磁异常区西侧，铁矿体产于石炭纪—二叠纪（碎屑岩）地层、奥陶纪（碳酸盐岩）地层以及奥陶纪地层与闪长岩体接触带处		

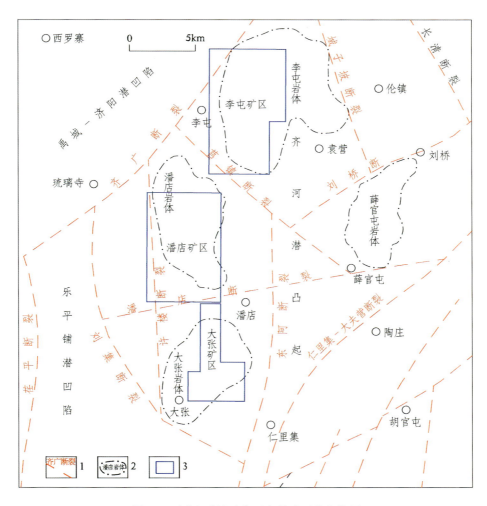

图 5-6 齐河-禹城矿集区富铁矿区分布简图
1.推断断裂；2.推测隐伏岩体范围；3.矿集区范围

矿集区内矽卡岩型铁矿的成矿地质体为中-基性侵入岩体，成矿机制为中-基性岩浆侵入到奥陶纪马家沟群碳酸盐岩地层中，在岩体与地层接触带附近发生接触交代作用形成矽卡岩带，并在有利部位富集进而形成矽卡岩型铁矿床。

矿集区内李屯和潘店铁矿埋藏较深，矿体厚度较大；大张铁矿相对较浅，厚度较薄。铁矿赋存形式多样，大致可分为接触带赋存式、层间充填式、断裂充填式、裂隙贯入式、捕房体构造式等（表5-4），铁矿体呈层状、似层状、透镜状、脉状、囊状及不规则状。铁矿石品位均较高，均为矽卡岩型富铁矿。

表5-4 齐河-禹城矿集区铁矿体产出形态特征表

铁矿赋存形式	赋存部位	矿体赋存部位岩矿石分布特征	备注
接触带赋存式	产于地层与岩体间接触带处的铁矿体	矿体赋存部位附近发育灰岩、岩体、矽卡岩等岩石系列组合，蚀变带发育完整	主要
断裂充填式	产于各种断裂带中的铁矿体	矿体受断裂（破碎）带控制，铁矿体呈不规则状，具有尖灭再现特征，蚀变带较为局限	次要
层间充填式	产于地层内部，大致与地层平行的铁矿体	矿体顺层产于沉积地层中，其顶、底板为厚层灰岩地层，局部或保留小规模岩体，蚀变带发育一般	次要
裂隙贯入式	产于地层中，近于垂直裂隙中的铁矿体	岩层裂隙中贯入富矿热液形成脉状铁矿体，矿体形态严格受裂隙控制，与两侧岩性截然不同，蚀变带不发育	次要
捕房体构造式	产于岩体内部的铁矿体	灰岩地层呈捕房体状进入岩体内部形成铁矿体；矿体上部、下部可见较厚侵入岩体，矿体附近偶尔发育少量灰岩、矽卡岩等，蚀变带较为局限	次要

二、成矿时代

王玉往（2017）对大张铁矿和李屯铁矿闪长岩中锆石进行 LA-ICP-MS 定年分析，大张岩体闪长岩锆石加权平均年龄为（131.6±1.7）Ma（MSWD=2.6）；李屯闪长岩锆石加权平均年龄为（130±2.3）Ma（MSWD=1.5），所以，该区闪长岩体侵位时代为130Ma左右，与区域上济南张马屯、莱芜铁铜沟岩体的形成时代一致，这也与区域上火山岩形成时代一致（123~129Ma）。因此从时间上来看，矿床的形成与闪长岩密切相关。

从成矿时代来看，大张铁矿与李屯铁矿、鲁西地区济南、淄博和莱芜的铁矿具有一致的成岩成矿时代，说明早白垩世矿集区是重要的成岩成矿事件时期；从成矿岩体特征看，矿集区及周边地区接触交代型铁矿成矿岩体共同特征是岩性基本都是中基性岩体，有些岩体为复式岩体，但成矿多与闪长质岩石相关；岩石组成中大张铁矿和北部的李屯铁矿更偏酸性一些，岩石中都有石英出现，而其他3个矿床则更偏基性；从成矿元素组成来看，大张铁矿和北部的李屯铁矿成矿元素以 Fe 为主，基本不含 Co，而济南、莱芜铁矿则含有 Co；从蚀变类型看，岩石的蚀变类型基本相似，都发生矽卡岩化、绢云母化、黏土化等蚀变，且闪长岩体内多含暗色包体，有的还含有金云母、绿泥石气囊，显示一种岩浆混合和气液活动显著的特征；从岩体面积看，形成面积都较小。

综上所述，齐河-禹城矿集区富铁矿与济南张马屯（辉长岩130.2Ma，Xie et al,2015）、淄博金岭铁矿（高镁闪长岩129Ma，Yang et al,2015）、莱芜铁矿（闪长岩131Ma，韩鎏，2014）的成矿地质体形成时代一致，初步判断鲁西地区接触交代型铁矿可能为同一时期岩浆作用的产物，都形成于早白垩世。区内岩体形成与铁矿的形成具有着十分密切的联系，结合区内中生代侵入岩产出相关地质特征和测试数据，总体认为该莱芜式铁矿形成于早白垩世，属中生代燕山晚期。该时期除了形成大量侵入岩之外，火山作用也同样比较强烈，代表性的青山组火山岩，分布于邹平、莱芜、平邑等盆地中，主要岩石类型为玄武岩、安山岩等，前人获得全岩 K-Ar 年龄为 128~130Ma（Guo et al.,2003）。

三、矿床成因

根据矿集区内铁矿勘查工作，齐河-禹城富铁矿矿集区主要赋矿围岩为马家沟群灰岩，矿体主要赋存于闪长岩与奥陶系灰岩，石炭系—二叠系砂岩、粉砂岩地层的接触带，或产于矽卡岩中，且与矽卡岩呈互层状产出。矿石矿物以磁铁矿为主，含黄铁矿、黄铜矿、磁黄铁矿等硫化物，脉石矿物有石榴子石、透辉石、透闪石、阳起石等，围岩蚀变主要为矽卡岩化，其次有钾长石化、大理岩化、绢云母化、黄铁矿化等。根据这些基本地质特征初步判定矿集区成因类型为接触交代成因铁矿类型。

矿集区内燕山晚期岩浆活动强烈，成矿岩体主要为李屯东侧、潘店北西侧、大张北西侧及薛官屯北东侧的中-基性侵入岩，岩性主要以闪长岩为主（矿物成分为斜长石、角闪石、黑云母、钾长石、石英等），还发育有辉长岩、闪长玢岩等。矿集区中奥陶纪马家沟群碳酸盐岩地层分布广泛，该地层单元是区内矽卡岩型铁矿的主要控矿围岩，同时在石炭纪—二叠纪地层中也发现有部分铁矿体。区内控矿构造以接触带构造为主，也有部分层间构造，矿体产出样式以接触交代式（主要赋存于岩体与灰岩接触带上，如图5-7A 所示）、断裂充填式（矿体赋存于断裂构造破碎带中，如图 5-7C 所示）、贯入型铁矿体（矿液贯入岩层裂隙中，与两侧岩性截然不同，如图5-7B所示）、捕虏体构造式（因碳酸盐地层呈捕虏体产于岩体内部形成的铁矿体，如图 5-7D 所示）等铁矿赋存方式为主。综合以上特征，工作区及周边地区接触交代型铁矿与邯邢式（莱芜式）铁矿具有更多的相似性，因此初步判定其属邯邢式（莱芜式）铁矿的成因亚类。

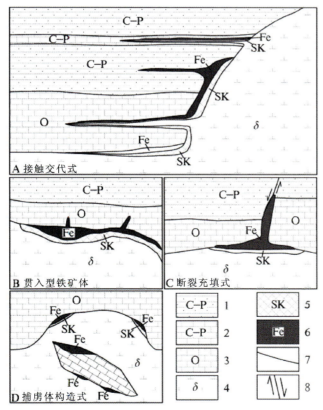

图 5-7 齐河-禹城矿集区铁矿成矿结构面特征（据郝兴中等，2019）
1.石炭纪—二叠纪碎屑岩；2.石炭纪—二叠纪灰岩；3.奥陶纪灰岩；
4.闪长岩体；5.矽卡岩带；6.铁矿带；7.地质界线；8.断裂带

四、找矿标志及找矿模型

（一）找矿标志

齐河-禹城矿集区铁矿的形成在空间上与闪长岩体具有密切的联系，主要表现在矿体主要赋存于闪长岩与上覆奥陶系灰岩石炭系—二叠系砂岩、粉砂岩地层接触带，在地层中有明显的矽卡岩化特征。以往研究工作表明，矿集区内铁矿体多赋存于磁异常高值区、化极异常高值区和等值线同步外凸部位。铁矿体发育处表现为重力异常高值区与低值区的梯度带附近；电法剖面的高—低电阻率过渡带的地段是矽卡岩带分布的重要部位。根据相关找矿预测理论和区内铁矿勘查成果，结合济南、莱芜、金岭等地区铁矿勘查成果及其他地区科研成果，矿集区内矽卡岩型铁矿的找矿标志可分为地层标志、岩体标志、构造标志、围岩蚀变标志、地球物理标志等（表5-5）。

表5-5 齐河-禹城地区矽卡岩型铁矿找矿标志表

标志分类		详细内容
地层标质		奥陶纪碳酸盐岩地层和石炭纪—二叠纪碎屑岩地层
岩体标志		角闪(石英)闪长岩、黑云母闪长岩、透辉(石英)闪长岩等
构造标志		侵入岩体和地层接触带构造及其附近断裂构造交会部位、岩体凹部构造、层间破碎构造、捕房体构造、地层张性裂隙构造等
围岩蚀变标志		磁铁矿化、矽卡岩化、钠长石化、蛇纹石化、金云母化等与成矿关系密切
地球物理标志	磁异常	在磁异常明显和化极磁异常强烈部位，磁异常强度较高处并有负异常伴生部位多为铁矿体所引起的
	重力异常	重力场特征主要为重力梯度带上，或呈现低背景中的重力高，剖面上呈现局部重力高
	电法异常	在电法勘查中，高阻和低阻的过渡带是显示矽卡岩带分布的重要部位

（二）找矿模型

隐伏区是当前和今后矿产勘查的重点工作区域（陈伟军等，2008）。根据区域内成矿规律研究工作（赵一鸣等，1986；郑建民等，2007；叶天竺等，2014；唐毅等，2017；郝兴中等，2018a；黄建中等，2020）表明，研究区在燕山晚期发生了幔源岩浆上侵活动，在与奥陶纪碳酸盐岩地层接触过程中进行了复杂的物理化学反应，侵入岩体与地层接触部位发生的接触交代作用致使铁质成分析出形成富矿热液，在地层和岩体接触带处、相关地层层间滑脱或裂隙部位、岩体内部裂隙等空间富集形成了各种样式的铁矿体；燕山活动后的构造过程对已形成的铁矿体发生了改造。在"三位一体"勘查区找矿预测理论（叶天竺等，2014，2017）的指导下，对区域相关铁矿勘查工作进行了分析研究（聂凤军等，2007；唐菊兴等，2013；于淼等，2016；史蕊等，2018），总结了研究区有关成矿地质背景、成矿地质体、成矿构造、成矿作用特征标志、地球物理特征等方面的综合找矿预测模型（表5-6）。

表 5-6　齐河-禹城矿集区矽卡岩型铁矿"三位一体"综合找矿预测模型一览表

预测要素		描述内容	重要性
成矿地质背景	成矿区（带）	济南-淄博-临朐-齐河-禹城煤、铁、铝土矿成矿带（Ⅳ）	重要
	大地构造位置	鲁西隆起区（Ⅱ），鲁中隆起（Ⅲ），泰山-济南断隆（Ⅳ），齐河潜凸起（Ⅴ）	重要
	成矿环境	中基性岩浆侵入到古生代奥陶纪碳酸盐岩（部分为石炭纪—二叠纪碎屑岩）地层中发生成矿作用	必要
成矿地质体	类型	中基性侵入岩，以闪长岩为主，辉石闪长岩次之	必要
	空间分布	分为李屯岩体、潘店岩体、大张岩体、薛官屯岩体	重要
	侵入时代	早白垩世（131～130Ma）	必要
成矿结构面	赋矿位置	中基性侵入岩与灰岩接触带处、奥陶纪与石炭纪—二叠纪地层内部、侵入岩体内部	必要
	类型分类	接触带赋存式、层间充填式、断裂充填式、裂隙贯入式、捕虏体构造式等	必要
	空间特征	铁矿体呈(似)层状、透镜状、囊状、脉状和不规则状等	必要
成矿作用特征标志	蚀变分带	闪长岩带—蚀变闪长岩带—内矽卡岩带—铁矿体—外矽卡岩带—大理岩化带—灰岩带	重要
	蚀变类型	磁铁矿化、矽卡岩化、钠长石化等现象与成矿关系密切	重要
	矿物组合	磁铁矿、黄铜矿、黄铁矿、方解石、石英、绿帘石、绿泥石、石榴子石等	重要
	矿石类型	以块状为主，兼有浸染状、角砾状、网脉状等	必要
	结构构造	半自形—他形粒状结构；致密块状构造、浸染状构造、角砾状构造等	必要
	矿化阶段	热变质作用阶段、矽卡岩化阶段、磁铁矿-氧化物阶段、金属硫化物阶段、碳酸盐化阶段	必要
	剥蚀程度	大张、李屯、潘店地区铁矿体未遭受剥蚀；袁营地区侵入岩体遭部分剥蚀	必要
物探特征	物性特征	铁矿石呈强磁性、高密度性、高极化性和低阻性等，与其赋矿地层、侵入岩体及矽卡岩带具明显差异	必要
	重力特征	布格重力高值区及梯度带较陡处，剩余重力高值区	重要
	磁性特征	磁异常强度较高及其梯度较陡处，多条等值线同向外凸部位，化极磁异常高值区，正负磁异常强度转折梯度较陡部位	必要
	电性特征	在电法高阻和低阻的过渡带（主要成矿界面）	重要

第四节　齐河-禹城矿集区典型矿床

一、李屯铁矿

（一）矿区位置

李屯矿区位于禹城市区南西约20km处，行政区划隶属禹城市李屯乡、辛寨镇。

（二）矿区地质特征

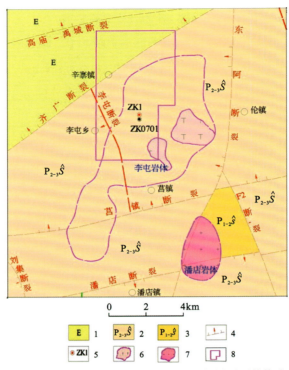

图 5-8　李屯铁矿前新近纪基岩地质构造图（据周明磊等修改，2017）
1.新近系；2.石盒子群；3.山西组；4.正断裂；5.钻孔位置及编号；6.闪长岩；7.花岗岩；8.普查区范围

1. 地层

本区地表为第四系覆盖，区内赋存地层自下而上为奥陶纪马家沟群、石炭纪—二叠纪月门沟群、二叠纪石盒子群、新近系和第四系。

奥陶纪马家沟群在区域内分布广泛，为一套陆表浅海相碳酸盐岩沉积建造，岩性以灰岩和白云岩为主，其上与石炭系地层不整合接触，奥陶纪碳酸盐岩是接触交代型铁矿的重要控矿围岩，闪长岩体主要侵位于奥陶系；石炭系—二叠系主要为泥岩、砂岩、粉砂岩等，主要由一套陆相与海陆交互相沉积的砂岩及泥岩组成，在钻孔中还可见含黄铁矿、黄铜矿的黑云母-碳酸盐岩脉侵入；二叠纪石盒子群主要由一套陆相沉积的以灰色、浅黄绿色为主的泥岩、砂岩，偶夹薄层铝土岩，偶见碳质泥岩，有岩浆岩呈岩床侵入，岩性主要为辉长岩、辉绿岩、煌斑岩等。新近系主要由褐黄色、棕红色、灰绿色、紫色砂质泥岩、泥岩、粉砂岩、细砂岩组成，局部夹灰色中砂岩，底部灰白色含砾砂岩，与下伏地层呈角度不整合接触；第四系南薄北厚，主要岩性为灰色、褐灰色、黄色、黄绿色黏土，砂质黏土及砂层。

2. 构造

矿区内断裂构造不发育，区内以及周边区域的断裂构造特征与区域一致，各断裂的性质与产状主要受齐广断裂、刘集断裂及东阿断裂等区域性断裂构造的控制。断裂互相切割形成断块，各断块内古生代地层埋藏深度各有差异，但总体上表现为南东浅北西深，由阶梯状断块组成的向北西倾斜的单斜构造形态，地层产状总体较缓，局部发育次一级褶曲。普查区内断裂及褶曲构造不发育，仅分布有齐广断裂、李屯断裂。

3. 岩浆岩

李屯矿区内岩浆岩为隐伏产出，根据物探成果推断及钻探揭露，区内岩体主要为李屯岩体，分布于齐广断裂、务头断裂及莒镇断裂之间，总体呈北北东向展布，岩体东南侧向内凹陷，平面形态整体呈不对称"马蹄"形，分布面积约71km^2。岩体上部以中基性岩为主，岩性主要为闪长岩类和辉长岩类。

4. 围岩蚀变

本区接触变质与接触交代变质作用强烈，矿体两侧围岩及岩体内均发育不同程度的蚀变作用，主要有矽卡岩化、钾化、绢云母化、绿帘石化及绿泥石化等，近矿围岩大多可见矽卡岩化，但矽卡岩化强度相对较低，宽度相对较窄，与周边张家洼、金岭等矽卡岩矿床具有一定差别，同时围岩中碳酸盐岩不发育，因而大理岩化不发育，角岩化较强。矿床围岩蚀变具有一定分带特征，从地层至岩体依次为砂泥岩地层、角岩、矽卡岩、磁铁矿体、矽卡岩化、角岩、绿帘石、绿泥石化、绢云母化、钾化、新鲜岩体。

（三）地球物理特征

1. 高精度磁测特征

在1∶1万地面高精度磁测 ΔT 等值线平面图上，该区地磁异常带由3个封闭的次级异常组成，由南向北为大张异常区、潘店异常区、李屯异常区，磁异常峰值分别为320nT、160 nT、200 nT。异常带总体走向近北北东，等值线近规则的椭圆形，异常最大长度约33km，最大宽度约8km。

李屯地磁异常近似等轴异常，异常总体走向北北东向，其中局部异常各有趋向。以20nT等值线圈定，异常南北长约13km，东西宽约10km，异常中心最大值为270nT，等值线形态规则、圆滑、宽缓。整个异常北段狭窄收敛，中间膨大，南端收敛圆滑，似"葫芦状"，异常多处有鼓凸现象，异常东侧100～260nT等值线趋向东南凸出，北西侧40nT等值线明显向外凸出，北侧的100～260nT等值线也有鼓凸现象，其北东侧100～200nT等值线呈舌状伸出。

2. 重磁剖面特征

依据矿区地质特征和矽卡岩型铁矿成矿机制，建立地质-地球物理模型，对P1剖面曲线进行了重磁联合反演计算，反演及 ΔT 剖面化极采用中国地质调查局研发的Rgis2011软件，利用感磁加一半剩磁测地方法求出模型磁性体的磁化强度为6.0A/m，密度为2.81g/cm^3，模型的有效磁化倾角为107.084°，忽略了第四系与新近系的磁化强度，密度取1.50g/cm^3，石炭系—二叠系磁化强度取2.0A/m，密度取2.60g/cm^3，奥陶系磁化强度取1.2A/m，密度取2.80g/cm^3，闪长岩体磁化强度取4.0A/m，密度取3.00g/cm^3，磁铁矿磁化强度取9.0A/m，密度取4.00g/cm^3。反演结果如图5-9，重磁同源磁性地质体为以闪长岩类为主的岩浆岩体，顶部埋深900m左右，剖面地层基本为奥陶纪地层，剖面的东部为二叠纪地层，剖面的西部（齐广断裂以北）为侏罗纪地层。岩浆岩侵入奥陶纪地层，铁矿成矿地段位于岩体与围岩接触带上，地面上位于1200点附近，该点对应布格重力高、ΔT 化极高以及 ΔT 曲线梯级带附近，解释为铁矿赋存引起，预测埋深在1200～1300m之间。

根据地面高精度磁测资料以及P1重磁剖面曲线的反演结果，布置验证钻孔ZK1，在孔深1 157.38m见磁铁矿，揭露4层矿体，累计厚度72.73m，验证该异常为深部磁性体引起。

在李屯地区的见矿钻孔中，在矿体发育地段主要发育了石炭纪—二叠纪地层，在主要见矿钻孔（ZK1）中上方为石炭纪—二叠纪地层，部分铁矿体（矿脉）产于二叠纪地层中。在ZK1钻孔中发现的百余米厚的矿体，以往认为石炭纪—二叠纪地层为其赋矿地层。研究发现，该区分布石炭纪—二叠纪地层和奥陶纪地层，在矽卡岩带后直接揭露铁矿体。由此可以推断，区内铁矿含矿（或富矿）热液主要形成于

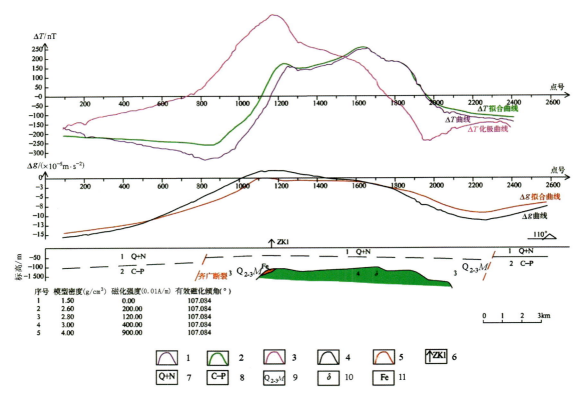

图 5-9　李屯铁矿 P1 线重磁剖面曲线 2.5D 反演结果图(据周明磊等修改,2017)
1.实测 ΔT 曲线;2.ΔT 拟合曲线;3.ΔT 化极曲线;4.实测 Δg_a 曲线;5.Δg_a 拟合曲线;6.钻孔位置及编号;
7.第四系+新近系;8.石炭系—二叠系;9.奥陶系马家沟群;10.燕山期闪长岩;11.铁矿体

奥陶纪地层中,在岩浆继续上侵的过程中,部分富矿热液进入石炭纪—二叠纪地层中,并最终成矿,在 ZK1 钻孔施工的部位即为其主要赋矿位置(偏离了奥陶纪地层),虽未见明显的奥陶纪地层,但可以推断主矿体发育位置主要位于奥陶纪地层中。由此可知,李屯地区的成矿地层为奥陶纪地层,赋矿地层则为奥陶纪和石炭纪—二叠纪地层。对于铁矿勘查而言,奥陶纪地层分布及其与岩体之间的空间(接触)关系,是该区铁矿及其整个矿集区铁矿找矿预测的最重要环节。

(四)矿体特征

截至 2019 年,在李屯地区磁异常周围共施工了异常查证钻孔 2 个,其中在李屯异常区西侧施工的 ZK1 钻孔见矿效果良好,共揭露 4 层矿体,铁矿体赋存于石炭纪—二叠纪地层中,赋存深度在 890m 以下,4 层矿体总厚度 72.73m,其中Ⅳ号矿体厚度较大,Ⅲ号矿体较薄,各矿体顶、底板围岩以矽卡岩为主。矿体走向大致为 350°,倾向 260°,倾角为 65°(图 5-10,表 5-7)。在李屯异常区的西北侧、线距 400m 处施工的 ZK0701 钻孔仅见 3 层薄层铁矿体,厚度分别为 0.51m、0.77m、0.50m,位于孔深 1064～1130m 附近,赋存于石炭纪—二叠纪地层中。

1. 矿体特征

Ⅰ号矿体:钻孔见矿深度 1 157.38～1 166.72m,真厚度 5.67m。矿体单样品最高品位 TFe 为 58.86%、mFe 为 52.49%;最低 TFe 为 55.18%、mFe 为 42.67%;矿体加权平均品位 TFe 为 56.29%、mFe 为 46.58%。品位变化属均匀型;顶、底板均为矽卡岩,矿体与顶板为突变接触关系,与底板为渐变接触关系。

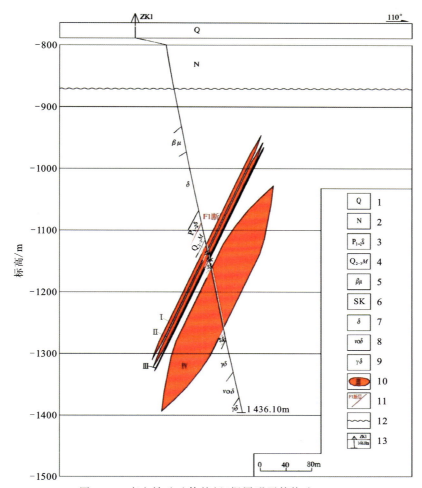

图5-10 李屯铁矿矿体特征(据周明磊等修改,2017)

1.第四系;2.新近系;3.山西组;4.马家沟群;5.辉绿岩;6.矽卡岩;7.闪长岩;8.石英辉长闪长岩;
9.辉长闪长岩;10.铁矿体及编号;11.断裂及编号;12.角度不整合界线;13.钻孔位置及编号

表5-7 李屯矿区各矿体ZK1钻孔见矿厚度及品位变化情况统计表

矿体编号	见矿孔深/m	真厚度/m	矿体平均品位/%		品位变化系数/%		顶、底板	
			TFe	mFe	TFe	mFe	顶板	底板
Ⅰ	1 157.38~1 166.72	5.67	56.29	46.58	1.69	3.40	矽卡岩	矽卡岩
Ⅱ	1 169.87~1 178.64	5.32	45.83	32.12	6.65	9.01	矽卡岩	矽卡岩化白云岩
Ⅲ	1 180.70~1 182.70	1.21	35.39	22.29	7.50	8.25	矽卡岩化白云岩	矽卡岩化白云岩
Ⅳ	1 196.93~1 296.49	60.53	58.18	54.49	12.02	12.69	矽卡岩化白云岩	矽卡岩

Ⅱ号矿体:钻孔见矿深度1 169.87~1 178.64m,真厚度5.32m。矿体单样品最高品位TFe为50.36%、mFe为38.07%;最低TFe为29.27%、mFe为9.80%;矿体加权平均品位TFe为45.83%、mFe为32.12%;品位变化属均匀型;顶板为矽卡岩,呈渐变接触关系;底板破碎,为矽卡岩化白云岩,角砾状。

Ⅲ号矿体:钻孔见矿深度1 180.70~1 182.70m,真厚度1.21m。最高品位TFe为45.88%、mFe为33.85%;最低TFe为30.89%、mFe为17.34%;矿体加权平均品位(2个样)TFe为35.39%、mFe为22.29%。本矿层处于破碎带中,矿心破碎。底板为角砾状矽卡岩化白云岩。

Ⅳ号矿体:钻孔见矿深度 1 196.93~1 296.49m,真厚度 60.53m。矿体单样品最高品位 TFe 为 68.85%、mFe 67.07%;最低 TFe 为 9.46%、mFe 为 4.23%;矿体加权平均品位 TFe 为 58.18%、mFe 为 54.49%。品位变化系数 TFe 为 12.02%、mFe 为 12.69%,品位变化属均匀型;顶板为矽卡岩化白云岩,底板为矽卡岩,与顶、底板均为渐变接触关系。

(五)矿石特征

1. 矿石矿物成分

矿石矿物主要为磁铁矿,脉石矿物主要有石英、斜长石、辉石、黄铜矿等。

2. 矿石化学成分及共伴生矿产

据组合分析结果,矿石的化学成分主要有 SiO_2、CaO、MgO、Al_2O_3、Cu、P、S,有害组分中,除 S 含量较高外,其余化学成分含量均较低。各造渣组分 CaO 含量 0.74%~4.07%;MgO 含量 0.64%~5.21%;SiO_2 含量 2.07%~11.10%;Al_2O_3 含量 0.40%~6.34%,含量均较低。

3. 结构构造

矿石结构主要为他形粒状结构;以块状构造为主,局部有稠密浸染状构造、细脉状或角砾状构造。

4. 矿石类型

矿石自然类型:按矿石成因类型划分,属接触交代(矽卡岩)型磁铁矿。按矿石中主要矿石矿物种类划分,矿石的自然类型主要为磁铁矿,少量为含黄铜矿磁铁矿。按矿石的构造划分,为致密块状矿石。

矿石工业类型:Ⅰ号、Ⅳ号矿体 TFe 平均含量为 56.29%、58.18%,S 含量 1.32%~3.48%,综合评价应属炼铁用铁矿石;Ⅱ号、Ⅲ号矿体 TFe 平均含量分别为 45.83%、35.39%,应属需进行选矿的铁矿石。铁矿石中 SiFe+CFe+SFe 含量较低,矿床磁性铁(mFe)占全铁(TFe)比例为 96.15%。

(六)围岩和夹石

Ⅰ号矿体顶、底板围岩均为矽卡岩。Ⅱ号矿体顶板围岩即为Ⅰ号矿体底板围岩;底板为破碎带,成分以灰质白云岩为主。Ⅲ号矿体顶板围岩即为Ⅱ号矿体底板围岩;其底板为矽卡岩化白云质灰岩。Ⅳ号矿体顶板围岩即为Ⅲ号矿体底板围岩;底板为石榴子石辉石矽卡岩及石榴子石石英岩。

矿体中多层夹石,均为矽卡岩,矿物成分主要有长石、石英、磁铁矿、黄铜矿、绿泥石等,夹石与矿体多为渐变接触关系。

二、大张铁矿

(一)矿区位置

大张铁矿位于山东省德州市齐河县与聊城市茌平县交界处,位于齐河县城西南约 40km,行政区划隶属于齐河县潘店镇。

(二)矿区地质特征

大张铁矿全部为第四系覆盖,基岩隐伏,奥陶纪马家沟群灰岩发育广泛,燕山晚期闪长岩侵入体发育,二者接触带部位具有形成接触交代型铁矿的良好地质条件。普查区内构造较发育,部分构造为成矿期后形成,对矿体的厚度以及连续性起破坏作用(图 5-11)。

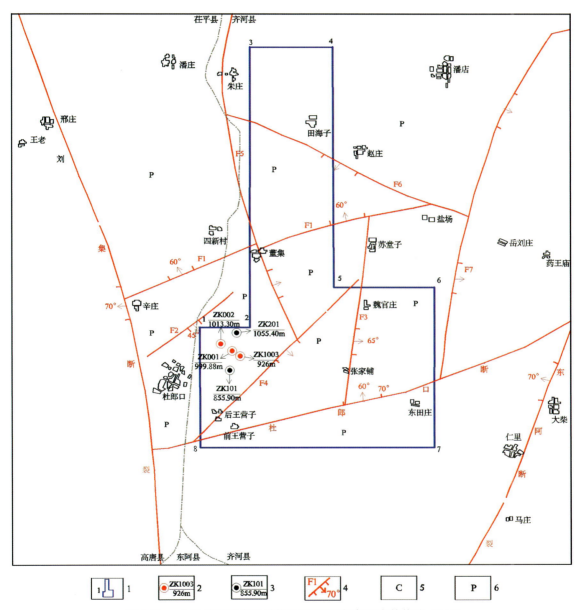

图 5-11 大张铁矿基岩地质构造纲要图(据郝兴春等修改,2016)

1.普查区范围;2.见矿钻孔编号及孔深;3.未见矿钻孔编号及孔深;4.断裂及编号;5.石炭系;6.二叠系

1. 地层

区内被第四系覆盖,根据已施工的钻孔资料揭露,区内地层自下而上为中上奥陶统、石炭纪本溪组及太原组、二叠纪山西组和石盒子群、新近系及第四系。与成矿有关的地层为奥陶纪马家沟群。马家沟群主要岩性为厚层灰岩,夹泥灰岩、白云质灰岩及豹皮灰岩。岩石呈灰色,隐晶质结构,表面光滑,较硬,致密,局部黄铁矿发育,呈团块状、星点状,厚度82～105m。

2. 构造

区内断裂发育,主要为北北西—北西向、北东东—北东向两组断裂,以北东向断裂最为发育,矿区及周边主要发育有刘集断裂、东阿断裂、杜郎口断裂。通过对矿区的重磁数据进行综合分析,推断3条有明显磁异常反映,且具有一定规模的断裂构造,编号为$F_1 \sim F_7$。

3. 岩浆岩

区内的岩浆岩暂定名为大张岩体,隐伏产出。根据重力、磁测资料推断,位于赵庄-李庄-杜郎口-张铺西一带,岩体呈北北东向展布,中部略宽,南北略窄,近似椭圆形状,分布面积大致$36km^2$,表现为高重力、磁力高背景特征。异常宽缓,反映了岩体埋藏较深,推断该岩体为类似济南岩体的中基性杂岩体。岩性主要为闪长岩,在闪长岩内偶尔穿插闪长玢岩。

4. 围岩蚀变

矿区内近矿围岩均有不同程度的蚀变,经受的主要蚀变作用有热变质作用、矽卡岩化和矿化热液交代作用等。蚀变类型主要有大理岩化、钠长石化、矽卡岩化、绿帘石化及绿泥石化等。

(三)地球物理特征

1. 高精度磁测特征

矿区内磁场特征比较简单,主要表现为两种不同特征的磁场,一是中北部平缓宽大的正磁场区,反映为大片中等强度的正磁场,强度一般在300nT左右,磁场值最高处位于大张铁矿附近,ΔT值可达450nT。异常形态平缓而宽大,异常梯度变化西翼缓于东翼,两侧为低缓的背景正常场,推断正磁异常区为中生代的侵入岩或磁铁矿所引起。二是西部、东部及南部低缓的背景场区,反映为磁场强度弱,梯度变化较小的平稳磁场,ΔT值多在100nT以下。磁场值由东西两侧向中部、由南向北呈缓慢的渐变特征,区内无局部异常出现。全区共圈定1个磁异常区,即大张异常。大张异常位于矿区中部大张—赵庄一带,以200nT等值线圈定,磁力值由外向内逐渐升高,异常主体走向为北北东,异常平面形态呈长椭圆状,其规模较大,长约7km,宽4km。在异常内部有一处异常中心,位于大张村东部500m附近,大致以400nT等值线圈定,异常峰值约为460nT。

2. 重磁剖面特征

重磁异常对区内铁矿找矿具有重要的指导意义。陈晓曼等(2017)对区内重磁精测剖面正演情况与铁矿体对比,特征如图5-12所示。

矿体与围岩之间存在着明显的磁性差异,能引起较高的重磁异常。磁异常反映了磁铁矿磁性大小和铁矿体埋深;磁法测量在铁矿勘查过程中可起到重要的指示作用,同时,根据重力异常图可以看出重力异常对铁矿勘查具有一定的指示意义。尤其是加强对磁异常的综合分析研究,正确判断区分矿异常和岩体异常,是寻找隐伏盲矿体的有效方法。从勘查工作成果看,具有一定规模和强度的重、磁异常,是寻找该类铁矿床的重要标志。

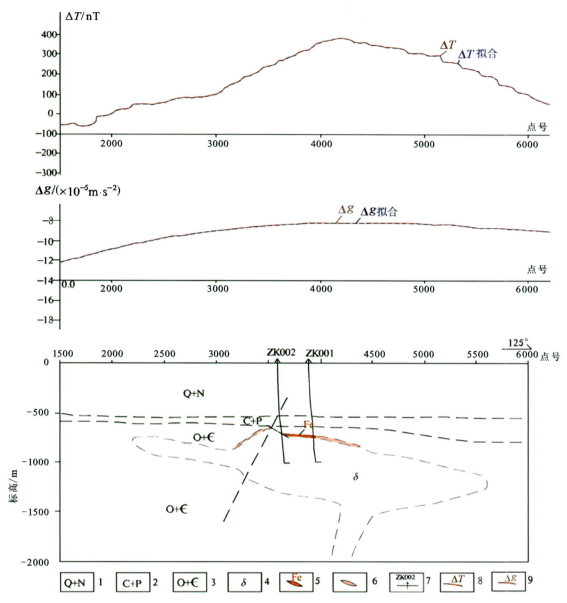

图 5-12　大张铁矿 L1 剖面重磁精测剖面正演结果图(据郝兴春等修改,2016)
1.第四系＋新近系;2.石炭系＋二叠系;3.奥陶系＋寒武系;4.闪长岩体;5.铁矿体;6.推测铁矿体;
7.施工钻孔;8.高精度磁测曲线;9.重力曲线

(四)矿体特征

区内已揭露Ⅰ号和Ⅱ号 2 个铁矿体,Ⅰ号矿体由钻孔 ZK001、ZK002 控制,Ⅱ号矿体由钻孔 ZK003 控制(图 5-13)。根据已施工钻孔的见矿情况,Ⅰ号矿体埋深 747.95～796.30m,赋存于奥陶纪马家沟群灰岩与燕山晚期的闪长岩接触带内,初步推断Ⅰ号矿体形态为似层状,走向 35°,倾向南东,倾角 60°,目前倾向上控制矿体斜深 311m,见矿最大厚度 26.02m,最小厚度 7.66m,平均厚度 16.84m,矿石 TFe 最高品位达 64.44%,mFe 最高品位达 61.44%,TFe 平均品位 54.02%,mFe 平均品位 50.86%;钻孔 ZK003 揭露Ⅱ号矿体埋深 801.96～817.30m,赋存于燕山晚期的闪长岩体内,可能为岩体内的灰岩捕虏体交代成矿,见矿厚度15.34m,矿石TFe最高品位达65.78%,mFe最高品位达63.87%,TFe平均品位49.38%,mFe平均品位47.54%。Ⅱ号矿体由单钻孔控制,产状不详。

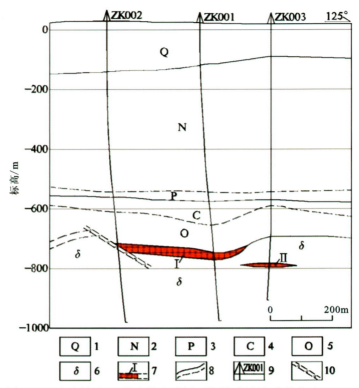

图5-13 大张铁矿00勘查线地质剖面简图(据郝兴春等修改,2016)
1.第四系;2.新近系;3.二叠系;4.石炭系;5.奥陶系;6.闪长岩体;7.铁矿体;
8.推断地质界线;9.钻孔位置;10.推测断裂带

(五)矿石特征

1. 矿石矿物成分

矿石矿物成分比较简单,矿石矿物以磁铁矿为主,局部矿石清晰可见黄铁矿、黄铜矿、镜铁矿、闪锌矿等。磁铁矿呈自形、半自形、他形粒状,粒径不均匀,一般在0.6mm以下,多数在0.2mm以下。磁铁矿的次生矿物常见赤铁矿和褐铁矿。黄铁矿是磁铁矿的次生硫化矿物,主要呈团块状和星点状,局部岩石裂隙发育部位黄铁矿沿着方解石细脉发育。黄铜矿和闪锌矿在矿石局部富集,主要以团块状和星点状形式发育。

2. 矿石化学成分及共(伴)生矿产

根据基本分析、组合分析结果,矿石中主要有用组分为Fe,矿床平均品位TFe为55.59%,mFe为52.25%。其他化学成分为SiO_2,其次为CaO、MgO、S、Al_2O_3、P等。

伴生有益组分S含量在0.239%～7.36%之间,平均2.41%,达到工业综合回收利用要求。有害元素P、Cu、Pb、Zn、Sn、As等平均含量均低于规范标准。

光谱分析在矿石中检出的元素有Ba、Ga、Mn、Nb、Ti、P、Rb、Sr、Ni、Cr、V、Zr、Th、Co、La、Y、Au、Ce、Ag、Mo、Sn、Cu、Pb、Zn、W,其中Mn、P、Ni、Co、Cu、Pb、Zn等元素的含量较高。

3. 结构构造

（1）矿石结构。矿石的结构主要有中细粒结构和交代结构。磁铁矿呈自形、半自形、他形粒状分布于长石及角闪石中，形成颗粒状结构。矿石中金属矿物的结构主要有晶粒结构、交代结构、包含结构、镶边结构等。

（2）矿石构造。矿石构造主要有条带状、块状、浸染状矿石3种，以块状矿石为主。条带状矿石常位于矿体的上部，靠近外矽卡岩带部位；块状矿石常位于矿体的下部，靠近内矽卡岩带部位；浸染状矿石主要产于矿体边部。

4. 矿石类型

（1）矿石自然类型。本矿床矿石的自然类型为块状闪石型磁铁矿石。

（2）矿石工业类型。矿体平均品位TFe为55.59%，mFe为52.25%，为高品位的铁矿石，由于硫平均含量达2.41%，按现行规范要求划分，其工业类型属需选铁矿石。

（六）围岩和夹石

1. 矿体围岩

矿体围岩以大理岩化灰岩、矽卡岩为主。钻孔ZK001、ZK002中矿体主要产出在闪长岩体与中奥陶统碳酸盐岩的接触带上，钻孔ZK001中矿体顶板为大理岩化灰岩，底板为矽卡岩；钻孔ZK002中矿体顶板为矽卡岩，底板为构造破碎带；钻孔ZK003中矿体主要产出于矽卡岩带中，矿体上、下板围岩均为矽卡岩。

矿体与围岩的界线较为明显。围岩矿物成分比较简单，大理岩化灰岩矿物成分以方解石为主，含少量白云石。矽卡岩主要矿物成分为斜长石、透辉石、硅灰石、石榴子石、碳酸盐矿物和少量的金属矿物组成。围岩对矿体的连续性和矿石质量影响不大，但作为矿体顶、底板围岩，由于岩石结构致密，较坚硬、完整，整体稳定性比较好。

2. 矿体夹石

钻孔ZK003揭露矿体内含有2层夹石，岩性为矽卡岩，块状构造，粒状结构，主要矿物有绿帘石、辉石、阳起石，另含有少量磁铁矿。该2层夹石真厚度分别为0.89m和0.94m，均小于夹石剔除厚度（1m）。

三、潘店铁矿

（一）矿区位置

潘店铁矿位于山东省德州市与聊城市交界处，普查区中心北东距禹城市区17km，行政区划隶属于禹城市李屯乡、禹城市莒镇、齐河县潘店镇、高唐县琉璃寺镇、茌平区冯官屯镇。

（二）矿区地质特征

1. 地层

区内第四系广泛覆盖，根据本区已施工的钻孔资料揭露及地球物理成果解译，结合周边勘查成果，区内地层由老到新依次为：奥陶系、石炭系—二叠系、新近系及第四系。与成矿有关的地层为奥陶纪马家沟群。奥陶纪灰岩在区域上分布广泛，发育较稳定。区内钻孔内揭露多为侵位于奥陶纪地层的岩浆岩及少量矽卡岩，未揭露碳酸盐岩原岩。

2. 构造

区内构造以断裂构造为主，各断裂的性质与产状主要受齐广断裂、刘集断裂及东阿断裂等区域性断裂构造的控制。本区（前古近纪）地质构造特征如图 5-14 所示，区内主要断裂为齐广断裂、莒镇断裂、潘店断裂及许楼断裂。

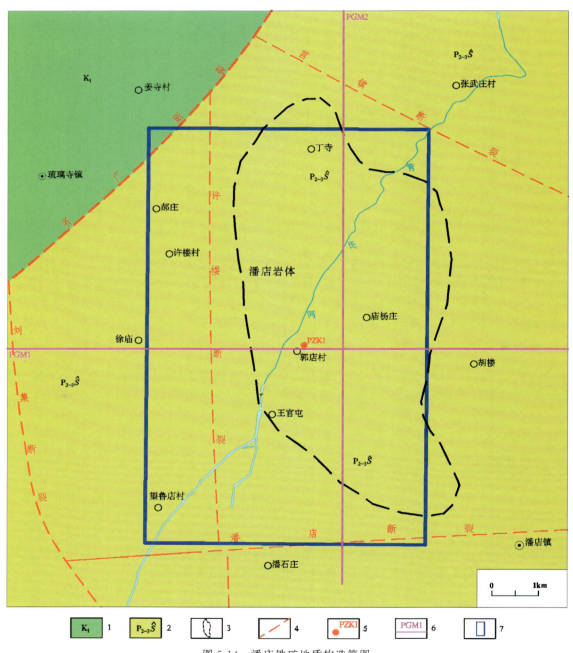

图 5-14 潘店铁矿地质构造简图

1.下白垩统；2.石盒子群；3.推测隐伏岩体范围；4.推测断裂；5.钻孔位置及编号；
6.重磁联合剖面位置及编号；7.普查区范围

3. 岩浆岩

区内岩浆岩为隐伏产出，表现为高重力、高磁力背景特征。根据物探成果推断及钻探揭露，推断该岩体为类似济南岩体的中基性杂岩体，暂定名为潘店岩体，岩性主要为闪长岩。岩体范围主要通过重力、磁法、地震等物探工作圈定，并经钻孔揭露，分布于丁寺—郭店—潘店一带，位于于齐广断裂、莒镇断裂、潘店断裂及许楼断裂之间，总体呈北北西向展布，近似椭圆形状，分布面积大致为39km²。

4. 围岩蚀变

根据钻孔揭露情况，矽卡岩化是本区围岩蚀变主要类型。中基性岩浆岩与奥陶纪灰岩在接触带附近发生交代作用，形成矽卡岩，磁铁矿石是交代作用一定阶段的产物，与矽卡岩在空间上呈共生关系，根据岩矿鉴定，矽卡岩矿物主要有辉石、石榴子石、绿帘石及少许黑云母、透闪石等，金属矿物主要有磁铁矿、磁黄铁矿、黄铁矿、黄铜矿等。

（三）地球物理特征

1. 高精度磁测特征

区内主要磁异常为潘店磁异常，以-30nT等值线圈定，潘店磁异常总体走向北北西，局部异常走向南北，主体异常东南部呈一个弧形往北弯曲，主体异常东北部存在向东北弯曲现象，与李屯矿区异常相连接，整体异常形态像一个"鞋子"，像是重心朝着脚后跟的位置偏移，即异常极大值位于异常偏西部，异常长约8km，宽约5km，极大值超120nT。潘店磁异常西部等值线密集，东部等值线舒缓。

2. 重磁剖面特征

通过对矿区内PGM1剖面进行综合反演解释（图5-15），ΔT 剖面曲线整体呈西高东低的磁场特征，为双峰曲线。其中西侧峰值位于9220m处，对应潘店磁异常，ΔT 幅值178nT，峰值区相对较窄且凸出，峰值区西侧梯级带较陡。东侧峰值区幅值较西部偏低，异常相对宽缓，对应薛官屯磁异常。Δg 剖面曲线主要以西部的单峰特征为主，Δg 幅值-4.37×10^{-5}m/s²，位于10 160m处，剖面曲线在薛官屯磁异常处呈略微隆起。推断潘店磁异常主要由闪长岩体叠加铁矿体异常所致，局部重力异常主要由闪长岩体与寒武系—奥陶系灰岩引起，浅部低阻电性层对应低阻的新生界与石炭系—二叠系，深部高阻区为奥陶系灰岩和闪长岩体的反映，高低阻间具有较明显的电性界线。

结合重磁异常平面图分析认为，剖面磁异常西侧的重磁梯级带处为成矿有利部位，该地段位于局部重力异常与化极磁异常的重合区内，化极磁异常等值线外凸特征明显，且垂向导数呈现高值特征。

（四）矿体特征

潘店矿区以往施工钻孔共揭露5层接触交代型富铁矿体，其中Ⅰ、Ⅱ、Ⅲ号矿体分布于二叠纪碎屑岩地层中，Ⅳ、Ⅴ号矿体分布于奥陶纪灰岩地层、奥陶纪灰岩地层与闪长岩体的接触带位置（表5-8，图5-16）。

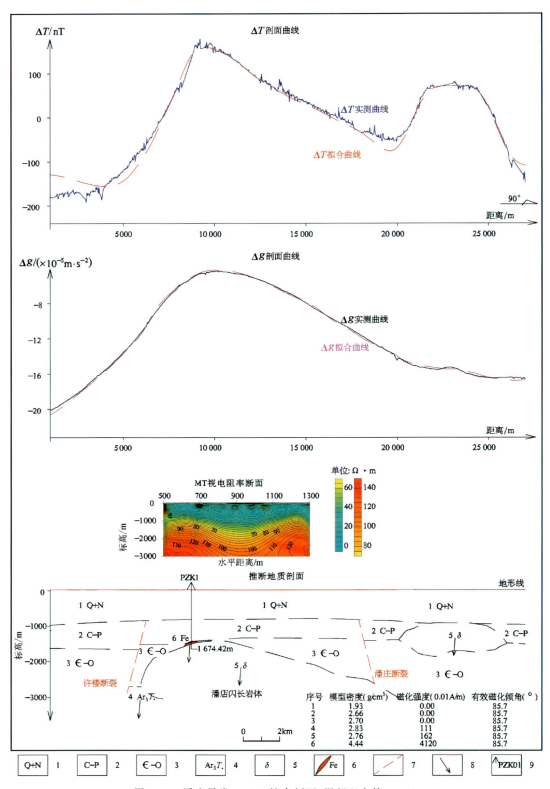

图 5-15 潘店异常 PGM1 综合剖面（据郝兴中等，2019）

1.第四系＋新近系；2.石炭系—二叠系；3.寒武系—奥陶系；4.泰山岩群；5.闪长岩；6.铁矿体；
7.推断断裂；8.有效磁化方向；9.钻孔位置及编号

表 5-8 各矿体见矿厚度及品位变化情况统计表

矿体编号	见矿孔深/m	视厚度/m	矿体平均品位/%		顶底板岩性	
			TFe	mFe	顶板	底板
Ⅰ	1 444.44～1 454.15	9.71	47.78	38.87	浅灰色粉砂岩	泥质粉砂岩
Ⅱ	1 456.84～1 473.64	16.80	49.55	45.97	泥质粉砂岩	磁铁矿化矽卡岩化粉砂岩
Ⅲ	1 479.17～1 480.74	1.57	49.44	45.57	磁铁矿化矽卡岩化粉砂岩	深灰色细晶大理岩
Ⅳ	1 498.24～1 513.55	15.31	52.02	46.99	深灰色细晶大理岩	深灰色大理岩
Ⅴ	1 528.64～1 542.19	13.55	57.60	55.13	深灰色大理岩	长石透闪石矽卡岩

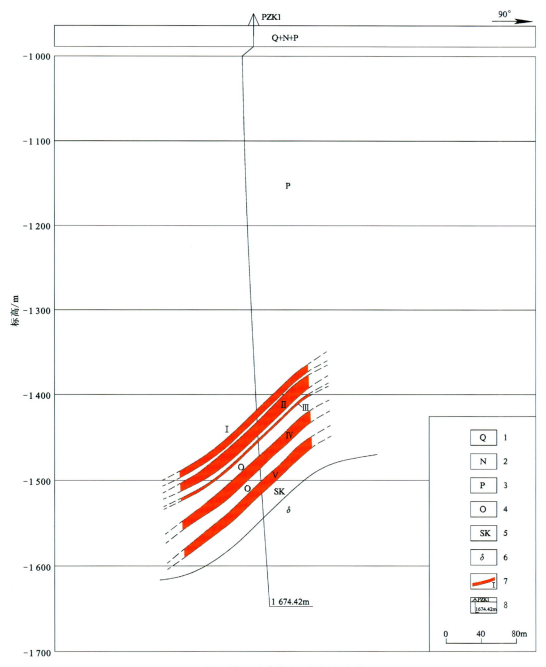

图 5-16 潘店铁矿矿体特征(据郝兴中等,2019)
1.第四系;2.新近系;3.二叠系;4.奥陶系;5.矽卡岩;6.闪长岩;7.铁矿体及编号;8.钻孔位置及编号

Ⅰ号矿体:钻孔见矿孔深 1 444.44～1 454.15m,视厚度 9.71m。矿体单样品最高品位 TFe 为 57.25%、mFe 为 49.71%;最低品位 TFe 为 31.46%、mFe 为 14.56%;矿体加权平均品位 TFe 为 47.78%、mFe 为 38.87%。品位变化属均匀型。

Ⅱ号矿体:钻孔见矿孔深 1 456.84～1 473.64m,视厚度 16.80m。矿体单样品最高品位 TFe 为 62.06%、mFe 为 59.86%;最低品位 TFe 为 12.85%、mFe 为 4.33%;矿体加权平均品位 TFe 为 49.55%、mFe 为 45.97%。品位变化属均匀型。

Ⅲ号矿体:钻孔见矿孔深 1 479.17～1 480.74m,视厚度 1.57m。最高品位 TFe 为 49.85%、mFe 为 46.84%;最低品位 TFe 为 49.01%、mFe 为 44.26%;矿体加权平均品位(2 个样)TFe 为 49.44%、mFe 为 45.57%。

Ⅳ号矿体:钻孔见矿孔深 1 498.24～1 513.55m,视厚度 15.31m。矿体单样品最高品位 TFe 为 60.81%、mFe 为 55.92%;最低品位 TFe 为 31.97%、mFe 为 28.52%;矿体加权平均品位 TFe 为 52.02%、mFe 为 46.99%。品位变化系数 TFe 为 12.02%、mFe 为 12.69%。品位变化属均匀型。

Ⅴ号矿体:钻孔见矿孔深 1 528.64～1 542.19m,视厚度 13.55m。矿体单样品最高品位 TFe 为 63.25%、mFe 为 62.34%;最低品位 TFe 为 44.40%、mFe 为 41.26%;矿体加权平均品位 TFe 为 57.60%、mFe 为 55.13%。品位变化系数 TFe 为 12.02%,mFe 为 12.69%。品位变化属均匀型。

(五)矿石特征

1. 矿石矿物成分

矿石矿物成分比较简单,矿石矿物以磁铁矿为主,其次是黄铁矿和少量的黄铜矿。脉石矿物主要有辉石、碳酸盐矿物、绿泥石、透闪-阳起石、金云母等。

2. 结构构造

(1)矿石结构。矿石结构主要有中细粒结构和交代结构。磁铁矿呈自形、半自形、他形粒状分布于辉石及透闪-阳起石中。

(2)矿石构造。钻孔中所见矿石构造比较单一,主要为致密块状构造。主要矿石矿物磁铁矿多呈致密块状分布,或与少许黄、铜等共(伴)生,致密接触,杂乱排列,集合体构成块状构造。

3. 矿石类型

(1)矿石自然类型。矿石自然类型为致密块状接触交代(矽卡岩)型磁铁矿。

(2)矿石工业类型。Ⅰ号、Ⅱ号、Ⅲ号矿体 TFe 平均含量为 48.93%,综合评价应属需选铁矿石;Ⅳ号、Ⅴ号矿体 TFe 平均含量分别为 52.02%、57.60%,应属需炼铁用铁矿石。

(六)围岩和夹石

1. 矿体围岩

区内现阶段揭露矿体赋存于闪长岩体与奥陶系、石炭系—二叠系接触带附近地层中,矿体与岩体间分布有石炭系—二叠系的粉砂岩(发育少量矽卡岩化)、大理岩及矽卡岩。

Ⅰ号、Ⅱ号矿体顶、底板均为粉砂岩,岩石质地较为致密,岩芯较完整,岩石中石英、方解石细脉较发育,脉宽一般 1～10mm,黄铁矿化和绿帘石化呈细粒星散状分布于石英方解石脉中。Ⅰ号矿体与顶、底板为突变接触关系;Ⅱ号矿体与顶板为呈突变接触关系,与底板呈渐变接触关系。

Ⅲ号矿体顶板为磁铁矿化矽卡岩化粉砂岩,呈渐变接触关系,岩石矿物成分主要为长石和石英。金属矿化主要为磁铁矿化及黄铁矿化,矽卡岩矿物主要为绿帘石,分布不均匀,在裂隙面附近发育较好;底板为深灰色细晶大理岩,呈突变接触关系,岩石矿物成分主要为方解石及少量的泥质,岩性整体较均匀,岩芯较完整。

Ⅳ号矿体顶板均为深灰色大理岩,与顶、底板均为突变接触关系。岩石局部夹少量磁铁矿层和矽卡岩,岩性整体较均匀,岩芯较完整。

Ⅴ号矿体顶板为深灰色大理岩,底板为长石透闪石矽卡岩,与顶、底板均为突变接触关系。大理岩局部夹少量磁铁矿层和矽卡岩,岩性整体较均匀,岩芯较完整;灰绿色长石透闪石矽卡岩矿物成分主要为透闪石、斜长石及少量的透辉石、橄榄石和石榴子石等。整层岩石总体较均匀,岩芯较完整。

2. 矿体夹石

矿体中除Ⅰ号矿体含一层夹石外,其余不含夹石。夹石矿物成分主要有长石、石英、磁铁矿、黄铜矿、绿泥石等,夹石与矿体为渐变接触关系。

第六章　淄河富铁矿矿集区

淄河矿集区主要分布在鲁西隆起的中北部,北起淄博辛店,经青州的文登、店子、朱崖、淄川太河、南至莱芜颜庄南,总体呈北北东向的带状展布,长约70km,受淄河断裂带控制明显。淄河铁矿大地构造位于华北板块(Ⅰ)鲁西隆起区(Ⅱ)鲁中隆起(Ⅲ)鲁山—邹平断隆(Ⅳ)鲁山凸起(Ⅴ)、博山凸起(Ⅴ)、泰莱凹陷(Ⅴ)和新甫山凸起(Ⅴ)。

淄河富铁矿又称"朱崖式"铁矿,大致沿淄河断裂带展布,已知大-中型矿床集中在淄河中北段文登—黑旺—新店一带的河床部位及其两侧。淄河断裂对矿体的形成具明显的控制作用,由北而南可分为辛店—太河区段(文登、店子和朱崖等铁矿床)、太河—寄姆山区段和颜庄南区段。矿集区内矿体的控矿围岩从新太古代—古生代地层都有分布,其中寒武纪炒米店组和奥陶纪马家沟群北庵庄组、五阳山组为其主要赋存层位,新太古代的泰山岩群在地层中亦有产出;矿体形态主要为层状、似层状、透镜状和脉状;矿体沿走向长数十米至数千米,宽数十厘米至数米,延伸多在十米以内。

第一节　淄河矿集区成矿地质条件

矿集区处于华北地台鲁西断隆北缘,淄博凹陷和鲁山断块凸起交界处,淄河断裂带的北段,西侧为淄河河床。地层及岩浆岩发育,构造以断裂构造为主,褶皱构造不发育(图6-1)。

一、地层

矿集区范围内出露的地层有太古宙泰山岩群,古生代寒武纪—奥陶纪长清群、九龙群、马家沟群,石炭纪—二叠纪月门沟群。太古宙泰山岩群分布于南部,石炭纪地层则分布于西部及西北部地区,其他地层则分布于淄河两岸,大致由南向北,由老至新依次分布。寒武纪—奥陶纪地层为矿区内出露的主要地层(图6-2)。

(一)太古宙泰山岩群

区内泰山岩群主要为雁翎官组,仅在矿区南部出露,主要岩性为黑云斜长片麻岩、角闪片岩、黑云角闪片岩等,并有强烈混合岩化作用。另外见有沉积变质铁矿呈透镜体状产出于局部的层位中。

(二)古生界

1. 寒武系

寒武系在矿区范围内出露较齐全,主要分布于矿区的中、南部及淄河东侧。从总的分布趋势来看,

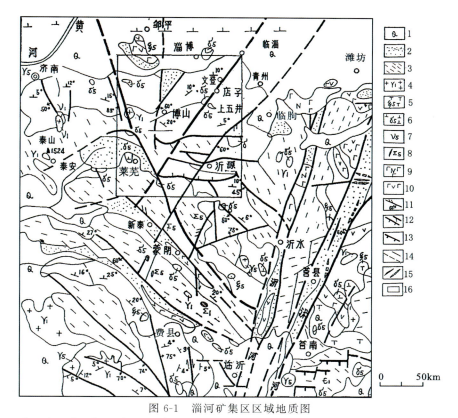

图 6-1 淄河矿集区区域地质图

1.第四系;2.中生代沉积物;3.太古宙变质岩;4.花岗岩类岩石;5.正长斑岩、二长岩;6.闪长岩类岩石;7.辉长岩;8.超基性岩;9.新近纪火山岩;10.白垩纪火山岩;11.压扭性断裂;12.张性及张扭性断裂;13.压性断裂;14.性质不明及推断断裂;15.背斜向斜;16.矿集区范围

地层由老到新依次向北或西北方向出露。地层总的走向为近东西向或北东-南西向。倾向为北或北西,倾角较缓,一般为5°~15°,由于地层较平缓,局部地段的地层也有向南倾的现象。

(1)馒头组($\epsilon_{2-3}m$)。矿集区地表未出露,仅在个别钻孔内见到。岩性以砂、页岩为主,夹薄层砂质灰岩及鲕状灰岩透镜体。砂岩多为暗紫色,页岩为灰绿色及黄绿色。钻孔揭露厚度57~110m。

(2)张夏组(ϵ_3z)。本组分3段,仅在钻孔中见到。下灰岩段以厚层、中厚层鲕状灰岩为主,夹薄层黄绿色页岩,厚50m。盘东沟段为钙质泥岩夹黄绿色页岩、薄层泥质灰岩,厚80m。上灰岩段为灰—灰白色条纹状泥晶灰岩,缝合线发育,厚度20m。

(3)崮山组($\epsilon_{3-4}g$)。未出露地表,主要岩性为紫灰—绿灰色钙质泥岩及黄绿页岩夹薄层泥岩,厚约40m。

(4)炒米店组(ϵ_4O_1c)。为矿集区主要赋矿层位,分为3段。第一段岩性以黄褐—绿灰色泥晶灰岩为主,偶夹暗灰色、紫灰色泥岩。地表未出露,钻孔揭露厚度100~150m。第二段以条带状灰岩及泥质条带灰岩为主,夹多层竹叶状灰岩、砾屑灰岩、生物碎屑灰岩及钙质泥岩,厚约90m。第三段最利于成矿,自下而上分为条带状砾屑白云质灰岩、白云岩层、云斑灰岩层、条带状灰岩层、砾屑灰岩层、链条状隐晶灰岩层。其中,云斑灰岩层(褪色灰岩层)是最主要的控矿层位,该层明显特点是结构不均匀,多呈粒屑结构、花斑状构造,性脆,CaO含量较高,泥质物含量低。褪色系轻微热变质作用所致。该层随白云岩化的强弱,成分上亦有变化,主要表现为白云质的增减,白云岩化强者不利于矿化。

(5)三山子组(ϵ_4O_1s)。分为a、b、c 3段。c段岩性为中厚层微晶白云岩夹中薄层—中层细晶白云岩;b段岩性以砾屑灰岩、白云质灰岩为主,多具不规则条带,有时含燧石结核或条带,厚12m;a段岩性为褐黄色-浅黄色厚层含泥质白云岩,含燧石结核,厚约62m。

图 6-2 淄河矿区综合地层柱状图

2. 奥陶系

奥陶系主要出露马家沟群,是矿集区内出露的主要地层,遍及全区,总的趋势是近北和北部地区,地层出露较新,构成向北及北西缓倾斜的单斜地层。受淄河断裂带影响,在断裂带内亦发育了新老不同层位的奥陶系。

(1)东黄山组(O_2d)。该组为一套含泥质成分很高的黄褐-灰黄色泥灰岩,角砾状白云岩,以及薄层状灰质白云岩组成。在底部见一层仅数厘米的砾岩层,砾石大小不一,具一定的磨圆度,呈次棱角状,也有棱角状。砾石成分主要是白云岩,胶结较紧密,为钙质胶结。与下伏三山子组平行不整合接触。该组岩石易风化,地貌上常成缓坡,植被覆盖严重。厚41.82m(南部厚度31.21m)。

(2)北庵庄组(O_2b)。该组主要由含钙质成分较高的厚层灰岩、豹皮灰岩组成。在矿集区范围内,该组上、下层位空间中,出现相对连续沉积较厚的两大层豹皮灰岩。另外,该组近上部的层位夹有薄层的泥质灰岩及泥灰岩。在厚层灰岩、豹皮灰岩中,亦有钙质、泥质、硅质沿沉积层面形成的钙泥质结核,经常凸出于岩石表面。从整个区域来看,顶部有一层厚约1m的蓝灰色厚层灰岩出露较稳定,可作为该组的标志层。该组经常见有珠角石(*Actinoceras* sp),东方阿门角石(*ArmenocerasOriea fale Endo*)。厚220.92m,与下伏地层呈整合接触关系。

(3)土峪组(O_2t)。该组主要为浅黄色角砾状泥质灰岩、泥质白云岩,底部为黑灰色泥灰岩。总厚约52.3m。

(4)五阳山组(O_2w)。该组以钙质成分很高的中厚层灰岩为主,另外见有豹皮灰岩,以及含燧石结核灰岩,燧石结核多是由硅质成分组成,顺层面分布,呈坚硬的团块,抗风化并突出于岩石表面。含燧石结核多见于该组的中、下部层位。近上部多见有中薄层灰白色白云岩或灰质白云岩的夹层,组内也经常见有珠角石(*Actinoceras* sp)、阿门角石(*Armenoceras* sp),豆房沟角石(*Tofangoceras* sp),算盘形链角石(*Ormoceras Suanpanoides*)等,与下伏地层呈整合接触。厚243.17m。

(5)阁庄组(O_2g)。该组分布于矿集区西北部和北部。主要岩性多由镁质较高的灰色中厚层白云岩,中间夹有薄层泥灰岩及泥质灰岩。近底部在中厚层灰质白云岩中夹有结晶较好而晶面弯曲的黑色方解石团块,一般此夹层厚约20cm,在本区内具有普遍性。另外,在近底部的泥灰岩中见有经淋滤作用形成的网状裂隙和膏盐的细脉晶洞。该组底部以灰黄色薄层泥灰岩与下伏地层分界,呈整合接触关系。厚102.79m。

(6)八陡组($O_{2-3}b$)。该组主要岩性由钙质成分较高的灰黑色厚层灰岩、结晶灰岩、豹皮灰岩组成,与下伏地层呈整合接触关系。厚125.43m。

3. 石炭系—二叠系

矿集区内石炭系—二叠系主要出露石盒子群本溪组和太原组。

(1)本溪组(C_2b)。出露于矿集区西北部坡子、炳旭、八陡以及淄河断裂带内北马鹿一带。主要岩性为灰色、黄褐色砂岩,黄绿色页岩,紫红色页岩,黄灰色黏土岩等,在临近底部可见有褐铁矿层(山西式铁矿)。与下伏奥陶系呈假整合接触,厚约50m。

(2)太原组(C_2P_1t)。出露范围大致与本溪组相同,分布于本溪组的外围以及其上部地带。主要岩性有灰黑色碳质泥岩、页岩、细砂岩,粉砂岩夹数层灰岩及煤线。与下伏地层呈整合接触,厚约170m。

(三)新生界

(1)临沂组(Qhl)。矿集区内广泛分布,岩性为冲洪积含砾粉质黏土,内含砂砾透镜体及钙质结核,底部常有钙泥质胶结与砾岩,与早古生代地层不整合接触,厚20~60m。

(2)沂河组(Qhy)。分布于淄河河床及河漫滩,为冲积形成的砂、砾石,厚0~25m。

二、构造

矿集区内断裂构造是构造的主要形式,又以淄河断裂带最为发育。淄河断裂带(陈富伦,1987;宋明春等,2009)北起临淄,向南经朱崖、太河至源泉一带。临淄以北被第四系覆盖,物探资料显示,淄河断裂带大致经由李桥村向北东延入渤海。另据卫星遥感图片分析,断裂带在源泉南西断续经新泰进入蒙阴凹陷,走向与五井断裂近于平行,与北西向断裂相互切截或限制,具共轭断裂特征。

该断裂带全长110km,宽0.4~1.0km,地表出露约60km,断裂面主体走向25°~30°,总体倾向南东,其两侧地层不连续(曾广湘等,1997),局部西倾,倾角80°。由近于平行的3~5条断裂构成,断裂带沿淄河河谷发育,产于下古生界中,东盘为寒武系及下奥陶统,西盘主要为中奥陶统,整体显示东盘上升并向北推移,垂直断距为100~400m。该断裂带规模巨大,总体上分为南、北两段。

1. 淄河断裂带北段(朱崖北)

(1)文登-朱崖断裂:由文登向南至店子、朱崖区段,南北长20km以上,断裂多被第四系覆盖,仅局部有明显的露头可见,钻探验证了该断裂的存在。断裂走向20°~30°,店子矿区走向为20°,总体倾向南东、倾角85°。断裂西侧地表出露地层为奥陶系马家沟群北庵庄组、土峪组、阁庄组、八陡组,东侧地表出露地层为寒武系—奥陶系九龙群炒米店组、三山子组和马家沟群东黄山组、北庵庄组、土峪组、五阳山组(张增奇等,2014)。断裂长10~60m,宽20~40m,其内具灰岩构造角砾岩,为钙质胶结。

(2)梨园店子-河东坡村东断裂:淄河断裂带的派生断裂,局部被第四系覆盖。总体呈"S"形,北北东向展布,走向一般在0°~20°之间,断裂以倾向南东、东为主,局部倾向西,倾角在70°~80°之间,长约3km,上、下盘均为奥陶系马家沟群北庵庄组。断裂宽5~6m,被闪长岩脉侵入充填,为左行张扭断裂。

(3)边河-坡子断裂:该断裂引起淄河断裂带大角度转弯,北起炒米村,经炳旭村、坡子村向南至南术村南,走向140°~160°,倾向南西,倾角50°~85°。断面光滑、平直,残留擦痕产状319°∠28°。断面残留有早期的角砾岩带,宽0.1~1.0m,角砾成分主要为灰岩,角砾大小为0.5~30cm,棱角—次棱角状,钙泥质胶结,局部平行于断面显示定向性。该断裂至少发生过两期活动,早期为张性活动,晚期为左行压扭活动。上盘为石炭系—二叠系月门沟群太原组,下盘为奥陶系马家沟群八陡组。

2. 淄河断裂带南段(朱崖南)

淄河断裂带南段主要由上庄-南坪山断裂、朱崖-大郭庄断裂和朱崖-核桃峪断裂组成,是淄河断裂带的主要组成断裂,大致走向为25°~30°,基本成"S"形。两端走向近北东,中间近北北东向,南部过源泉镇后亦有近南北并向南东向收敛之势。

(1)上庄-南坪山断裂:分布并出露于淄河东侧,北起上庄东侧,往南经金鸡山东侧、口头、源泉东,至南坪山以南。南北长超过35km,亦是淄河断裂带的主要组成断裂之一。沿断面发育有厚50cm的灰黄色断裂碎裂岩,断裂总体走向30°、倾向北西、倾角75°,该断裂总体为东盘上升、西盘下降的正断层,断裂西侧为奥陶系马家沟群北庵庄组,东侧为寒武系—奥陶系九龙群炒米店组、三山子组。

(2)朱崖-大郭庄断裂:为主要控矿构造,北起朱崖、黑旺,向南经马鹿、桐古西山、太河水库西岸、口头、城子村、源泉西至大郭庄南,走向30°,南北长超过40km,断裂倾向南东、倾角70°~85°。断裂带宽度不一,局部达20m,内填充有土黄色碎裂岩及角砾岩,上盘为奥陶系马家沟群五阳山组,下盘为寒武系—奥陶系九龙群崮山组、炒米店组等,呈张性断裂特征。

(3)朱崖-核桃峪断裂:是淄河断裂带的主要断裂,北端与朱崖-大郭庄断裂在黑旺矿坑会合,向南经南马鹿、桐古西山、老峪、方山庄、东庄—核桃峪一带,南北长40km以上,断裂走向30°~35°,在口头一带变为15°,倾向南东,倾角70°。在朱崖-核桃峪断裂主断裂东侧发育1条近平行派生断裂,与主断裂形成较宽的破碎带,带宽为 0.5～25m,发育有角砾岩并伴有糜棱岩化、泥岩化。

综上所述,淄河地区的断裂构造比较发育,各组断裂的地质特征显示该区断裂一般具有多次活动的特点。断裂带的规模以北北东向淄河断裂带最大,近东向的断裂及北西向断裂次之,北东向、近南北向断裂为伴随主要断裂而产生的次生断裂。断裂带宽度不一,其物质组成反映了张应力及压扭力作用的特点,例如具断裂角砾岩,角砾成分多为断裂两盘底层的岩石,角砾为棱角状等,反映了张应力作用特点;具平滑如镜的滑动断裂面,断裂内的物质有片理化及雁行定向排列的挤压透镜体,该现象是压应力及压扭应力作用的反映。断裂面上的擦痕及阶步痕迹表明,发生断裂的动力作用既有垂向的,亦有水平向的,有斜冲、斜落等形式,构成了复杂的地质构造形迹。

三、岩浆岩

矿集区内岩浆活动较剧烈,岩浆岩较发育,有大面积分布的相对集中区,也有顺层理侵入的零星分布区,有岩体,有岩脉,也有火山岩。主要是中、基性的侵入体,其分布主要在淄河中段月明泉,金鸡山一带,其他地段则零星出露。

(一)侵入岩体

1. 月明泉辉长岩体

该岩体分布在月明泉、杨家泉、老峪、黑山庄一带,大致呈北东方向延伸,分布面积约有 $5km^2$。呈巨厚层状的岩床或似层状岩体侵入于寒武系炒米店组地层内,接触面附近反映了顺层侵入的特点。岩体边部流面的产状,大体与围岩地层的产状一致。依据岩体的出露形态、产状,相互关系,岩石类型及化学成分,此岩体可归为燕山期的侵入岩,并可分成先后两次活动,其中主岩体辉长岩类为第一次活动的侵入岩。第二次范围较小,主要在主岩体的边部侵入,岩石类型为正长岩类。两次侵入的界线,在月明泉西北山上清楚可见。主岩体辉长岩又可分为内部相和边缘相,相带界线从地貌上及宏观上观察较为清楚,为渐变过渡关系。

2. 金鸡山闪长岩体

该岩体分布在太河水库以东地区及金鸡山周围,面积约 $4km^2$,以似层状的厚岩床侵入三山子组及东黄山组中,有的地方将侵入部位的沉积岩全部侵蚀掉,有的仍保留了原始沉积层位的白云岩、灰岩,呈似层状的残留体。金鸡山岩体为燕山期第一期的侵入岩。另外,根据主要岩性特征,硅酸盐分析结果,矿物成分、结构、构造等特点,此岩体可归为闪长岩类。该岩体地表风化较强烈,仅在金鸡山周围可见较新鲜的岩石露头。主要岩石类型为黑云母正长闪长岩、闪长岩等。风化后岩石呈松散状,灰色、灰绿色、灰白色。组成岩石的矿物颗粒一般为中细粒,具辉绿结构。岩石由斜长石、正长石、普通辉石、角闪石、黑云母等组成。

(二)岩脉

矿集区各种类型的岩脉比较发育,但以基性岩脉为主要类型,其岩石类型有辉绿玢岩、煌斑岩、玻基橄榄岩、辉长玢岩等。另外还有碳酸岩类的脉体发育,其他类型的岩脉出露范围较小,分布亦很零星。

四、地球物理、地球化学场特征

(一)区域地球物理特征

1959—1978年,山东省地质局物探队在淄河断裂带先后进行了各种手段的物探工作,并进行了各种物探方法综合找矿的试验工作。现就磁法、电法联合剖面测量和重力测量取得的成果及找矿效果简述如下。

1. 磁法

在大范围内取得甲类异常5个,乙类异常3个,丁类异常4个。经钻探验证,这些异常或由厚度较大而被切割的黄土引起,或由火成岩体引起。有的异常未发现任何磁性体,仅极个别为隐伏于浅部的矿体所引起。因此,在该区磁法不能用于直接找矿。

2. 电法联合剖面法

电法联合剖面法划出沿淄河两侧大致平行定向20°～30°的两条低电阻带及北西向、近东西向的低电阻带15条,诸多低电阻带一般被认为是发育于基岩中的断裂破碎带。但是低电阻带的形成取决于多种因素,与基岩的断裂位置也不尽吻合,不能反映断裂的规模,更不能确定断裂本身是否赋矿。因此,电法联合剖面法只可大体圈定隐伏的破碎带,用来间接找矿。

3. 重力测量

淄河断裂带重力测量工作的布设是为了更好地配合电法追索和圈定隐伏构造,为勘查找矿提供资料。反映断裂构造的是线性重力低异常和等值线密集的局部异常,其展布常与低电阻带相吻合,重力高异常与地形及覆盖层下基岩的起伏有关。鉴于矿体为似层状,产状平缓,埋藏较深,矿石与围岩无密度差异,故重力测量亦难用于直接找矿。

(二)区域地球化学特征

通过开展水系沉积物地球化学测量,对Cu、Pb、Zn、Cr、Ni、Co、V、Mn共8种元素测试数据进行了系统分析整理,发现各种元素存在多处异常,其中Mn异常2处,Zn异常3处,Pb异常1处,Co异常3处,Ni异常4处,V异常2处,Cr异常5处,Cu异常2处。总的看来,有的异常区已查明为矿化露头,有的异常区与岩体相吻合,个别异常为农田施用农药后金属离子随地表水汇入冲沟泥土中所致,而更多的异常则未查明异常性质。各元素的含量在不同岩性地区略有差异,但均接近于各自的背景值。

第二节 淄河矿集区勘查开发简史

一、淄河富铁矿发现勘查简史

(一)基础地质工作

1958年秋,由北京地质学院(现中国地质大学)师生组成的"山东省地质局第一区测大队"进行了

1∶20万地质测量。对本区的岩石、地层、构造等进行了研究,提供了宝贵的地质资料,对今后的找矿方向提供了线索。同时还进行了1∶5万水文地质测量,对淄河流域的水文地质进行了研究,提供了综合性资料。

1979—1980年,山东省地质局综合研究队对淄河地区寒武系—奥陶系进行了对比研究。

1990—1996年,山东省地质调查研究院在该区进行了新一轮1∶20万区域地质调查。

1996—1998年,中国地科院水文地质工程地质研究所在该区进行了1∶5万区域地质调查。

(二)物探工作

1959—1961年,山东省冶金局物探队和山东省地质局物探队,在太河以北至文登一带,相继进行过磁法、直流电法、交流电法、感应法、放射性化探、重力等测量工作,目的在于用物探方法,寻找有工业意义的矿体。1972年,山东省地质局物探队又在庙子—南仇一带进行了1∶2万的联合剖面法测量。1977—1978年在姚家台子-文登、店子-辛店以及边河地区,进行了1∶1万重磁工作,边河地区,黑旺-太河,源泉-口头地区也进行了联合剖面法测量。地质部物探大队在此区域还做过地震实验等相关工作。

这些物探工作,虽不能直接找矿,但对寻找隐伏断裂起到了较好的效果,是间接找矿的重要手段之一。其中,联合剖面法的效果尤为明显。

(三)矿产勘查工作

清末民初时期,中外地质工作者曾先后多次到淄博地区进行地质调查和科研工作。

中华人民共和国成立后,煤田地质工作有了巨大的发展,在1955年,燃料工业部华东地质勘探局一二一队,在淄博地区进行了煤田的全面普查和勘探工作。

1958年2月,山东省地质局水文地质工程地质大队金南生等同志来朱崖矿区踏勘。踏勘目的是解决淄博市工农业用水的迫切要求,随后金南生等编写了《淄河流域踏勘报告》,提供了一般性水文地质资料。

1959年,山东省冶金局第一勘探队对虎头山地段及朱崖村北以钻探为主要手段进行了普查找矿。另外,淄博勘探队于1959年5月提交了《山东省朱崖铁矿区地质勘探中间报告》,并提交了孤山及虎头山地段C1+C2级矿石储量4 492.47万t;于同年10月提交了《山东省朱崖铁矿区地质勘探第二次中间报告》,并提交了B+C1+C2级矿石储量3 902.05万t,后又经过半年多的联合勘探,于1960年2月提交了《山东省淄博市黑旺铁矿地质勘探总结报告》,并提交B+C1+C2级矿石储量3 588.48万t。

1962年,山东省地质局第一综合地质大队在原淄博昌潍一队工作的基础上继续进行补充勘探,将"黑旺铁矿"更名为"朱崖铁矿"。1963年底,该队提交《山东省朱崖铁矿地质勘探总结报告》,最后确定该矿区铁矿储量为3 955.74万t,其中C1级2 487.96万t,C2级1 467.78万t,占37.11%,"朱崖式"铁矿也由此而得名,报告同时指出文登—南仇一带是今后找矿远景区。

1967年,山东地质局一队曾派普查组做过工作,发现矿体向南延伸,提出对黑旺铁矿孤山南至北马鹿间进行补充勘探,但因其他原因,未能实现。后由山东省冶金局一队补做工作,于1975年提交了《山东省淄博黑旺铁矿孤山南地段地质总结报告》,探明铁矿储量629万t。

1970年,山东省地质局第一地质队,继续沿淄河河床按剖面法施工普查找矿钻孔60余个,工作量达16 000m,虽发现几个小矿,但未能找到具有工业意义的矿体。

1971年,山东省地质局在姚家台—店子一带实施6个钻孔,提交了《朱崖铁矿姚家台地段普查地质报告》。

1972年11月,山东省地质局于庙子一带施工钻孔。

1974年,山东省地质局水文地质队与长春地质学院(现吉林大学)水工系合作测制了1∶5万淄河地区水文地质图,面积1000多平方千米。

1975年8月,山东省地质局在文登寒武系炒米店组见矿,展示了淄河地区在炒米店组中的找矿前景,开辟了新的找矿领域。

1976年底,山东省地质局第一地质队在店子块段发现了隐伏的褐铁矿、菱铁矿体,经进一步工作证实,矿床具有一定规模,且多为富矿。

1978年,山东省地质局在张店召开了淄河铁矿"会战"会议,成立了由山东省地质局和一队、二队、四队、五队、八队、第一水文队等的相关领导组成的会战指挥部,7月编写了详查普查设计,并由四队、五队和第一水文队调动人力、物力参加了店子矿区的钻探施工和钻探编录工作。

1979年,山东省地质局以"鲁地地字60号文"要求对店子矿区进行初勘,初勘地段选定在25线以南,整个矿区的勘探间距:断东C1级200m×100m,C2级200m×200m;断西用400m×200m控制远景。按项目要求1979年底编写了初步勘探设计。

1981年,初步勘探设计经山东省地质局批准后实施,由于地质工作和水文地质工作不能同时结束野外工作,淄河店子矿区的初步勘探地质报告中的水文部分于1983年单独提交了报告。

1983年6月,山东省地质矿产局第一地质大队提交了《山东淄河铁矿店子矿区初步勘探地质报告》,探明铁矿资源储量6 802.1万t,其中经济基础储量6 558.6万t。

1985年6月,山东省地质矿产局第一地质大队提交《山东省淄河铁矿文登矿区详细普查地质报告》,报告经山东省地质矿产局审批,提交矿石储量B+C+D级11 638.72万t,其中C级储量1 390.50万t。

淄河铁矿自20世纪80年代中期以后没有再进行地质调查工作。

二、淄河富铁矿开发简史

淄河铁矿自1958年开采至今已采出铁矿石近2000万t。其中,店子铁矿自1986年开始采矿,由于区内水文地质条件复杂,多为季节性开采。至2004年底,已成功开拓了+80m、+45m、+24m、0m四个中段坑道。开采最低标高为0m。共采出矿石量212万t。其中+80m中段以上采出55.65万t,系群采时期。标高0～+80m,矿山较正规生产,采出矿石量156.35万t,综合回采率达57.29%。

目前淄河铁矿各矿段都已停产。

三、淄河富铁矿科研简史

中华人民共和国成立以来,地质部门先后做了大量的科研工作。提交了相关科研报告和大量学术论文。通过科研工作划定了淄河富铁矿分布范围、确定了矿床成因类型、成矿时代、找矿标志等,并指出了找矿方向,圈定了成矿预测区。

1961年至2009年,原地质部科学院、原武汉地院、原长春地院、南京大学、南京地科所、北京大学、省地质局研究队、安徽地矿局三二五地质队、天津地质研究院、山东冶金地质勘探公司,以及省地质局一、五、八队的科技人员等进行了大量的实地考察工作和资料综合分析工作,提交了《山东朱崖铁矿床的地质特征和生成条件》、《黑旺铁矿区内淄河断裂带发育特征及其与成矿的关系》、《山东淄河铁矿构造特征及控矿作用》、《山东淄河式铁矿床特征及成因探讨》、《山东淄河菱铁矿床的地质特点及成因》、《淄河铁矿地质特征》、《山东淄河式朱崖式铁矿矿床成因探讨》、《淄河铁矿围岩岩性特征和地球化学条件及找矿标志》、《鲁中地区黑旺式富铁矿的矿床成因类型、成矿地质特征及找矿方向的研究》等报告。

2010年,山东省第一地质矿产勘查院李庆平等,提交《山东省铁矿资源潜力评价成果报告》,通过对已知铁矿的时间、空间上的分布特征、成因模型分析、含矿建造特征深入分析研究等,全面总结了淄河富铁矿分布规律,预测了未知区域铁矿在时间、空间上的分布特征,指出了具体的找矿方向,圈定了找矿远

第六章 淄河富铁矿矿集区

景区,将区内铁矿研究工作提升到了全新的高度,达到了领先水平。

2019年,山东省第一地质矿产勘查院刘书锋,在归纳总结以往成果资料的基础上,从断裂带特征、成因机制入手,重点解剖淄河地区构造控矿性、地层含矿性和岩浆岩的致矿性,继而提高了对淄河断裂带成因机制与控岩控矿机制的认识,并撰写《山东淄河断裂带成因机制与控岩控矿分析》报告。

第三节 淄河矿集区矿床基本特征

一、淄河富铁矿的分布特征

该类型铁矿床分布在鲁西隆起的中北部,北起辛店,经青州文登、朱崖、淄川大河,南至莱芜颜庄南,总体沿淄河断裂带呈北北东向带状展布,长约70km。该区域(淄河及其两岸)分布着大小46个铁矿点,其中已查明具有工业价值的大—中型富铁矿床3处,可供地方开采利用的11处(表6-1)。大—中型铁矿床均分布在淄河中下游,隐伏于河床下及两侧,呈带状作南北向展布,埋深30~400m,海拔为+100m~-300m;小型矿床及矿点大多分布在博山源泉以南至莱芜苗山及颜庄一带(图6-3)。其由北而南可分为辛店—太河区段(是本类铁矿床成矿条件最好的区段,有文登、店子、朱崖3个大-中型铁矿床)、太河—寄姆山区段和颜庄南区段。

表6-1 淄河富铁矿矿集区主要铁矿床一览表

矿产地名称	经度(E)	纬度(N)	矿床成因	矿床规模	资源储量/万t
淄博市黑旺孤山南	118°11′53″	36°36′55″	热液矿床	小型矿床	629
淄川朱崖铁矿	118°11′15″	36°36′27″	热液矿床	中型矿床	3 955.74
淄河铁矿文登矿区	118°13′13″	36°41′45″	热液矿床	大型矿床	11 638.72
淄河铁矿店子	118°13′50″	36°41′15″	热液矿床	大型矿床	6 802.1
淄河铁矿庙子	118°12′46″	36°39′54″	热液矿床	小型矿床	159
淄博市黑旺铁矿	118°08′00″	36°37′07″	热液矿床	小型矿床	629
淄博市南邢铁矿	117°54′45″	36°19′00″	热液矿床	小型矿床	21.0
淄博营子铁矿	118°06′20″	36°22′40″	热液矿床	小型矿床	5.79
淄博池上铁矿	118°04′20″	36°22′10″	热液矿床	小型矿床	1.73
淄博郭庄铁矿	118°00′00″	36°23′58″	热液矿床	小型矿床	84.92
临淄区南仇铁矿	118°14′45″	36°47′75″	热液矿床	小型矿床	15.1

二、成矿时代

根据区内岩体侵入年龄和控矿地质条件判断,该区铁矿床受淄河断裂控制,闪长岩K-Ar同位素测年值为182~124Ma。结合鲁西地区断裂构造活动分析,淄河断裂形成于燕山早期,构造活动过程中形成的层间裂隙空间为含矿热液提供了运移通道和成矿空间;在有利的储矿空间中最终经交代、充填和风化淋滤作用成矿。因此,通过测年数据并结合该矿体与围岩的相互产出关系,总体分析该类型铁矿成矿时代属早白垩世(中生代燕山晚期)。

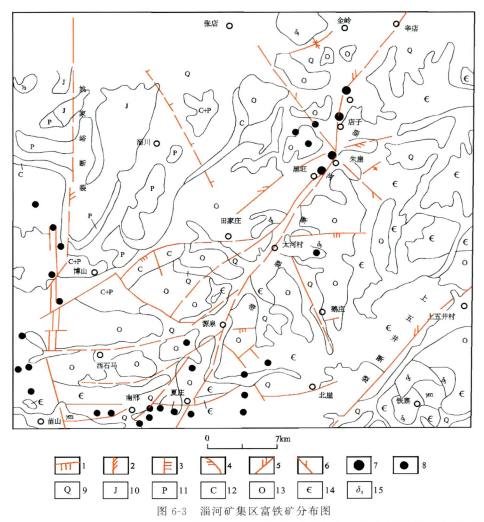

图 6-3 淄河矿集区富铁矿分布图

1.压性断裂;2.压扭性断裂;3.张扭性的旋钮断裂;4.张扭性断裂;5.扭性断裂;6.性质不明断裂;7.大型铁矿床;
8.中-小型铁矿床;9.第四系;10.侏罗系;11.二叠系;12.石炭系;13.奥陶系;14.寒武系;15.燕山期闪长岩

该区属于华北地台Ⅱ级构造单元鲁西台背斜的一部分。从区域地层岩石建造的发育情况来看,局限于该区的情况与大区域的对比,在全部地质发展史中,它与华北地台一起经历了相同的几个主要发展阶段。

(一)前寒武纪地槽发展阶段

整个太古宙时期,本区发育了一套滨海—浅海相碎屑物及火山碎屑物的沉积。遭受地壳强烈的构造运动,碎屑物质发生强烈变质作用,形成一套地槽式沉积的区域变质岩系。主要岩性为一些黑云母斜长片麻岩、斜长角闪岩、花岗片麻岩及混合花岗岩等。由于受到强烈的地壳变动的影响,地层发生了陡倾斜,亦有倒转现象。太古宙晚期受五台运动的影响,致使本区随华北地台隆起,长期遭受风化侵蚀,形成本区的结晶基底。

(二)加里东—海西期活动情况

太古宙晚期,华北地台长期处于风化侵蚀夷平阶段,进入古生代以来,本区处于海侵阶段,寒武纪—

中奥陶世反映了整个海侵的地质面貌。到中奥陶世后期，本区受加里东运动的影响，地壳隆起，又经历了一个较长时期的风化剥蚀阶段。进入晚古生代即石炭纪中期，本区的西部及西北部地区，仍遭到局部海侵，自中石炭世至晚石炭世，发育了一套滨海—海陆交互相的地层。二叠纪时，逐渐海退，形成陆相盆地的碎屑堆积。自经受海西运动以后，本区地壳回返成陆地，长期遭受剥蚀作用，至此已形成发育本区的主要地层。

1. 寒武纪时期的地壳发展情况

下寒武统馒头组是一套以浅海相、滨海相的薄至厚层灰岩，白云质灰岩及粉砂岩等为主的地层，仅顶部出现有紫色粉砂岩等，说明馒头组是早期处于还原环境，晚期则进入氧化环境的滨海。

张夏组则以厚层鲕状灰岩为主，夹有黄绿色页岩，说明寒武系海侵达到最大，处于高动能的还原环境。

寒武系崮山组以黄绿色页岩，薄板状灰岩，夹竹叶状灰岩为主，说明海水略有变浅，但仍处于滨海、浅海的还原环境。炒米店组仍以中厚层灰岩，黄绿色页岩，竹叶状灰岩及具氧化圈的竹叶状灰岩为主，说明地壳振荡频繁，海水动能较高，本区处于浅海相、滨海相的还原环境，但有时则露出海平面，遭受强烈的氧化剥蚀，致使灰岩竹叶具红色铁质的氧化圈。

2. 奥陶纪时期的地壳发展情况

随着寒武系沉积的结束，华北地台自奥陶纪开始，进入了另外一个海侵阶段。早奥陶世以一套厚层质纯的白云岩及含燧石结核的白云岩为主，说明当时本区是一个较为局限，且又开阔的干燥浅海（局限海）环境。直到中奥陶世开始时，此区发生了怀远运动，在马家沟群东黄山组底部发育了以白云岩为主的砾石层。东黄山组、土峪组、阁庄组是以泥灰岩、白云质灰岩、白云岩为主，北庵庄组、五阳山组、八陡组是以厚层灰岩、豹皮状灰岩为主的3个地层。说明自中奥陶世开始，本区的海水有3次变迁，反映了3个沉积旋回，地壳经历了3次较大幅度的升降运动。自中奥陶世末期，本区随整个华北地台隆起，是加里东运动的影响结果。

3. 中石炭世—二叠纪的地壳发展情况

由于本区处于淄博盆地的东南边缘，局部地方发育了石炭纪、二叠纪地层。整个华北地台进入中石炭世以来，发育了一套以碎屑岩为主的泥页岩、黏土岩、砂岩、煤层、铝土岩及灰岩建造。该建造反映了当时华北地台处于海陆交互相，时陆时海，植物繁茂，气候湿润，水体中为还原的环境。地壳振动频繁，海水时进时退，为一海陆变迁较大的环境。自二叠纪开始，华北地台基本脱离海区环境，以陆相沉积为主，二叠纪早期为大陆沼泽环境，形成山西组的含煤地层。二叠纪晚期，气候逐渐变得炎热干燥，不利于植物的生长和煤的形成。受海西运动的影响，本区隆起为陆地，长期遭受风化剥蚀。

（三）燕山期—喜马拉雅期活动及新构造运动的情况

本区自进入中生代以来，受燕山期构造运动的影响较为剧烈，它是引起区内褶皱、断裂和岩浆活动的主要动力因素。区内断裂构造由于受南北向的挤压应力及右旋左旋力偶的应力作用，造就了区内的构造骨架。地层的褶皱及单斜地层，是南升北降地壳运动的结果。随着构造运动的影响，发生了燕山期岩浆岩的侵入活动，之后又有矿液运移、分散、集中的沉淀现象，形成了淄河铁矿的主要矿床。

喜马拉雅期活动，使原来形成的构造体系重新复活，改造了原来的面貌，奠定了现今的构造格局。

随着新构造运动的影响，本区仍以地壳上升、河流下切为主，第四纪时形成了各级阶地。第四系的堆积物多呈黄色、黄褐色，仅底部沉积了红色黏性土，反映了第四纪的气候以凉爽湿润为主，仅在初期阶段显示了炎热干燥的气候条件。

三、矿床成因及成矿模式

（一）矿床成因

对淄河富铁矿（朱崖式铁矿）的成因研究，大体可分为两个阶段。第一阶段是 1958—1963 年，当时生产部门和有关科研单位的工作人员认为该类矿床属中低温热液充填交代矿床。因那时仅见矿石中含有菱铁矿成分，还未发现独立的菱铁矿体，故认为褐铁矿为原生的。

第二阶段是 1975—1980 年，是沿淄河断裂带的铁矿普查实现重大突破阶段。该阶段打破了只注意在中奥陶统中找矿的局限，于炒米店组（原凤山组）发现了大而富的铁矿，同时不仅是单一的褐铁矿，而相伴有菱铁矿体。这些新的成果，引起了地质生产、科研、教学等各方面人员的注意和重视。他们对"朱崖式"铁矿地质特征、矿床成因、找矿方向等诸方面的研究进入了鼎盛时期，撰写和发表了不少报告和论文，提出了各自的成因观点，丰富了矿床成因研究的内容。这些观点概括起来有以下几种。

1. 中低温热液充填交代矿床

认为成矿热液来源于远离矿床的侵入体。持此观点者，一般认为褐铁矿是菱铁矿风化淋滤的产物，但也有的学者认为褐铁矿本身就是低温热液产物。

2. 沉积-热液改造的层控矿床

即沉积含铁矿源层经热液改造和热液富集而形成矿床。研究者认为淄河断裂附近存在含铁沉积碳酸盐岩建造，有 4 个主要层位：下寒武统馒头组下段，中寒武统张夏组，上寒武统炒米店组（原凤山组）上段和中奥陶统北庵庄组、五阳山组、八陡组。其内存在以菱铁矿及含菱铁矿为主的碳酸盐岩类、规模不等的透镜体。在晚白垩世至早第三纪，由于构造变动使地下水温升高，造成铁质含量的再分配，并产生交代作用形成新矿体。另外还有研究者认为有一个以石英—镜铁矿—金属硫化物和石英—菱铁矿—金属硫化物为特征的热液富集成矿阶段。矿床形成后，经氧化淋滤与淋积还可以再形成淋积型矿床。与此观点相似的是沉积、热液形成的菱铁矿以及含铁碳酸盐矿物，氧化富集成褐铁矿，经地下热水改造使褐铁矿变成赤铁矿及镜铁矿，最后是风化淋滤充填岩溶形成新矿体。

3. 溶洞堆积或地表和地下冷水成矿说

相关研究者认为寒武纪—奥陶纪地层中有含菱铁矿（灰矿）和含铁碳酸盐类建造，在张裂隙溶洞中有经地表或地下冷水搬运沉积的"再造"菱铁矿（黄矿）。灰矿是海洋型沉，品位低；黄矿是淡水沉积，品位高。

4. 与碳酸岩有关的气成-热液矿床

相关研究者认为由北博山一带往北，碳酸岩发育比较广泛，而且由南向北，由早期至晚期存在基性程度逐渐降低，碱性增强的趋势。出现多期次、大量的、成分复杂的碳酸岩浆活动，特别是后期气成-热液阶段，不仅形成不少由碳酸岩组成的角砾岩筒、岩床、岩脉，而且携带和溶解了不同时代地层（或矿层）中的 Fe 质，主要是铁白云石、铁方解石、菱铁矿，形成独立的铁白云石—菱铁矿阶段，在有利构造部位充填。又由于风化淋滤作用，形成了以褐（针）铁矿为主的"朱崖式"铁矿。

目前，通过多年的地质勘查工作，对矿体进行了大量揭露观察并采集了各类样品，经过室内鉴定、化验、测试，结果表明该矿床应属中低温热液充填交代-风化淋滤型矿床。先期形成的主要为菱铁矿，次为褐铁矿；而大部分褐铁矿是菱铁矿经氧化后的次生产物。

(二)成矿模式

淄河富铁矿的成矿模式:中低温含矿热液早期的充填交代作用,形成以菱铁矿为主的矿床基础,晚期残余含矿热液的加入和氧化淋滤作用的改造,使之成为具有新的结构构造的以褐铁矿为主的淄河式铁矿床。其成因类型为中低温热液充填交代-风化淋滤型铁矿床。成矿模式见图6-4。

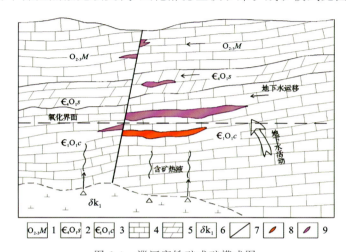

图6-4 淄河富铁矿成矿模式图

1.马家沟群;2.三山子组;3.炒米店组;4.灰岩;5.白云岩;6.闪长岩;
7.断裂;8.菱铁矿体;9.褐铁矿体

四、找矿标志及找矿模型

(一)找矿标志

淄河中低温热液充填交代-风化淋滤型铁矿成矿时代为中生代燕山晚期。矿床主要赋存于寒武纪炒米店组灰岩,奥陶纪北庵庄组、五阳山组、八陡组灰岩中,次为寒武纪—奥陶纪三山子组白云岩中。燕山晚期中基性岩浆衍生的中低温含矿热液的交代充填作用是矿床形成的基础,在淄河断裂带形成的储矿构造中赋存成矿。矿石主要为似层状菱铁矿和褐铁矿。矿体分布较稳定,矿层厚度不大,但矿层较多,具有较高工业价值。因此本文选取了淄河热液交代充填-风化淋滤型铁矿的典型矿床——山东省青州店子矿区,汇总了典型矿床找矿标志(表6-2)。

表6-2 典型矿床找矿标志一览表

成矿要素		描述内容	成矿要素分类
地质环境	岩石类型	闪长岩、灰岩、白云岩	必要
	岩石结构	粒屑结构;微细粒结构、镶嵌结构	次要
	成矿时代	侏罗纪—白垩纪(燕山期);闪长岩K-Ar年龄为182～124Ma	必要
	成矿环境	矿床主要赋存于寒武纪炒米店组、北庵庄组、五阳山组、八陡组灰岩中,次为寒武纪—奥陶纪三山子组白云岩中;燕山期中基性岩浆衍生的中低温含矿热液的充填交代作用为矿床形成的基础	必要
	构造背景	鲁西陆缘岩浆弧(Ⅲ)莱芜同碰撞岩浆杂岩(Ⅳ)济南同碰撞花岗岩组合(Ⅴ)	重要

续表 6-2

成矿要素		描述内容	成矿要素分类
矿床特征	矿物组合	金属矿物主要为褐铁矿、菱铁矿，次为针铁矿、赤铁矿、黄铁矿、镜铁矿、磁铁矿；非金属矿物主要为方解石、白云石、石英，次为重晶石、黑云母、透辉石等	重要
	结构构造	自型—半自型晶粒结构，细微粒结构，交代残余状结构；菱形网格状结构；致密块状、蜂窝状、网脉状、条带状、角砾状构造	次要
	蚀变作用	围岩蚀变普遍，主要有硅化、碳酸盐化、铁白云石化、菱铁矿化、重晶石化、黄铁矿化、黄铜矿化	重要
	控矿构造	北北东向淄河断裂带	必要

（二）找矿模型

山东省青州店子矿区铁矿地质详查报告中总结的预测模型如图 6-5 所示。

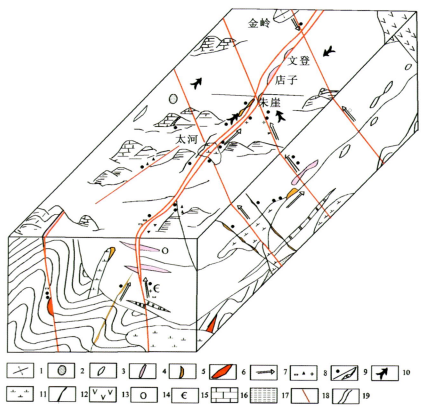

图 6-5 典型矿床预测模型图

1.背斜；2.碳酸岩岩筒；3.溶洞；4.朱崖式铁矿；5.交代型铁矿；6.沉积变质型铁矿；7.热液流向；8.石英、重晶石、硫；9.铁、石膏；10.地下水流向；11.闪长岩；12.碳酸岩；13.火山岩；14.奥陶系；15.寒武系；16.灰岩；17.页岩；18.断裂；19.淄河断裂带

第四节　淄河矿集区典型矿床

一、文登铁矿

(一)矿区位置

文登铁矿位于淄博市临淄区和潍坊市益都县的接壤部位,大致以矿区的-25勘探线为界,以南属益都县的文登镇管辖,以北属临淄区的南仇镇管辖。矿区处东经118°13′13″~118°16′52″;北纬36°41′45″~36°46′35″,面积17km²。矿区交通方便,北距胶济铁路的辛店车站约10km,西距辛泰铁路的南仇车站仅数百米,辛店至庙子的公路通过矿区西侧。

(二)矿区地质特征

(1)地层:矿区内出露地层较为简单,主要有寒武纪—奥陶纪炒米店组、三山子组、东黄山组、北庵庄组、五阳山组、八陡组,为一套浅海相沉积碎屑岩-碳酸盐岩建造。西部大部分被第四系覆盖。

(2)构造:以淄河断裂的F_9为主,并贯穿矿区南北,宽度20~40m,南起矿区(朱崖矿区以南为F_1),往北经店子、文登、南仇至辛店。长度超过20km。断裂方向为北东30°左右,与现代淄河河谷基本一致。辛店以北由于第四系覆盖,情况不详。褶皱不发育,主要为单斜岩层,倾向北北西,局部南西倾,倾角平缓,在5°~10°之间。

(3)岩浆岩:由于构造的多期性,所以岩浆活动也具有多期次,但并不发育,矿区内仅在寒武纪及奥陶纪地层中,见有辉绿岩等。呈顺层侵入的岩床及斜交地层的岩脉产出,其宽度或厚度均不大,一般在2~3m之间,个别可超过10m。

(三)矿体特征

1. 矿床规模及特征

本矿床具工业意义的矿体有22个,它们均隐伏于主断裂两侧,其总体走向与主断裂的走向一致,为北东25°,倾向北西,倾角5°~36°不等,局部倾向发生反转。矿体呈似层状,个别呈似透镜体状;紧靠主断裂呈狭长的不规则带状分布,沿其走向延长7400m,沿其倾向平均延伸426m,最大延伸865m,局部狭缩为100m。靠近主断裂则矿层厚,远离主断裂则分为多层,并渐趋尖灭。

矿体赋存于寒武纪—奥陶纪炒米店组和奥陶纪马家沟群的北庵庄组、五阳山组、八陡组。主断裂纵贯全矿区,将矿床划分为断西和断东两部分。

断东矿体展布在45~-35线之间,长达4250m,沿倾向延伸平均310m,最大延伸560m,局部狭缩到200m以下。诸矿体累计厚度数米至数十米,最大累计厚度为64m,埋深在58m~578m(标高42~-485m)之间。

断西矿体展布在37~-101线之间,长达7000m以上,埋深在53~868m(标高67~-758m)之间,沿倾向延伸平均为282m,最大延伸475m,狭缩部位仅100m。累计厚度数米至数十米,最大累计厚度为54m。

矿体产状平缓，在垂向上多呈平行重叠出现，重叠部分间隔数十米至200余米不等。在纵向上，则表现为矿体的尖灭再现。在横向上，靠近主断裂，矿体的层少而厚度大，随着远离主断裂而渐趋尖灭。然而单矿体的厚度变化并不剧烈。

矿体由褐铁矿矿石和菱铁矿矿石构成，后者占总储量的23.41%，多赋存于深部的Ⅲ、Ⅳ矿带的矿体中，且靠近主断裂。

断东部分的菱铁矿矿石多集中于-15线以南，构成了$E_{Ⅳ-9}$矿体和$E_{Ⅲ-8}$矿体的部分块段，并在$E_{Ⅲ-7}$和$E_{Ⅲ-8}$矿体中以夹层的形式出现，且埋深于344～377m（标高-220～-275m）之间，由南向北倾伏。

断西部分的菱铁矿矿石多集中于-19线以南的$W_{Ⅲ-20}$矿体中，深埋于600～860m（标高-505～-750m）之间，与褐铁矿相间成层。其次有$W_{Ⅱ-16}$、$W_{Ⅱ-17}$矿体，深埋于380～400m（标高-315～-370m）之间，其赋存部位接近主断裂。

部分菱铁矿矿石赋存于-31线的$E_{Ⅳ-11}$和-93线的$W_{Ⅲ-20}$矿体中，与褐铁矿矿石相间呈似层状。

2. 矿体特征及其内部结构

鉴于矿区被主断裂分割为断东、断西两部分，同时在垂向上矿体分带集中，故按赋矿层位划分为4个矿带。现以矿带为序，自上而下对各矿体描述如下。

1）Ⅰ矿带

Ⅰ矿带系指赋存于马家沟群八陡组底部和五阳山组中部的断西$W_{Ⅰ-12}$、$W_{Ⅰ-13}$、$W_{Ⅰ-14}$、$W_{Ⅰ-15}$和断东$E_{Ⅰ-1}$等5个矿体。

（1）$W_{Ⅰ-12}$矿体位于断西，赋存于马家沟群八陡组底部的纯灰岩中，位于21线南、北两侧靠近主断裂的部位，长约300m，宽65m，厚21m。矿体呈似层状，走向北东25°，倾向北西，倾角10°。埋深在52.61～84.78m（标高34～67m）之间，是矿区埋藏最浅的矿体。矿体由平行的3个矿层组成，上、下两层属表外矿，中间一层厚度超过12m；单样最高品位48.17%，矿体平均品位39.34%，为品位中等的小型矿体。该矿体上部矿层隐伏于第四系之下，已经受剥蚀。

（2）$W_{Ⅰ-13}$、$W_{Ⅰ-14}$、$W_{Ⅰ-15}$矿体位于断西，赋存于马家沟群五阳山组中上部的灰岩及豹皮状灰岩中，分别位于-3～-11线、-35～-41线和-41～-49线之间，走向延长分别为500m、500m和750m；其平均宽度分别为77.5m、80m和73m；其平均厚度分别为2.4m、4.41m和8.14m。埋深分别在140～150m（标高-47～-52m），73～81m（标高16～8m）和138～154m（标高-50～-64m）之间。矿体呈似层状，前两个为单层矿体，倾向北西，倾角0°～15°；后又在-41线分为两层，纵剖面上呈向南张开的燕尾状。均由褐铁矿矿石组成，其平均品位分别为47.14%、41.42%、45.33%，单样最高品位为49.79%、54.87%和51.83%，都属于品位较高而规模不大的矿体。

（3）$E_{Ⅰ-1}$矿体赋存于断东马家沟群五阳山组底部的灰岩、豹皮状灰岩中，位于5～-3线之间，长400m，宽140m，呈似层状；走向北东25°，倾向北西，倾角7°，埋深58～104m（标高3～42m）之间，矿体西侧靠近F_9处厚达31m，向东分叉为燕尾状；向南、北两端延伸变薄而趋于尖灭，平均厚度为12m；由块状、蜂窝状、粉粒状褐铁矿矿石组成，其平均品位37.09%，单样最高品位48.91%，属埋藏浅、品位中等的小型矿体。

2）Ⅱ矿带

Ⅱ矿带系指赋存于马家沟群北庵庄组中的矿体。属于该矿带的有断东$E_{Ⅱ-2}$、$E_{Ⅱ-3}$、$E_{Ⅱ-4}$、$E_{Ⅱ-5}$和断西$W_{Ⅱ-16}$、$W_{Ⅱ-17}$、$W_{Ⅱ-18}$、$W_{Ⅱ-19}$8个矿体；它们主要分布在5～-41线间主断裂两侧，呈长条状产出。走向NE25°，倾向北西，倾角10°～30°，规模均小。

（1）$E_{Ⅱ-2}$、$E_{Ⅱ-5}$矿体分别位于断东1线和-3线，长200m，宽度分别为45m和65m，厚度分别为6m和8m，形似透镜体，都由单层褐铁矿矿石组成；其平均品位分别为44.57%和44.12%；单样最高品位分别为48.21%和53.01%。前者赋存于马家沟群北庵庄组顶部的纯灰岩中，其顶板为第三段的泥灰岩，埋深117～124m（标高-10～-17m）之间。后者赋存于马家沟群北庵庄组下部的灰岩、豹皮状灰岩中，埋深310～329m(标高－228～－240m)间。二者上、下间隔150m左右。

(2)E_{II-3}、E_{II-4}矿体都分布于断东－11～1线间,位于E_{II-2}和E_{II-5}矿体间,前者居上,后者在下,上、下间隔在30～50m之间。围岩为灰岩、豹皮状灰岩。矿体长度均为800m,宽度在30～60m之间;主要为单层矿,局部分叉为两层;平均厚度分别为10m和12m,单层最大厚度分别是20m和18m。E_{II-3}由褐铁矿矿石组成;E_{II-4}主要由褐铁矿矿石组成,局部为菱铁矿矿石。平均品位分别为36.74%和36.41%,单样最高品位分别为50.88%和50.73%。前者倾角约15°,后者倾角达30°。属品位中等的小型矿体。

(3)W_{II-16}、W_{II-17}和W_{II-18}矿体分布于断西－41～－11线之间,垂向上呈大致互相平行状,其整体埋深在364～516m(标高－275～－425m)之间。它们分别赋存于马家沟群北庵庄组上、中、下3个部位,上、下间隔30～50m。围岩为灰岩、豹皮状灰岩。矿体长达1000m以上,宽度一般在数十米到百余米。平均厚度分别约为5m、4m和7m。倾角10°左右。W_{II-17}矿体为单层矿,其余两矿体都由2～3层组成。矿石类型主要为褐铁矿,其平均品位分别为33.85%、32.73%、34.02%;W_{II-16}、W_{II-17}两矿体兼有菱铁矿矿石,其平均品位为26.72%、27.88%。

(4)W_{II-19}矿体位于断西－73线,赋存于马家沟群北庵庄组中下部的灰岩中,其产状近于水平。矿体长400m,宽175m,厚2m,由褐铁矿矿石组成,平均品位37.72%;埋深在468～471m(标高－373～－375m)之间。距深部的主矿体(W_{II-20})170m,为一规模较小的孤立贫矿体。

3)Ⅲ矿带

Ⅲ矿带为矿区之主矿带,由赋存于炒米店组的矿体组成。属于该矿带的矿体有断东的E_{III-6}和E_{III-7},断西的W_{III-20}矿体,均呈多层的似层状;顶板一般为条带状灰岩,底板和夹层多为矿化白云岩,局部为矿化灰岩、褪色灰岩、花斑灰岩等。

(1)E_{III-6}矿体,位于矿区最南端的45～37线之间,长约700m,宽65～160m,走向北东25°,倾向北西,倾角10°,厚2～4m,37线靠近F_9处厚度仅有0.87m。埋深245～271m(标高－120～－145m)之间。为单层矿体,主要由褐铁矿矿石组成,间有少量菱铁矿矿石;平均品位36.78%,单样最高品位53.52%,与断东的主矿体(E_{III-7})呈断裂接触,视为主矿体被错断的部分。

(2)E_{III-7}矿体是矿区规模较大的矿体,其储量占总储量的34.88%,位于断东29～－35线之间,长达3550m;矿体的中段较宽,达560m,两端宽度不到200m,平均宽度295m。走向北东25°,倾向北西;倾角15°左右,近F_9处变陡,达36°。其两端呈多层的似层状,于中段的－11线归并成单层;单层厚度一般为5～10m,最厚处达37m,平均厚度14m。矿体中较稳定的夹层一般2～3层,厚度数米至十数米,一般为矿化白云岩、花斑灰岩等。埋深252～522m(标高－140～－435m)。13线F_9近旁的ZK154钻孔未揭露到该矿体,出现无矿天窗。矿体主要由褐铁矿矿石组成,菱铁矿为数甚少,仅在5线和－11线见及。褐铁矿矿石的结构主要为块状、蜂窝状,并有粉粒状矿石混杂。菱铁矿矿石为块状。矿体的平均品位褐铁矿部分为44.40%,菱铁矿部分为32.86%,单样最高品位56.88%,品位变化系数17.10%。褐铁矿富矿占矿体储量的72.25%。

(3)W_{III-20}是矿区规模最大的矿体,其矿石储量占矿区总储量50.13%,位于断西37～－101线之间,长达7000m,最大宽度为475m,但在5线和－57线狭缩至100余米,平均宽度282m;呈多层的似层状,一般由2～6层组成,最大厚度达36m,最薄处不到1m,平均厚度为12m;近F_9断裂厚度大,远离F_9则变薄而趋尖灭。夹层2～4层,厚度数米至二十余米不等,夹石为矿化白云岩或矿化灰岩。矿体走向北东25°,主体部分倾向北西,倾角平缓,一般均在10°以下;南北两端倾向反转,倾角亦陡,可达15°以上。在纵向上其中段呈一向上凸起的褶曲。矿体的主体部位(－27～－73线)埋深在595～757m(标高－497～－665m)之间;两端埋藏较深,最深达868m(标高－758m)。该矿体由褐铁矿矿石与菱铁矿矿石组成。菱铁矿矿石占矿体储量的30.89%,占矿区菱铁矿矿石储量的65.53%,它们主要分布在－49线以南。矿体平均品位,褐铁矿部分为38.83%,菱铁矿部分为30.89%。单样最高品位为53.98%,品位变化系数为19.20%;其品位变化具有近F_9断裂高,远离F_9低的趋势。

4) Ⅳ矿带

Ⅳ矿带系指赋存于炒米店组顶部的矿体。属于该矿带的矿体有断东 $E_{Ⅳ-8}$、$E_{Ⅳ-9}$、$E_{Ⅳ-10}$、$E_{Ⅳ-11}$ 和断西 $W_{Ⅳ-21}$、$W_{Ⅳ-22}$ 等矿体。其中 $E_{Ⅳ-8}$、$W_{Ⅳ-21}$ 和 $W_{Ⅳ-22}$ 矿体赋存于炒米店组结晶灰岩与竹叶状灰岩的过渡部位,其顶板为矿化白云岩,底板和夹层均为条带状灰岩。断东的 $E_{Ⅳ-9}$、$E_{Ⅳ-10}$ 和 $E_{Ⅳ-11}$ 矿体赋存层位偏下,其顶板及夹层均为炒米店组的条带灰岩、竹叶状灰岩,局部为花斑灰岩;三者在纵向上呈尖灭再现的关系。该矿带诸矿体的总体走向北东25°,倾向北西,倾角断东者较陡,为12°~30°,断西者较平缓,倾角一般都小于10°。

(1) $E_{Ⅳ-8}$ 矿体的规模居矿区第三位,其储量占矿区总储量的6.74%,位于断东21~-31线间,长达2900m,沿倾向最大宽度425m,平均宽度180米。矿体呈似层状,由1~2单层组成,单层最大厚度达9m,最薄处仅0.4m,平均厚度5m。矿体在-15~-11线间与产于炒米店组的薄矿层归并,中夹矿化白云岩。埋深在393~557m(标高-270~-467m)间。矿体由褐铁矿与菱铁矿两类矿石构成,二者储量相当。菱铁矿矿石主要分布于13~5线间。矿体的平均品位,褐铁矿为38.90%,菱铁矿为38.02%,单样最高品位为49.93%。

(2) $E_{Ⅳ-9}$、$E_{Ⅳ-10}$、$E_{Ⅳ-11}$ 矿体位于 $E_{Ⅳ-8}$ 矿体之下30m之内,三者在走向上呈尖灭再现。$E_{Ⅳ-9}$ 矿体位于21~13线间,长600m,宽220m,厚5m,埋深在481~491m(标高在-370~-380m)间,矿体呈似层状,由1~2层归并而向北张开的燕尾状;由菱铁矿矿石组成,平均品位26.26%。$E_{Ⅳ-10}$ 矿体位于-15线处,长200m,宽160m,厚10m,埋深565~578m(标高-472~-485m);矿体由两层似层状矿层组成,于 F_9 近旁归并成一体,全为褐铁矿矿石;矿石平均品位30.41%,丹阳最高品位47.79%。$E_{Ⅳ-11}$ 矿体位于-35~-27线之间,长400m,宽150m,厚3m;埋深555~558m(标高-465~-468m),由单层褐铁矿矿石组成,平均品位33.32%。

(3) $W_{Ⅳ-21}$、$W_{Ⅳ-22}$ 矿体位于 $W_{Ⅳ-20}$ 矿体之下约50m。分别分布于-49线和-93线的部位,二者沿走向呈尖灭再现,其倾向都较平缓。前者长400m,宽155m,厚14m,埋深704~719m(标高-609~-623m),为单层褐铁矿矿体,平均品位42.23%,单样最高品位49.76%。后者长400m,宽175m,厚7m,埋深788~798m(标高-685~-696m),由两层平行的矿层组成,矿石类型以菱铁矿为主,间有褐铁矿;菱铁矿平均品位28.44%,褐铁矿平均品位42.54%。

(四)矿石特征

1. 矿石矿物成分

矿石可分为两类,一类以褐铁矿为主(其中包括水针铁矿、针铁矿、纤铁矿等),一类以菱铁矿为主。其次为赤铁矿、镜铁矿,少量的菱锰矿、软锰矿、硬锰矿和微量的与粗晶菱铁矿伴生的黄铁矿、黄铜矿。脉石矿物有方解石、重晶石、铁白云石,石英等。

本区矿石以褐铁矿、菱铁矿为主,赤铁矿和镜铁矿矿石不多。褐铁矿多为富矿。根据 $(CaO+MgO)/(SiO_2+Al_2O_3)$ 的值,判别为碱性。

文登矿区全铁总的平均品位为38.95%,富矿占一半以上。

2. 矿石化学成分及共(伴)生矿产

矿石中除主要可用元素 Fe 以外,还伴生有益元素 Mn、Ti、V;有害元素 P、S、Cu;造渣组分 CaO、MgO、SiO_2、Al_2O_3、Na_2O、K_2O、BaO 等。灼减物 H_2O^+、CO_2 的含量普遍偏高。

1)有益元素

(1)Fe:褐铁矿矿石 TFe 含量多在 36%～45%之间,平均 41.02%,最高 56.88%;富矿储量占矿区总储量的 46.65%。主矿体中心部位较富,边部则贫,其变化较为稳定且有规律。

菱铁矿矿石 TFe 含量一般为 26%～35%,平均 30.43%,最高 40.50%。

(2)Mn:在矿石中的含量一般在 0.9%～1.3%之间,最高达 2.23%。Mn 与 Fe 在矿石中呈正相关关系,主要以软锰矿、黝锰矿等矿物与褐铁矿伴生,并且交代褐铁矿和针铁矿,形成较晚。

(3)Ti、V:在矿石中属微量元素,与铁呈类质同象,钛以锐钛矿的形式赋存于菱铁矿矿石中。Ti 含量一般在 0.5%～1.7%。据光谱分析,V 的含量一般在 3‰左右,高者可达 6‰。

2)有害元素

(1)S:在矿石中含量一般在 0.10%以下,个别样品含量大于 0.2%,均满足工业要求。

(2)P:含量均低于 0.2%,都满足工业指标要求。

(3)Cu:含量多在 0.01%～0.04%之间,最高仅 0.086%,均可满足工业要求。

3)造渣组分

(1)CaO:在褐铁矿矿石中从不足 1%到 24.86%,其含量的高低取决于钙质被铁质交代的程度、后期碳酸盐化的强弱以及在表生阶段被淋蚀的程度,一般富矿的 CaO 含量较低。

(2)MgO:在褐铁矿矿石中含量一般在 2%以下,局部(-27～-19 线)贫矿中 MgO 含量较高,可达 3%～9%。菱铁矿矿石的 MgO 平均含量 4.55%,高于褐铁矿的含量。MgO 与 TFe 之间存在负相关关系。

(3)SiO_2:含量一般在 5%～15%之间,菱铁矿矿石中 SiO_2 平均含量为 7.56%;褐铁矿的富矿石中 SiO_2 的平均含量为 8.72%,贫矿石中 SiO_2 的平均含量为 11.39%。

(4)Al_2O_3:含量较低,除少数样品达 3%～8%外,一般在 1%左右变化,与 TFe 呈负相关关系。

K_2O、Na_2O、BaO 等在矿石中含量甚微。

4)烧失量(即灼减物 H_2O^+、CO_2 等的含量)

褐铁矿矿石的平均烧失量为 17.51%,其中富矿石的烧失量为 14.50%,最高 26.02%;贫矿石的烧失量为 22.29%,最高 31.81%;菱铁矿矿石的平均烧失量为 30.62%,最高为 33.07%。

由上述资料可知,菱铁矿中的铁为亚铁,主要以 $FeCO_3$ 的形式赋存于矿石中,褐铁矿中则以高价铁(例如 Fe_2O_3)的形式存在,反映矿石已被充分地氧化。

菱铁矿矿石中 CaO、MgO 的含量高于褐铁矿矿石中的含量,说明氧化过程中碱性造渣组分有明显的淋蚀。

SiO_2 在褐铁矿矿石中的含量较高,而在菱铁矿矿石中较低,反映了它在矿石的氧化过程中比碱性造渣组分(CaO,MgO)更显示惰性,还伴随氧化—淋滤过程发生硅化作用。

根据对矿石酸碱度[(CaO+MgO)/(SiO_2+Al_2O_3)]的计算,褐铁矿的富矿石酸碱度值为 0.64,属半自熔性;褐铁矿的贫矿石酸碱性值为 1.30,属碱性。菱铁矿矿石酸碱性值为 1.81,属碱性。

3. 结构构造

矿区的矿石分褐铁矿矿石和菱铁矿矿石两大自然类型,介于两者之间的过渡类型矿石为数甚少。褐铁矿矿石按其结构构造特点,又可分为致密块状、蜂窝状、浸染状(或残斑状)、网格状、肾状、葡萄状、粉粒状等类型,其中尤以蜂窝状、致密块状、浸染状、粉粒状、网格状构造的矿石较为普遍。菱铁矿矿石则以粗晶菱铁矿构成的矿石为主,一般具条带状、竹叶状、浸染状(残斑状)、块状、细脉状、角砾状构造。

4. 矿石类型

矿区矿石类型可分为铁白云石菱铁矿矿石、褐铁矿矿石、赤铁矿褐铁矿矿石、镜铁矿褐铁矿矿石等。菱铁矿矿石分为两种,一种为细晶菱铁矿,属原生矿石,简称"灰矿"。另一种是粗晶菱铁矿,属次生矿石,简称"黄矿"。

(五)围岩和夹石

矿区矿体顶、底板及其夹石都为碳酸盐岩,但由于富矿的碳酸盐岩各自富铁程度和富铁部位的不同,或全部为矿体,或某一部分成为矿体;且在沉积、成岩阶段经历了程度不同的白云岩化和后期围岩蚀变等,因而各矿体的围岩及夹石因层、因地而稍有差异。仅选有代表性的矿体予以简述。

处于矿区终端的 E_{IV-8} 矿体位于炒米店组结晶灰岩、竹叶状灰岩过渡部位,其底板为含粒屑的条带灰岩,顶板为白云岩,E_{III-7} 和 W_{III-20} 矿体赋存于炒米店组底部,其下伏岩系为一套白云岩,但其直接底板为去白云岩化的次生灰岩;其底板断西部分为白云岩,断东部分为含白云质灰岩,具云斑,并有褐色蚀变。矿体中的夹石都为去白云石化的白云质灰岩。

奥陶纪马家沟群北庵庄组、五阳山组的赋矿层以灰岩为主,但矿体赋存于局部发育呈透镜体状的白云岩类中,两者具一定的相关关系。一般作为矿体或矿带的顶、底板和夹层,后期都有程度不同的去白云石化。

矿体的夹层较少,少量夹层与矿体的形态协调。仅 E_{III-6}、E_{III-7}、W_{II-16}、W_{II-18}、W_{III-20} 5 个矿体有夹层存在。主矿体的矿段夹石率在 0.71%~16.45% 之间,一般在 4%~6% 之间。

(六)围岩蚀变

围岩和夹石普遍具有微弱的蚀变。蚀变类型为褐铁矿化、菱铁矿化、铁白云石化、方解石化、去白云石化、重晶石化,以及轻度的大理岩化,包括岩石的重结晶和褐色。

矿区的围岩蚀变种类较多,但均属中低温热液蚀变类型,主要是碳酸盐化(菱铁矿化、铁白云石化、方解石化、铁方解石化、白云石化)、硅化、重晶石化、镜铁矿化、褐铁矿化、大理岩化等,并有少量含 Fe、Cu 的简单硫化物矿物相伴生成。蚀变产物的矿物组成和化学成分与围岩一致。分布范围不局限于矿体的围岩,但又受断裂的制约。

1. 碳酸盐化

(1)菱铁矿化和铁白云石化:二者紧密共生,形成时间相当,具多世代特征;主要发育在富铁碳酸盐岩中细晶菱铁矿的重结晶和交代铁白云岩中,从而形成粗晶菱铁矿和铁白云石,沿铁碳酸盐岩和其围岩的构造裂隙充填形成脉状、网脉状和细脉状等。

铁白云石多产于白云岩中,少量产于灰岩中,沿白云石颗粒间或其周围进行交代,呈细脉和网脉状。部分为颗粒比较粗大(一般为 0.1mm、0.5mm)的铁白云石集合体与菱铁矿分布在一起。

(2)方解石化和铁方解石化:方解石化分布比较广泛,在空间上主要和断裂、裂隙的发育程度有关,多呈细脉产出。

方解石脉可分为铁方解石脉和方解石脉,它们之间往往有互相穿插、互相切割的现象,也有相处于同一条脉的现象,甚至两种成分在同一颗粒上呈环带状产出。一般来说,方解石化持续的时间要长一些。

(3)白云石化和去白云石化:矿区所出现的白云岩多为生成机理的多次交代而形成,又以沉积后期和成岩期所形成的准同生白云岩和次生白云岩为主体。后生白云岩少见,仅沿构造裂隙分布,呈脉状和白云石的集合体出现。

白云石被方解石交代,即去白云石化,在矿区是一种普遍的现象,几乎在所有的白云岩或白云石相对集中的部位都可见到,但多集中在构造裂隙发育的部位或矿层顶底板,都往往形成次生灰岩。去白云石化与褐铁矿化关系密切,凡是有褐铁矿化的部位都伴随有去白云石化。

2. 褐铁矿化

褐铁矿化是指在氧化环境中低价铁氧化为高价铁的氧化物和氢氧化物的演变过程。发生于风化亚带(即地表与当地潜水面之间、或向下延至地下水的侧向平流带之间),沿着铁碳酸盐岩的节理、裂隙面进行氧化,并逐步扩展,以致整体被改造为褐铁矿。

出露于氧化带的碳酸盐岩呈现程度不同的褐铁矿化。氧化带中富铁碳酸盐岩被地下水淋滤,铁的氧化物和氢氧化物被运移,充填于裂隙、岩溶中,形成新的矿体,也应视为褐铁矿化。

3. 硅化

硅化分布比较普遍,但形式有所不同。沿主断裂局部有石英脉的充填,如 ZK9 钻孔,石英脉被改造为石英质碎裂岩;在断裂构造的有关部位,硅化现象有所显示。自生石英以自形、半自形柱状晶体,或以单晶成集合体不均匀地分布在铁白云石、白云石等矿物颗粒间,或呈细脉状产出,脉宽一般为 0.05～1.00mm。

4. 重晶石化

重晶石化不甚发育,主要富集于断裂构造带,其次是矿体的顶、底板,其分布大体上和铁白云石化、硅化相当。重晶石一般为自形、半自形板状晶体,以单晶或集合体形式分布在石英、铁白云石等矿物粒间,其中有石英、黄铁矿包体。重晶石的另一种产状是和铁白云石、石英等呈细脉状产出,脉宽一般为 0.1～9mm。

5. 镜铁矿化

镜铁矿化主要发育于矿体及其附近,往往在菱铁矿、铁白云石和石英发育的部位出现,一般呈自形、半自形鳞片状集合体分布在矿石或岩石的裂隙中,形成时间较晚。

6. 黄铁矿-黄铜矿化

一般分布在菱铁矿矿石中,为粗晶菱铁矿、铁白云石的共生矿物,呈细脉状和星点状。在断裂深部的构造岩中,黄铁矿呈自形粒状单晶分布于胶结物中。

7. 大理岩化及褪色现象

大理岩化及褪色现象主要出现于 3 个部位。

(1)上寒武统炒米店组的顶部,有一层厚约 10m 的白云质大理岩,在矿区为一稳定的层位。

(2)炒米店组第二段顶部,为褪色的云斑灰岩。其他矿体顶板围岩蚀变程度较弱,没有明显的重结晶现象。

(3)断裂带的某些部位,局部有大理岩化现象。

上述各种蚀变作用一般发生在岩浆侵入,热卤水形成之后并对富铁碳酸盐岩进行改造之时。其蚀变顺序大体为碳酸盐矿物(原始)→硅化→铁碳酸盐化(菱铁矿化、铁白云石化、铁方解石化)→黄铁矿、黄铜矿化→石英、重晶石化→方解石化或去白云石化→褐铁矿化。

(七)矿床开发利用现状

1985年6月,山东省地质矿产局第一地质大队提交《山东省淄河铁矿文登矿区详细普查地质报告》,报告经山东省地质矿产局审批,获得矿石储量B+C+D级11 638.72万t,其中C级储量1 390.50万t。矿床目前没有开发利用。

二、店子铁矿

(一)矿区位置

青州市店子铁矿床是淄河铁矿成矿带中的大型铁矿床之一,位于青州市西部庙子乡,东距青州市区24km。矿区地理坐标:东经118°12′00″~118°15′00″,北纬36°40′00″~36°42′30″,面积8.55km²。

(二)矿区地质特征

在地质构造部位上,该矿床处在鲁西隆起区中北部的鲁山凸起内。矿区位于淄河东侧,被大面积第四系覆盖,仅在小范围出露奥陶系下部地层。东部出露有寒武纪九龙群炒米店组上部、奥陶纪三山子组a段+b段和马家沟群(图6-6)。矿区内断裂构造发育,以北北东向的淄河断裂带为主,断裂带宽度1200~2200m,总体走向25°~35°。主干断裂垂直断距130~350m,为主要控矿断裂。此外,近东西向和近南北向断裂比较发育。店子矿区处于北北东向主断裂(淄河断裂)与北西西向两峪断裂的交会部位,成矿构造条件有利。

矿区内的岩浆岩主要有燕山期辉石闪长岩和煌斑岩类,呈岩床状侵位于奥陶纪马家沟群土峪组中下部,厚层灰岩与薄层灰岩之间,少数侵位于马家沟群东黄山组和寒武纪炒米店组中。

(三)矿体特征

店子铁矿床全部由隐伏的矿体组成,沿北北东向展布,总长3500m,宽300~1500m。以F_9断裂为界,分为断东、断西两大部分,断东10个矿体,断西1个矿体。矿体主要呈似层状,局部呈扁豆状,其形态受断裂构造和层间构造控制,寒武纪炒米店组为主要赋矿层位,仅有个别小矿体赋存于奥陶纪三山子组中(表6-3)。矿体走向与F_9断裂的走向一致,倾向北西。

断东矿带总厚数米至240m不等,矿带内各矿体平行重叠出现,垂直间隔6~80m。矿带内各矿体厚度一般在数米至数十米之间,最大厚度48.13m。断西为单一矿体,厚度一般10m左右,最大厚度超过40m。矿体最厚地段分布在矿区南部F_9断裂东侧,远离F_9断裂矿体厚度逐渐变薄,直至尖灭。

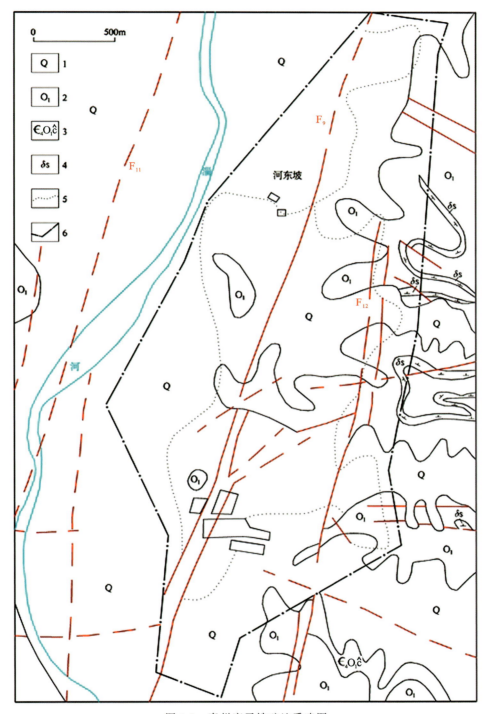

图 6-6　青州店子铁矿地质略图

1.第四系；2.下奥陶统；3.炒米店组；4.燕山期闪长岩；5.铁矿床零点边界线；6.勘查边界线

表 6-3 青州店子铁矿矿床要素一览表

矿体编号	矿体形态	矿体空间位置		矿体规模		厚度/m		矿体产状				赋存层位	层数	TFe平均品位/%
		埋深/m	海拔/m	长轴延伸/m	剖面最大延伸/m	一般	最大	走向	倾向	倾角一般	倾角最大			
Ⅰ	似层状（小矿体）	240～270	−80～−110	200	65		7.86	20°	NW	25°	25°	奥陶纪三山子组	2	36.94
Ⅱ	似层状（小矿体）	250～340	−91～−180	500	230	5～10	10.86	20°	NW	25°～30°	40°		2	39.77
Ⅲ	似层状（主要矿体）	70～420	−90～−260	2 500	1 010	10～20	48.13	20°	NW	18°～25°	38°	寒武纪炒米店组上部	1	46.76
Ⅳ	似层状（小矿体）	300～370	−150～−220	400	155	约10	21.55	20°	NW	25°	25°		1	41.78
Ⅴ	似层状囊状（次要矿体）	330～500	−150～−320	900	160	10～20	28.40	20°	NW	20°～30°	38°		1	41.52
Ⅵ	似层状（小矿体）	460～490	−300～−330	200	70		12.68	20°	NW	20°	20°		1	37.73
Ⅶ	似层状（小矿体）	380～420	−220～−260	200	80		3.49	20°	NW	25°	25°		1	28.36
Ⅷ	似层状（次要矿体）	420～520	−260～−360	600	190		33.02	20°	NW	18°～29°	36°		3	30.08
Ⅸ	似层状（小矿体）	470～560	−290～−380	500	185		17.68	20°	NW	12°～16°	34°	寒武纪炒米店组一段	3	27.59
Ⅹ	似层状（小矿体）	530～550	−380～−400	100	650		6.18	20°	NW	12°	12°		2	29.46
Ⅺ	似层状（小矿体）	520～650	−380～−400	2 000	510	约10	42.13	20°	NW	9°～16°		寒武纪炒米店组上部	1	44.03

（四）矿石特征

1. 矿石矿物成分

矿区内矿石分为褐铁矿矿石和菱铁矿矿石2个基本类型。

褐铁矿矿石的矿物成分：矿石矿物主要为褐铁矿、针铁矿；其次为纤铁矿、赤铁矿、水赤铁矿；少量软锰矿－黝锰矿、硬锰矿、镜铁矿、黄铁矿、黄铜矿以及磁铁矿、锐钛矿等。其中，褐铁矿、针铁矿是主要的矿石矿物。脉石矿物主要为方解石、白云石、石英；少量为重晶石泥质物以及橄榄石、黑云母、透辉石、阳起石、磷灰石、碳硅石、锆石等。

褐铁矿为一组矿物集合体，是组成褐铁矿矿石的主要矿物。本矿床的褐铁矿主要由针铁矿组成，次为纤铁矿。常见褐铁矿沿碳酸盐矿物边缘、解理、裂隙进行填充交代。主要由菱铁矿、铁白云石等氧化而成，亦有部分原生的。

菱铁矿矿石的矿物成分：矿石矿物主要为菱铁矿、黄铁矿、黄铜矿、镜铁矿及磁铁矿；脉石矿物有石英、铁白云石、绿泥石、重晶石，其次是黑云母、透辉石、碳硅石、磷灰石、锆石。

菱铁矿是组成菱铁矿矿石的主要金属矿物，有的残留于褐铁矿矿石中，呈残晶或假象。按其形成时间分为早、晚两期：①早期菱铁矿为微粒—细粒的半自形、他形粒状集合体，粒径0.02～0.3mm，常沿裂隙及矿物边缘交代白云石，被铁白云石及晚期菱铁矿所交代。②晚期菱铁矿呈米黄色粗晶，粒径1～6mm，大者达10mm。多为自形—半自形粒状集合体。晚期粗粒菱铁矿交代早期细粒菱铁矿。

2. 矿石化学成分及共（伴）生矿产

褐铁矿矿石中TFe含量多在35%～55%之间，平均45.52%，最高61.70%。以富矿为主，占71%。矿体品位比较稳定而有规律变化，即矿体中部偏高，边部偏低。

菱铁矿矿石中TFe含量一般为25%～30%，平均29.70%，最高30.74%，均为贫矿。

根据物相分析结果（表6-4），Fe在矿石中以不同形式赋存。菱铁矿矿石中主要是低价铁，以$FeCO_3$或FeO形式赋存。褐铁矿矿石中主要为高价铁，$FeCO_3$或FeO含量都很低，说明褐铁矿氧化程度高。

表6-4 青州店子铁矿区矿石有益元素分析结果表

采样位置	岩矿名称	分析结果/%						
		TFe	Fe_2O_3	$FeCO_3$	Fe_3O_4	$FeSiO_3$	FeS_2	FeO
ZK530	菱铁矿	38.88	1.43	37.4	0.12	0.01	0.02	48.33
ZK451	菱铁矿	39.01	2.35	36.98	0.09	0.01	0.02	47.40
ZK581	菱铁矿	29.26	2.16	27.09	0.24	0.01	0.01	35.39
ZK519	菱铁矿	39.01	0.78	37.48	0.85	0.02	0.01	48.26
ZK551	褐铁矿	53.87	53.73	0.21	0.02	0.01	0.05	0.07
ZK546	褐铁矿	54.34	54.34	0.34	0.01	0.01	0.05	0.07
DK8-157	矿化灰岩	16.68	16.66	0.24	0.03	0.01	0.02	0.07

Mn在矿石中的含量一般在0.8%～1.5%之间，最高达3%以上，与Fe在矿石中成正消长关系。常以软锰矿、黝锰矿、硬锰矿等矿物与褐铁矿伴生，有时交代褐铁矿和针铁矿。矿石普遍含Mn，提高了矿石的利用价值。Ti、V在矿石中属微量元素，与Fe呈类质同象形式赋存。S、P、Cu的含量低于0.2%。CaO含量变化大，有的小于1%，有的大于20%。CaO含量高低决定于钙质被铁质交代的程度，富矿中CaO含量很低。MgO在褐铁矿矿石中含量低，一般小于1%。在菱镁矿矿石中MgO多在

3%～4%之间。MgO与TFe之间存在负相关关系。

SiO_2含量一般为5%～15%。菱铁矿矿石中,Si平均含量为13.06%;褐铁矿富矿为7.99%,贫矿为9.04%。Al_2O_3含量多在1%～3%,高者可达6%以上。与TFe呈负相关关系。

矿石的$(CaO+MgO)/(SiO_2+Al_2O_3)$值,褐铁矿富矿为0.57,属半自熔性矿石;褐铁矿贫矿为1.74,属碱性矿石;菱铁矿为0.64,属半自熔性矿石。

3. 结构构造

按结构构造特点,褐铁矿矿石又可分为致密块状、蜂窝状、粉粒状、条带状、葡萄状、网格状等构造类型。其中,以致密块状、蜂窝状、粉粒状、网格状几种矿石较普遍,是组成褐铁矿矿体的主要矿石类型,致密块状、蜂窝状和粉粒状矿石为富矿矿石类型;网格状属贫矿矿石类型。

4. 矿石类型

本矿床的矿石类型按主要矿石矿物构造可分为褐铁矿矿石、菱铁矿矿石,以及介于二者之间的过渡类型矿石。

菱铁矿矿石分为粗粒菱铁矿矿石和细粒菱铁矿矿石两种。菱铁矿矿体主要由前者组成,后者极少见,均分布于矿体边部。

褐铁矿和菱铁矿的过渡类型矿石数量不多,但也常见。

（五）围岩和蚀变

1. 矿体围岩

近矿围岩主要为灰岩和白云岩两大类。矿体顶板为条带状灰岩、花斑灰岩、碎屑灰岩、白云质灰岩、白云质泥质灰岩;底板为中细粒白云岩、灰质白云岩、白云灰质岩、条带状灰岩、花斑灰岩。白云石、方解石,泥质物为围岩的主要矿物成分,其次有石英、黄铁矿及后期次生矿物方解石、铁白云石、褐铁矿、重晶石等。

围岩的化学成分主要有CaO、MgO、SiO_2、Al_2O_3、FeO、Fe_2O_3,以及MnO、SO_3等。相互关系及变化规律:SiO_2与Al_2O_3,FeO与MnO呈正消长关系,Fe_2O_3与FeO,CaO与MnO呈反消长关系(图6-7)。

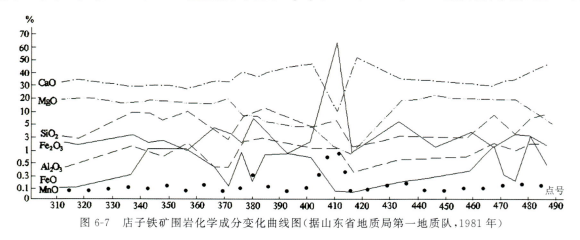

图6-7 店子铁矿围岩化学成分变化曲线图(据山东省地质局第一地质队,1981年)

2. 围岩蚀变

店子铁矿围岩蚀变类型有褐铁矿化、菱铁矿化、铁白云石化、碳酸盐化、大理岩化。近矿围岩有明显的褪色、重结晶现象。但围岩蚀变比较微弱,连续性差,没有形成完整或单独的交代岩。

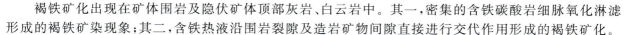

褐铁矿化出现在矿体围岩及隐伏矿体顶部灰岩、白云岩中。其一，密集的含铁碳酸岩细脉氧化淋滤形成的褐铁染现象；其二，含铁热液沿围岩裂隙及造岩矿物间隙直接进行交代作用形成的褐铁矿化。

重晶石化是伴随褐铁矿化的蚀变。其以宽脉、细脉及不规则团块的形式分布于褐铁矿体及围岩中，而在菱铁矿体中并不发育。

(六) 矿床开发利用现状

山东省地质局第一地质队继青州文登铁矿(店子北部)发现之后，于1976年11月，在青州店子铁矿施工的第一个钻孔的寒武纪炒米店组中发现17层，总厚达80.22m的褐铁矿层(单层最厚达23.81m)。于是在1978—1981年，山东省地质局对该铁矿组织了集中勘探，于1983年6月提交了《山东淄河铁矿店子矿区初步勘探地质报告》，探明铁矿资源储量6 802.1万t，其中经济基础储量6 558.6万t。

青州店子铁矿已开发利用，到2004年底，采出矿石量156.35万t，综合回采率达57.29%。目前店子铁矿停产。

三、朱崖铁矿

(一) 矿区位置

朱崖铁矿位于淄博市与益都县的交界处，与淄博市(博山)的东北相距60km，与益都县西南相距40km。均有公路相通，地理坐标为东经118°11′30″～118°13′05″，北纬36°36′30″～36°38′37″。

(二) 矿区地质特征

1. 地层

本区出露地层较为简单，主要为寒武纪炒米店组，奥陶纪冶里-亮甲山组，奥陶纪马家沟群等，均出露不全，其岩性为一套碎屑岩-碳酸盐岩建造。

2. 构造

本区构造：以断裂为主，褶皱不发育，淄河断裂带纵贯矿区南北，具有工业价值的主矿体即赋存在F_1、F_3、F_7断裂之间。

(1) 北北东向断裂(淄河断裂带)。该组断裂走向20°～40°，局部呈南北向，倾向北西或南东，倾角多在75°以上或近直立，属张扭性断裂，断距多在30～60m间，一般不超过100m。主要断裂为F_1、F_2、F_3、F_4、F_5。其中F_1断裂规模较大，局部断距大于100m。该组断裂由一系列大致平行的断裂组成，控制宽度400～500m，是一种阶梯式的断块构造，总的趋势是西盘下降，东盘上升，淄河西侧仅出露马家沟群，东侧有寒武系—奥陶系分布。该组断裂具有多期活动特点，区内侵入岩、铁矿体、石英脉明显受其控制，是矿体赋存的主要部位。

(2) 北西向断裂。该组断裂属于淄河断裂带的次级构造，规模不大，主要分布于淄河断裂带西侧，很少切穿淄河断裂带。其走向320°～330°，倾角多大于80°，属张性断裂，断距20～40m，发育于-7～7线，是矿体最富集地段，但矿体长度不大，沿走向有尖灭和重现的现象。

(3) 北东东向断裂(F_6)。该断裂规模较大，长10余千米，多被第四系覆盖，走向约60°，倾向南东，倾角陡立，属张性断裂，垂直断距100m左右。

(4) 北西西向断裂(F_7、F_8)。该组断裂走向250°左右，倾向南西，倾角陡立。

3. 岩浆岩

该区岩浆活动不发育，仅见有一些在灰岩中呈岩床产出的辉长岩、闪长岩及石英脉等（见图6-8）。

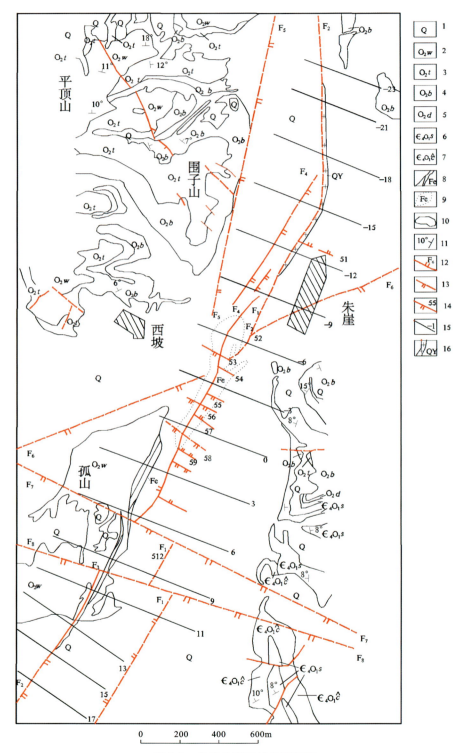

图 6-8 朱崖铁矿区域地质略图

1.第四系；2.五阳山组；3.土峪组；4.北庵庄组；5.东黄山组；6.三山子组；7.炒米店组；8.地表出露矿体；9.隐伏矿体；10.地层界线；11.产状；12.张性断裂及编号；13.推断断裂及编号；14.羽毛状构造裂隙及编号；15.勘查线编号；16.石英脉

(三) 矿体特征

矿体的形态主要为似层状,次为脉状及鸡窝状等。主要赋存于奥陶纪马家沟群北庵庄组、五阳山组内。

1. 似层状矿体

矿体主要产于北庵庄组厚层灰岩内(图6-9),大多隐伏在淄河河床之下。孤山2号矿体规模最大,分布于7～8线之间,长1500m,宽度一般80～120m,最宽196m。矿体平均厚度42m,最大垂深106m。矿体走向20°～25°,与淄河断裂带近一致,倾向北西,倾角10°～25°,与围岩产状大致相同。

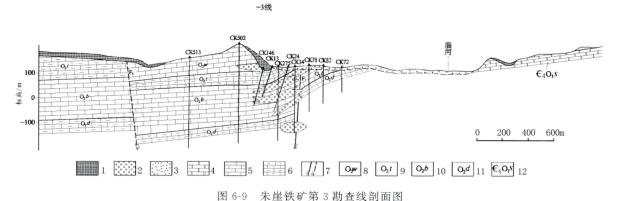

图6-9 朱崖铁矿第3勘查线剖面图

1.第四系黄土;2.铁矿;3.冲积层;4.大理岩;5.灰岩;6.白云质灰岩;7.实测及推断断裂;8.五阳山组;
9.土峪组;10.北庵庄组;11.东黄山组;12.三山子组

2. 脉状矿体

脉状矿体分布广泛,尤其在淄河西部的孤山、虎头山和围子山等地出露较多。矿体主要产于五阳山组含燧石厚层灰岩内,规模一般较小。矿脉可分为北东向和北西向两组,常呈"V"字形尖灭。

北东向矿脉:主要分布在孤山东坡及其南端地表,受北东向断裂控制,走向20°～30°,长度一般100～450m,宽度10～50m,形态复杂,沿走向膨缩尖灭现象显著。

北西向矿脉:在虎头山和围子山等处广泛分布,受北西向羽毛状张性裂隙控制,走向330°左右。以虎头山矿脉为例,矿体长258m,宽3m～8m,延伸20m。倾向南西,倾角陡立。

(四) 矿石特征

1. 矿石矿物成分

朱崖铁矿的矿物成分较为简单,主要金属矿物为胶状的褐铁矿,其次为赤铁矿、镜铁矿、针铁矿及少量的软锰矿、硬锰矿等。与晚期石英脉有关的主要有镜铁矿,少量黄铜矿、黄铁矿,后经风化为孔雀石和褐铁矿。非金属矿物以方解石、重晶石、石英为主。

2. 矿石化学成分及共(伴)生矿产

矿区内高炉富矿矿石占主要地位,全铁含量一般在43%～50%之间,最高可达61.35%,富矿的全铁平均品位达 47%，有害元素 S、P 的含量均低，S 的平均含量在富矿中为 0.05% 左右，在贫矿中为 0.1% 左右。P 的含量贫富矿均在 0.05% 左右，其他少量有害元素为 Pb、Zn、Ca、Ba 等。

3. 结构构造

褐铁矿矿石：呈致密块状、多孔状、粉粒状等构造，主要矿物为褐铁矿，含铁方解石、针铁矿，及少量的赤铁矿、硬锰矿、软锰矿。脉石矿物有方解石、重晶石、石英。赤铁矿矿石：呈块状构造，致密细粒状结构。主要矿物为赤铁矿、褐铁矿，少量软锰矿。脉石矿物为石英、方解石。

赤铁矿-褐铁矿矿石：呈环带构造，其矿物成分大致与赤铁矿矿石相似，只是赤铁矿的含量相对减少，褐铁矿的含量相对增加。

镜铁矿-褐铁矿矿石：其结构构造取决于镜铁矿的含量，当镜铁矿集中时，具钢灰色，较疏松，易染手。当镜铁矿减少时，呈棕色，矿石致密坚硬，主要矿物为鳞片状镜铁矿、褐铁矿、含铁方解石等。

4. 矿石类型

根据矿石中矿石共生组合及生成的地质条件不同，大致可分出以下几个主要矿石类型：褐铁矿矿石，赤铁矿-褐铁矿矿石，赤铁矿矿石，镜铁矿-褐铁矿矿石。

（五）围岩和夹石

本区近矿围岩蚀变较普遍，但一般较微弱，主要有褐铁矿化、硅化、碳酸盐化、重晶石化，局部可见轻微的黄铁矿化等。褐铁矿化普遍，尤其厚层灰岩，往往受到矿化形成较厚的矿化带。硅化也较发育，肉眼不易识别，在镜下观察，石英呈自形短柱状，星散分布于灰岩中。碳酸盐化表现为与矿接触的灰岩中，广泛发育方解石脉与含铁方解石脉等。重晶石不发育，一般在脉状矿体的边缘和似层状矿体的顶部能见到。

（六）矿床开发利用现状

1959 年山东省冶金局第一勘探队对虎头山地段及朱崖村北以钻探为主要手段进行了普查找矿。另外，淄博勘探队于 1959 年 5 月提交了《山东省朱崖铁矿区地质勘探中间报告》，提交了孤山及虎头山地段 C1+C2 级矿石储量 4 492.47 万 t；于同年 10 月提交了《山东省朱崖铁矿区地质勘探第二次中间报告》，提交 B+C1+C2 级矿石储量 3 902.05 万 t，后又经过半年多的联合勘探，于 1960 年 2 月提交了《山东省淄博市黑旺铁矿地质勘探总结报告》，并提交 B+C1+C2 级矿石储量 3 588.48 万 t。

1962 年，山东省地质局第一综合地质大队在原淄博队和昌潍一队工作的基础上继续进行补充勘探，至 1963 年底，提交《山东省朱崖铁矿地质勘探总结报告》。最后确定该矿区铁矿储量为 3 955.74 万 t，其中 C1 级 2 487.96 万 t，C2 级 1 467.78 万 t，占 37.11%。该矿于 1958 年开始开采，2004 年 8 月 3 日矿坑突水无法开采，现已闭坑。

第七章 山东省富铁矿深部找矿成果及资源潜力预测

第一节 深部勘查技术

随着全国工业化和城镇化的迅猛发展,国产富铁矿石远远不能满足需求,大量依赖进口,铁矿石对外依存度已达60%以上,对国家经济安全构成了严重威胁。其次,矿山建设周期长,建设滞后,富铁矿产量与实际需求量差距巨大。发现和探明一批富铁矿,提高铁矿资源保障程度,尤其是向地下深部找矿,必将成为我国矿产勘查的主攻方向之一。近年来山东省陆续开展的齐河与莱芜张家洼等新老矿山深部找矿项目表明山东省内寻找富铁矿仍有很大潜力。

(一)深部找矿存在问题

目前深部找矿主要呈现出3个特点:一是中浅部资源大都被探明和开发利用,勘探工作向着深部、无露头的全隐伏矿发展;二是深部找矿首先在已有矿山的深部、周边地区进行,已经生产或停产的矿山活动与人文活动严重干扰野外原始数据,给数据处理及综合解释增加了很大的难度;三是地质理论是深部找矿的指导,较为精确地探明地下成矿构造需要弄清楚地球深部与浅部物质、能量的交换,深部结构等知识,为深部找矿增加了难度。

(1)成矿地质背景的研究较为困难。山东省富铁矿富集的鲁西地区基岩、矿石露头很少,大多被第四系黄土覆盖。常规的地质调查主要是基于地表,若不借助地球物理、地球化学等探测手段,很难探明地球深部的地质特征;另外,矿床的形成大多经过多次地质事件,不同地区的矿床特点各异,很难形成普适性的成矿理论。

(2)以往的磁法勘探精度较低,难以全面准确地反映工作区的磁性特征。航磁探测由于飞行距地面有一定的距离,会减弱地面磁性不均匀的影响,因此航磁异常主要反映的是深部地质体的磁场特性,这些异常通常覆盖的范围比较大,不能反映细节;同时受到地磁场斜磁化的影响,可能导致异常中心与实际不符,需要地面磁测工作对这些航磁异常进行查证。以往用于地面磁测的工作仪器是悬丝式磁力仪,这类仪器在操作使用时非常复杂,全手工记录数据,精度一般达到1~2nT/格,机器灵敏度和精度远达不到深部找矿的要求。

(3)磁法勘探缺乏良好的约束反演技术,垂向分辨率较低,如果没有钻探、测井资料的辅助,很难得知地下地质体的起伏形态及异常的深度位置;常规的解释方法很难准确预测隐伏岩体。

(4)深部探测面临探测深度大、干扰噪声强、要求精度高的挑战。大部分矿区内自然村落较多,人文干扰比较多,对于磁法勘探原始数据的获取、数据的处理与解释造成很多困难。

(5)深部隐伏矿大多是不可见矿体,基于物性差异的地球物理手段难以直接分辨出矿体,而且单一的地球物理方法很难准确定位预测矿体的产出及赋存状态,需综合利用物探方法,相互约束,相互补充,才能取得良好的找矿效果。

(二)深部找矿勘查技术

进入20世纪以后,人类对能源和矿物的需求与日俱增,勘探与开发的规模也随之越来越大,那些在地表上容易找到的资源多数已经被发现和开采,依据岩石露头或其他暴露形式为线索寻找矿产资源的传统方法已经不能满足人们对矿产资源开发的需要。人类需要探求新的方法,根据地面观测到得反映地下物质的信息,从而在深部找到矿体。

如何加强深部找矿,叶天竺等(2007)提出了深部找矿基本技术路线,指出深部找矿的三要素:地质研究是基础,物探技术是主要技术支撑,钻掘工程是实现条件。通过地质研究工作建立明确的深部找矿思路,通过物探推断深部矿体位置、施工钻掘工程,实现深部找矿突破。深部矿埋藏较深、矿化信息弱,因而无论是地球物理还是地球化学的探测技术,随着探测深度的增大,地质背景就越复杂,探测获得的信息的准确性、可靠性就越低。因此,深部找矿对现有适用于浅部矿找矿的勘查技术方法,提出了更高的要求与挑战。以往的物探技术方法,多存在探测深度浅、分辨率低、抗干扰差、存在多解性等问题。因此,必须对现有适用于浅部找矿的勘查技术方法进行改进、调整与升级,研究开发适用于深部找矿的勘查技术方法(杜瑞庆,2013)。

1. 区域地质背景研究是深部找矿的地质基础

地质背景是影响矿床形成的地质环境及有关事物,它既概括当时环境情况,也可包括该地区的过去经历,以显示成矿作用的复杂性和长期历史。区域地质背景研究主要是研究该区域内的地层、构造、岩石类型、矿体特征、地球化学特征、地球物理特征等。它是进行下一步地质工作的基础,也是深部找矿的地质基础。在区域地质背景研究中,特别是地球物理特性研究是展开地球物理工作的依据,也是选择地球物理勘探方法的基础。

地球物理学是通过观测地下矿体与围岩之间物理特性差异所引起的异常来研究地下矿体的形态和性质的。而矿体的物理特性又与其区域地质背景密切相关,尤其是成矿地质背景密切相关。因此,在开展地球物理勘探深部矿之前,研究区域地质背景是必需的工作之一。

2. 合理有效物探方法组合是深部找矿的关键

近年来随着国内外地球物理勘查方法应用研究程度和技术水平不断提高,不仅在勘探实际中出现了许多新的技术和方法,在数据处理解释上也应用了许多新的理论与方法,使得通过地球物理方法获取的实测数据通过处理可以真实地反映深部矿床信息。随着重磁勘探在仪器与采集方法上的发展,探测精度不断提高,高精度重力勘探与高精度磁法勘探已经成为金属矿地面重磁找矿的重要勘查方法。井中磁测技术向着高精度的三分量磁力仪方向发展,磁场三分量数据在发现井旁盲磁铁矿、预报井底盲矿等方面取得了良好的效果。

在深部找矿中,单单使用一种物探方法很难起到良好的效果,往往需要在系统收集及研究以往地质、物探资料基础上,综合运用重力、磁法、电法及测井等技术手段,利用新技术、新方法进行数据处理、反演、解译,圈定成矿有利部位,再结合钻探验证以达到发现深部盲矿体的目的。

3. 钻探验证是深部找矿的最有效手段

地质钻探是为了查明矿体或地质构造,从钻孔中不同深度处取得岩芯、矿样进行分析研究,从而判定地层地质情况的作业。按矿种的不同,钻探的深度从几十米到几千米不等。不管是利用什么方法找矿,只有通过钻探才能真正了解地下真实的地质情况、矿床的赋存情况,它是验证找矿方法可行性、进行深部找矿最直接和最有效的手段。

(三)深部找矿勘查技术应用

1.齐河-禹城矿集区深部找矿勘查技术应用

在以往地质与科研工作的基础上,山东省地勘单位在禹城市李屯地区、齐河县大张地区和高唐县郭店地区开展了以铁矿勘查为目的的航磁查证工作,根据地面高精度磁测资料,圈定了以往航磁与地面磁测工作发现的地磁异常,经过钻探验证,三个矿区内均发现了厚度大、品位高的矽卡岩型磁铁矿,地质找矿工作取得了重大突破。下面以"山东省齐河县潘店地区铁矿调查评价项目"为例,对齐河-禹城矿集区富铁矿深部找矿勘查技术的应用叙述如下。

山东省齐河县潘店地区铁矿调查评价是2013年度的省地质勘查项目,调查区位于齐河潜凸起西北部,行政区跨齐河、禹城、高唐、茌平等市县,面积628.41km²。范围:东经116°21′00″～116°33′00″,北纬36°30′00″～36°49′00″。

本次调查工作采用的勘查技术路线总体为:在全面收集、分析、研究以往资料,尤其是区域重力与航磁资料的基础上,合理布置工程量,对本区中北部航磁异常开展了1:1万地面高精度磁测查证工作。对所取得的地面高精度磁测资料进行了化极、延拓、垂向二次导数等位场转换处理,圈定了找矿有利地段。项目组在找矿有利地段开展了1:2000高精度重磁剖面测量工作,对重磁剖面数据进行了反演计算,对隐伏磁性体进行了分析研究,确定了钻孔位置和深度。此次项目利用钻探工程对重磁成果进行验证,通过钻探验证,在该区首次发现磁铁矿,找矿工作取得了重大突破。

(1)区域地质背景研究

a.区域地质特征

齐河-禹城地区位于鲁西隆起区的西北缘,处于华北坳陷区与鲁西隆起区的连接部位。大地构造位置主要位于华北板块(Ⅰ)鲁西隆起区(Ⅱ)鲁中隆起(Ⅲ)泰山-济南断隆(Ⅳ)齐河潜凸起(Ⅴ)。

区域大部为新生界覆盖区,基岩裸露区主要分布在中南部泰山凸起单元内。区内构造基底由新太古界泰山岩群构成,在此基底上,全区广泛遭受海侵,形成一套早古生代海相碳酸盐岩沉积建造;古生代中期地壳整体抬升、剥蚀,造成晚奥陶世—早石炭世地层缺失;晚古生代由于地壳的震荡运动,形成了一套海陆交互相及陆相含煤碎屑岩建造,此后地壳稳定上升,缺失三叠纪沉积;燕山运动在本区活动强烈,并形成以断陷、断隆为主要特征的构造格局。侏罗纪、白垩纪地层在本区齐广断裂以南不发育,主要分布于齐广断裂以北的华北平原。新近纪和第四纪地层广泛分布于本区。

区域断裂构造发育且较复杂,褶皱构造次之,区域上以断块构造为主要特征。据其展布特征,主要分布北东—北北东向、北西—北北西向、近东西向3组断裂构造,且以前两者较发育,南北向断裂在该区不发育。

各组大断裂互相切割,控制了区域内凸起、凹陷的产生与发育。区域构造特征总体上表现为,南部隆起区主要分布前石炭纪地层,北部和西部地区分布古生代地层,埋深较大,总体呈南浅、北深的单斜构造形态。

区域内岩浆岩分布较广泛,主要有新太古代侵入岩、中元古代侵入岩和中生代侵入岩。其中以新太古代侵入岩最发育,分布在章丘—长清的南部地区,岩石类型从超基性—基性岩到酸性岩均有,且以中酸性侵入岩为主;中生代侵入岩分布局限,主要分布在济南市区—历城—章丘北部地区,以中基性岩为主;其他时代岩浆岩不发育。脉岩在区域内零星分布,主要有辉绿岩脉、伟晶岩脉、煌斑岩脉、斜长岩脉等。

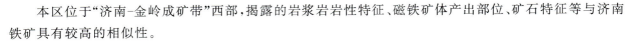

本区位于"济南-金岭成矿带"西部,揭露的岩浆岩岩性特征、磁铁矿体产出部位、矿石特征等与济南铁矿具有较高的相似性。

b.区域重磁场特征

重力异常特征:区域上大部分为沉降凹陷区,在区域布格重力等值线平面图上,总体表现为大范围的重力低,在泰山凸起、齐河潜凸起等地区则表现为相对重力高。重力异常(ΔG)等值线呈较简单的北东向及北北东向展布,重力值整体由南东向北西缓慢降低,且具有高、低相间排列的特点,反映区域上燕山期侵入岩的分布,奥陶纪地层隆起、凹陷相间分布及沉积地层具有由南东向北西由薄逐渐变厚的特点。区域重力异常高值区一般为中基性岩体分布区、巨型凹陷内的浅凸区。重力异常低值区往往与第四系或沉积盖层分布有关,在巨型凹陷区,第四系的覆盖厚度大,表现为重力低值区。接触交代型铁矿床一般分布于中基性岩体的边部与灰岩的接触带附近,往往分布于重力高值区与重力低值区的梯度带附近,如济南辉长闪长岩体分布区均显示重力异常高值区,而铁矿体分布于重力异常高值区的边界处。因此,在碳酸盐岩广布区内的重力异常高值区往往预示有隐伏的中基性岩体存在,在其梯度带附近,可能赋存接触交代型铁矿床。与济南铁矿区等已知区类比,认为本区的重力异常由中基性侵入岩、碳酸盐岩和接触交代型铁矿床共同引起。

航磁异常特征:在1:20万航磁ΔT等值线平面图上,异常带由3个封闭异常组成,异常走向近北北东,等值线近椭圆形、规则,最大长度约33km,最大宽度约8km。自北向南为李屯异常、潘店异常、大张异常,峰值由南向北分别为360nT、160nT、200nT。异常带宽而缓,反映磁性体埋藏较深。其中大张异常和李屯异常为同心椭圆状北东向展布的磁力高,2个磁力高之间磁异常变化较缓,两侧表现为密集的梯级带。由于多数铁矿石具有磁性或强磁性,因此,铁矿的分布与磁异常分布密切相关,尤其在中大比例尺磁异常中反映更明显。在接触交代型铁矿分布区,如济南铁矿区,由于中基性岩体磁异常反应较强烈,与其接触的灰岩磁性弱,在航磁异常图中,铁矿床的分布一般位于正负磁异常带靠近负磁异常一侧。航磁异常高、突出、畸变、梯度带变化附近,是找矿的重要地段。本区的重、磁异常具有较明显的正相关趋势。在相对重力高的凸起区,航磁一般表现为磁力高异常,一般由基底上隆或岩体侵入引起;在相对重力低的凹陷区,航磁一般表现为磁力低。

(2)开展综合物探工作(1:1万地面高精度磁测和1:2000重磁联合剖面测量)

调查区以往开展过大量的煤炭勘查工作,发现岩浆岩广泛以岩床形式侵位于石炭纪—二叠纪地层中,结合航磁异常及区域地质背景,认为在其下部存在较大规模的中基性岩体,具备接触交代(矽卡岩)型铁矿的成矿前景。本次调查工作选择研究区中北部的潘店异常和李屯异常开展了1:1万地面高精度磁测工作,完成高精度磁法测量287.00km²。

在ΔT等值线平面图上(图7-1),南部的潘店地磁异常呈带状分布,异常总体走向为北西向,以20nT等值线圈定,异常南北长约5km,东西宽约7km,异常中心最大值为180nT,异常曲线形态规则、圆滑、宽缓。北部的李屯异常近似为等轴异常,异常总体走向北北东向,其中局部异常各有趋向。以20nT等值线圈定,异常南北长约13km,东西宽约10km,异常中心最大值为270nT,等值线形态规则、圆滑、宽缓。整个异常北段狭窄收敛,中间膨大,南端收敛圆滑,似"葫芦状",异常多处有鼓凸现象,异常东侧100~260nT等值线趋向东南凸出,北西侧40nT等值线明显向外凸出,北侧的100~260nT等值线也有鼓凸现象,其北东侧100~200nT等值线呈舌状伸出。梯度变化东翼缓于西翼。

化极处理后异常形态更加明显,异常中心向北明显移动。在李屯地磁异常圈定了3个局部地磁异常:C1、C2和C3。

为了正确评价磁异常,对李屯异常进行了P1、P2线1:2000重磁剖面测量,完成高精度磁测剖面测量57km;高精度重力剖面测量50km(图7-2)。

第七章 山东省富铁矿深部找矿成果及资源潜力预测

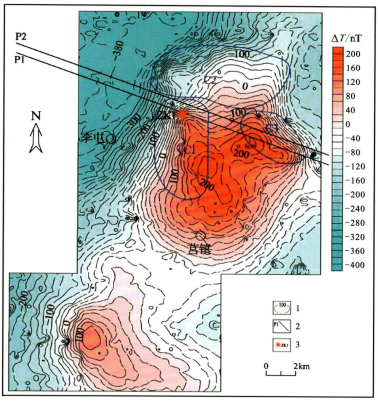

图 7-1 禹城李屯地区 1∶1 万 ΔT 等值线平面图（据朱裕振，2018）
1.ΔT 等值线及标注；2.重磁剖面位置及编号；3.见矿钻孔位置及编号

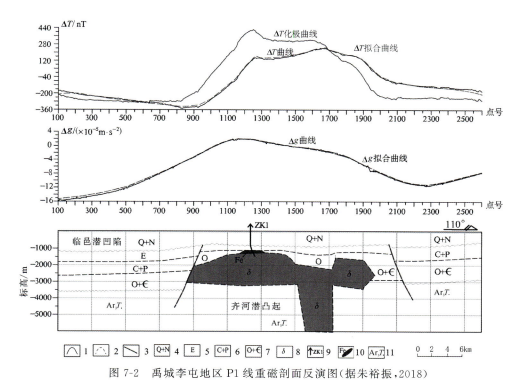

图 7-2 禹城李屯地区 P1 线重磁剖面反演图（据朱裕振，2018）
1.实测 ΔT 曲线；2.ΔT 拟合曲线；3.断裂；4.第四系＋新近系；5.古近系；6.石炭系＋二叠系；
7.寒武系＋奥陶系；8.闪长岩；9.钻孔位置及编号；10.铁矿体；11.泰山岩群

· 175 ·

P1 线重力剖面表现为重力高、单峰，峰值 $0.5\times10^{-5}\mathrm{m/s^2}$，升高异常幅值 $-13\times10^{-5}\sim-17\times10^{-5}\mathrm{m/s^2}$，反映了寒武系－奥陶系灰岩等高密度岩石构成的一个断块凸起，地质上称为潘店凸起。重力高曲线与磁力高曲线对应较好，反映重、磁异常具有同源性，说明该断块凸起的岩石主要是由寒武系－奥陶系灰岩沉积层及辉石闪长岩、闪长岩等侵入体岩组成。重力曲线拐点宽度12km，比磁法拐点宽度宽4km，反映侵入岩体处于断块凸起的中部，两侧分布寒武系－奥陶系灰岩，说明潘店凸起是由中、基性岩浆侵位、垫托形成的凸起。具有中基性岩外壳与灰岩接触，形成矽卡岩带，局部形成铁矿的可能性。左支曲最低值为 $-15\times10^{-5}\mathrm{m/s^2}$，反映茌平凹陷低密度古近系泥砂岩、上古生界含煤系地层的分布。右支曲最低值为 $-11\times10^{-5}\mathrm{m/s^2}$，反映茌平凹陷低密度上古生界含煤系地层的分布。

磁异常曲线双峰，峰值为250nT、150nT，一般磁异常值为100～200nT，曲线拐点宽8.14km，反映较强磁性体在剖面线上的宽度约为8km。化极后，磁异常升高，峰值为350nT，西移750m，反映较强磁性体主体位于剖面的南西侧。化极磁异常值由左到右逐渐变低，反映了该磁性体由西北向东南埋藏深度渐深。磁异常求取垂向一、二阶导数，磁场强度的垂向变化率表现为三峰，垂向导数异常值渐低，半极值宽度渐窄，反映强磁性体的分布区段，该强磁性体推断为铁矿体，赋存于辉石闪长岩、闪长岩体的上面、侧面部位，预测埋深为1200～1300m（图7-2）。

(3) 钻探验证

根据地面高精度磁测资料及P1重磁剖面的反演结果，实施了验证钻孔ZK1，终孔深度1 436.10m，在齐河-禹城地区首次发现了磁铁矿体，验证该异常为深隐伏磁铁矿体引起。钻孔内揭露侵入奥陶纪马家沟群（$O_{2-3}M$）的多层岩浆岩及少量矽卡岩，未揭露碳酸盐岩原岩。二叠纪石盒子群（$P_{2-3}\hat{S}$）揭露厚度为227.14m，主要是一套陆相沉积的以灰色为主的泥岩、砂岩，夹铝土岩，偶见煤线。新近系（N）揭露厚度为503.47m。主要由褐黄色、棕红色、灰绿色、紫色砂质泥岩、泥岩、粉砂岩、细砂岩组成，局部夹灰色中砂岩，底部为灰白色含砾砂岩。区内第四系（Q）广泛发育，钻孔揭露厚度为396.11m，有南薄北厚的变化趋势。孔深1 157.38～1 296.49m处共揭露4层铁矿体，自上而下为Ⅰ、Ⅱ、Ⅲ、Ⅳ号铁矿体（图7-3），矿芯总样长119.87m，均为磁铁矿，赋存于以闪长岩类、辉长岩为主的燕山晚期中基性岩浆岩与奥陶纪灰岩的接触带上。

禹城李屯地区富铁矿是在矽卡岩型铁矿成矿理论的指导下，通过系统分析和研究该地区的成矿地质条件和成矿规律，选择航磁异常与重力异常套合地区，在1∶1万地磁测量基础上，通过重磁联合反演圈定靶区，利用钻探对磁异常进行验证发现的。

2. 莱芜矿集区深部找矿勘查技术应用

莱芜地区铁矿是典型的与中基性侵入岩有关的矽卡岩型铁矿，矿石品位富、储量大、是国内重要的富铁矿基地之一，经过40多年的地质工作，已发现富铁矿床（点）30余处，累计查明铁矿石量近6.2亿t，主要围绕矿山岩体、金牛山岩体、峭峪岩体、铁铜沟岩体分布，其中矿山岩体富铁矿储量最大，占莱芜铁矿总量的96.8%，张家洼、顾家台、西尚庄、马庄、牛泉、杜官庄等矿床皆分布于此。尤其是张家洼铁矿勘查程度较高，已探明铁矿2亿t以上，控制矿体赋存标高达-1060m。下面以"山东省莱芜市张家洼矿区深部及外围铁矿普查"项目为例，对莱芜矿集区富铁矿深部找矿勘查技术的应用叙述如下。

普查区位于莱芜市城区北约8km，行政区划属莱城工业园区和张家洼街道办事处管辖。探矿权人与勘查单位均为山东正元地质资源勘查有限责任公司。平面范围极值地理坐标为东经117°34′30″～117°39′30″，北纬36°15′00″～36°17′00″，面积为25.58km²。

(1) 区域地质背景研究

a. 区域地质特征

地层：莱芜矿集区地层属华北地层区、鲁西地层分区、泰安地层小区。莱芜盆地北缘的泰山山脉为泰山岩群，其靠南缘的新甫山山脉为古生界寒武系和奥陶系地层；盆地内大部分地区为第四系覆盖区，其下为较厚的第三系地层，中生界的侏罗系、白垩系只分布在盆地的东南部，古生界的二叠系、石炭系及

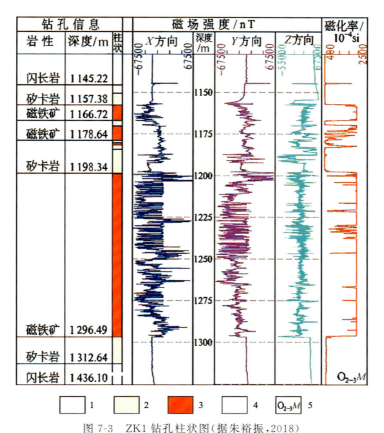

图 7-3 ZK1 钻孔柱状图（据朱裕振，2018）

1.闪长岩；2.矽卡岩；3.铁矿体；4.白云质灰岩；5.马家沟群

奥陶系、寒武系仅在盆地边缘出露。

构造：莱芜盆地为一断陷盆地，四周均以大断裂与山脉分界。盆地内断裂构造也较发育，而褶皱构造次之。

泰安—蔡庄及泰安—孝义弧形断裂：二断裂相邻，走向大致平行，均西起泰安，经大王庄、上水河、铜冶店一带，东至孝义时，二者合并，且继续向东南延伸到蔡庄，形成一向北突出的弧形断裂带，长达50km，断裂面多倾向弧内侧，倾角80°左右，构成了盆地北部的弧形边界。其北盘为太山群，南盘为古生界和中、新生界。

石门官庄—劝礼断裂：西起石门官庄，经塔子、劝礼至站里，长度大于15km。走向近于东西，倾向北，倾角较陡。构成了盆地的南部边界，南盘为下古生界，北盘多为新生界。

八里沟向斜：位于矿山弧形背斜南侧，二者毗邻。该向斜西起八里沟，向东延伸，轴向由近东西向渐转为北东东向，全长10余公里。轴部为侏罗系，两翼为二叠系和石炭系所组成。其南翼为莱芜地区的主要煤田。

岩浆岩：研究区岩浆岩活动从时间上大致可分为太古代、中生代（燕山期）和新生代（喜山期）三期。其中以燕山期活动最为强烈，并形成规模较大的含矿岩体。

矿山岩体：沿矿山弧形背斜轴向侵入，构成背斜核部，为区内规模最大岩体，长15km，宽4km，为一岩盖，与中奥陶及石炭二叠系呈侵入接触。其主要岩相为黑云母辉石闪长岩、黑云母闪长岩；边缘为透辉石化闪长岩、正长闪长岩，系自变质的碱质交代而成，与主岩相常见为渐变过渡关系，分相不明显。沿岩体的接触带形成有大-中型及小型矽卡岩磁铁矿床10余处，为区内主要控矿岩体。

角峪岩体：受石门官庄—劝礼断裂所控制，东西长13km，南北宽3km，为一岩盖或岩床，侵入于奥陶系中，常为顺层侵入多层出现。岩体主相为黑云母二辉闪长岩、黑云母闪长岩；边缘为闪长岩、正长闪长岩。沿岩体接触带形成有小型矽卡岩磁铁矿床。

金牛山岩体：受盆地北部弧开断裂所控制，其断续出露范围长8km，宽4km，为一复杂岩盖或岩床，侵入于寒武系和奥陶系之间。主要岩性为黑云母闪长岩、闪长岩，次之为闪长玢岩。沿接触带有小型矽卡岩磁铁矿床。

铁铜沟岩体：受弧形断裂向东南延伸部分与东西向断裂交汇处所控制，为不规则的岩枝，长2km，宽0.5km，侵入于奥陶系和石炭系中。主要岩性为黑云母二辉闪长岩和黑云母闪长岩，边缘为闪长岩、正长闪长岩。接触带有小型矽卡岩磁铁矿床。上述4个岩体的岩石类型及副矿物（榍石—磷灰石型）基本一致，为同源岩浆分异的产物。从地质构造上分析，崤峪岩体、矿山岩体、金牛山岩体在深部有可能相连。

b. 区域地球物理特征

矿集区布格重力异常（Δg）以重力低为主要特征，Δg一般在$-41\times10^{-5}\text{m/s}^2 \sim -14\times10^{-5}\text{m/s}^2$，总体表现为东南方向重力相对较高、北西方向重力相对较低，反映了区域上燕山期侵入岩的分布及盆地内沉积地层由南东向北西由薄逐渐变厚。梯度带受盆边缘地控制，展布于杨庄—口镇一带，Δg值在$-35\times10^{-5}\text{m/s}^2 \sim -20\times10^{-5}\text{m/s}^2$。相对重力高异常一般表现为$-25\times10^{-5}\text{m/s}^2 \sim -15\times10^{-5}\text{m/s}^2$，形态呈透镜状，展布于牛泉—矿山—张家洼一带，反映了燕山期矿山岩体出露与走向及倾伏状态。相对重力低异常一般表现为$-41\times10^{-5}\text{m/s}^2 \sim -25\times10^{-5}\text{m/s}^2$，形态呈条带状，展布于寨里—羊里一带，反映了盆地沉积中心特点。矿集区内大王庄一带位于寨里重力低异常$-25\times10^{-5}\text{m/s}^2 \sim -40\times10^{-5}\text{m/s}^2$的梯度带西北部边沿部位，推断地下覆盖层一定深度内可能有铁矿体赋存。

航磁异常相对稳定的磁场区：异常表现为$-450\text{nT} \sim +100\text{nT}$之间，异常变化平稳，广布于盆地内沉积岩分布区。变化的磁场区：异常表现为$100\text{nT} \sim 600\text{nT}$之间，形态呈透镜、条带状及不规则状，广布于燕山期侵入的矿山岩体，金牛山岩体及莱芜境内的崤峪岩体之中及岩体的周边部位。其高值磁异常分布区多有隐伏矽卡岩型富磁铁矿床产出，如西尚庄铁矿、张家洼铁矿及温石埠铁矿等。矿集区内大王庄地区和羊里地区航磁力ΔT值范围在$100\text{nT} \sim 500\text{nT}$，表现为近北东方向的2处低缓正磁异常。

重力异常梯度变化带与相对封闭的高值磁异常或高值磁异常畸变带的吻合部位，是寻找中深部矽卡岩型铁矿的重要靶区，如牛泉、冶庄、温石埠等地段的隐伏铁矿床等均分布于上述相应重、磁异常区段，找矿指示意义较为突出。

(2) 综合物探工作

本区开展了1:1万地面高精度磁测、1:2000高精度磁测剖面、可控源音频大地电磁测深（CSAMT）及瞬变电磁测深（TEM）。

勘查工作完成的主要物探实物工作量为1:10 000高精度地面磁测14.50 km²，1:2000磁法剖面83.97km，1:10 000可控源音频大地电磁测深206个测点。

根据以往磁异常资料，本次普查工作开展了1:10000地面磁测工作，在普查区内共圈定6个磁异常，磁异常名称为张家洼、小官庄、港里和M1～M3磁异常（图7-4）。

张家洼磁异常：位于矿区东北部，磁异常等值线图呈椭圆形，异常走向近北西向。以350nT等值线圈定，长约1500m，宽约1000m，异常极大值为650nT，极小值为250nT。异常北西部位其梯度变化较陡为0.83nT/m，南东部位梯度变化较缓为0.40nT/m。经验证，此异常由普查区Ⅰ矿床的矿体引起。

小官庄磁异常：位于矿区中部，磁异常等值线图呈长椭圆形，异常走向近北东向。以300nT等值线圈定，异常长2300m，宽1200m，异常极大值为600nT，极小值为150nT。异常沿长轴方向其梯度变化较陡，两侧部位梯度变化较缓。经验证为Ⅱ矿床矿体引起的磁异常。

港里磁异常：位于矿区北部，呈椭圆形，异常走向近北北东向。长约1300m，宽约700m。异常极大值为600nT。经验证此异常为普查区Ⅲ矿床矿体引起。

M1磁异常：该异常位于蔡家镇以西，北东向断裂以北，ΔT正异常范围约1400m×700m，极大值为108nT。过M1磁异常施测了1条地质物探综合剖面，ΔT磁异常呈平缓变化。根据成矿地质条件，结

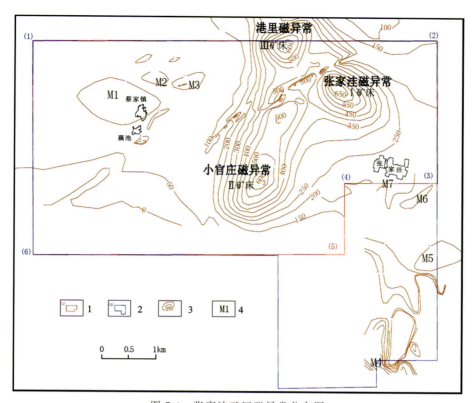

图 7-4 张家洼矿区磁异常分布图
1.现勘查证范围；2.原勘查证范围；3.磁异常等值线(nT)；4.磁异常编号

合岩矿石的磁性特征,推测为矿致异常。

M2、M3磁异常：M2、M3位于家镇北及景家镇东北,处在二叠系月门沟群山西组与月门沟群太原组接触带位置。磁异常极大值为135nT。穿过M3磁异常的Ⅱ号综合剖面显示：ΔT磁异常呈平缓变化。根据成矿条件,结合岩矿石的磁性特征,推断该异常为隐伏含磁性蚀变带引起。

在面积性磁测成果的基础上,又开展了高精度磁测剖面工作,经过定量反演计算,推断在Ⅱ矿床的中北部15线附近矿体和Ⅲ矿床的南部矿体在深部有向西方向延伸的趋势,并在Ⅱ矿床的15线和Ⅲ矿床的36线深部推断出两处磁性体。

可控源音频大地电磁测深发现多处低阻异常,C1区及Ⅰ矿床中部、Ⅵ号剖面西部、Ⅶ号剖面东部,均有一沿横向错断的低阻带,处在二叠系月门沟群山西组与月门沟群太原组接触带位置,依据岩矿石的物性特征,推测为破碎带引起；在Ⅶ号剖面的177～194号测深点200m以下的低阻带处在闪长岩体与奥陶系马家沟群的接触带上,成矿地质条件十分有利,在该位置处的zk24-2钻孔已见矿,结合岩矿石的物性特征,推测为矿化体引起。高阻区,结合岩矿石的电性特征,推测为闪长岩体引起。高阻体向深部继续延伸,向西延伸至C1区中部,向东延伸至Ⅰ矿床。

根据本次瞬变电磁结果并结合地质资料综合分析推断：S1、S2测线位置处岩性接触带,接触带埋深介于100～1400m之间,呈自南西向北东逐渐向下延伸的趋势,大致反映了接触带的位置。

(3)钻探施工

在以上工作的基础上进行钻探施工,以400m×400m（走向×倾向）工程间距探求(333)铁矿石资源量。工程布置根据"就矿找矿"的原则,对Ⅱ矿床已知矿体的深部（采矿权范围之外）采用400m×400m的工程间距布设钻探工程,钻孔布设在勘探线上,勘探线基本垂直矿体走向；对Ⅰ矿床和Ⅲ矿床已知矿体的深部（采矿权范围之外）采用200m×200m的工程间距布设钻探工程。

3. 金岭矿集区深部找矿勘查技术应用

金岭矿集区是山东省重要的富铁矿基地之一，自1948年起该铁矿区进入正式的开采阶段，据现有资料统计，该矿集区累计查明富铁矿资源量约2亿t。整个矿区发现大中小近20余个铁矿床(点)，这些铁矿床(点)均分布在金岭岩体与围岩地层的接触带中。

(1) 区域地质背景研究

a. 区域地质特征

金岭矿集区大地构造位置处于华北板块(Ⅰ)、鲁西断隆区(Ⅱ)、鲁中隆起(Ⅲ)、鲁山—邹平断隆(Ⅳ)、邹平—周村凹陷(Ⅴ)东缘。

地层：区内大部分被第四系地层所覆盖，地层以金岭岩体为中心，呈环带状分布。隐伏地层主要有奥陶纪马家沟群、石炭纪—二叠纪月门沟群、二叠纪石盒子群、白垩纪青山群等。

构造：区内发育有褶皱构造和断裂构造。褶皱有金岭背斜和湖田向斜。断裂构造主要以北北东向为主。金岭岩体与围岩的接触带是一种特殊的构造类型，因岩体的顶部已被剥蚀，接触带呈环带状分布。其特征为一条宽阔的矽卡岩化及钾纳化蚀变带，向四周倾斜，倾角一般30°～50°。该接触带构造控制着金岭铁矿区绝大多数铁矿床的形成与展布，是直接而有利的控矿构造。

岩浆岩：区内侵入岩主要出露于金岭背斜核部，即金岭岩体，属燕山中晚期侵入的沂南序列，岩体平面形态呈北东方向长，北西方向短的椭圆形，四周与奥陶纪灰岩呈侵入接触关系，其中，岩体西南半环呈整合侵入接触，东北半环岩体侵入穿插关系复杂。岩体的岩性比较复杂，为中偏基性—中性—中偏碱性的多阶段侵入形成的杂岩体。

b. 区域地球物理特征

该区剩余重力异常图上剩余重力场较突出，结合本区地质图中地层及岩浆岩分布特征，推断引起布格重力异常的主要原因为侵入岩体，布格重力异常范围与地质圈定的金岭岩体范围相一致。

金岭岩体有明显的强磁异常反映，最高强度达1000nT，具强度高、梯度大特征，且岩体外围有负值异常伴生，主要是接触带上矽卡岩剩磁所致，沉积地层呈负磁场特征。

(2) 综合物探工作

本区开展了1∶1万地面高精度磁测、可控源音频大地电磁测深(CSAMT)、大比例尺重磁综合剖面测量、井中三分量磁测等工作。

a. 高精度航空磁法测量

首先，开展1∶1万高精度航空磁法测量工作，在面上圈定磁异常。金岭矿集区磁场形态整体上呈南西-北东向，场值南西高北东低，由北向南呈正—负—正交替分布的特点，以金岭杂岩体及其周围覆盖区边界为线，测区磁场被"一分为二"：北区是背景场上叠加的宽缓平稳变化的正负磁场区和南区是高强的正磁场区，北区又可分为北部宽缓的正磁场区和中部平稳变化的负磁场区。

依据航磁测量工作处理所得的航磁ΔT剖面平面图，参考化极图件、上延图件、区域地质资料等，根据不同的地质单元在磁场上反应的磁场特征，将整个测区划分为不同的磁场区。

b. 可控源音频大地电磁测深(CSAMT)

选取成矿有利地段开展可控源大地电磁测深工作。可控源音频大地电磁测深是以人工发射的交变电磁场为场源，当不同频率的交变电磁场以波的形式在地下传播时，根据趋肤效应，不同频率的信号具有不同的穿透深度及作用范围，各频率所观测的信号差异反映了地层纵、横向的电性差异，从而达到测深的目的。可控源音频大地电磁测深(CSAMT)的主要目的是控制矿化蚀变带及地层、岩体接触带形态及深部变化规律，解决与成矿密切相关的接触带、隐伏岩体、围岩地层的分布及相互关系等地质问题。

c. 大比例尺重磁综合剖面测量

结合已有磁异常、接触带位置及区内矿体控制情况布设重磁综合剖面，对剖面进行重磁联合反演，确定磁性地质体空间分布位置。

d. 井中三分量磁测

对所施工的钻孔进行井中磁测,配合地质钻探验证地面磁异常,判断引起磁异常的原因,发现孔旁或孔底盲矿并大致确定其位置,找出钻探打丢、打薄的磁性矿层并确定其深度和厚度,了解矿体的延伸和边界,确定板状矿体的产状,结合地面磁测,确定矿体的规模和分布范围,提高对磁性矿体赋存情况解释推断的准确程度。

(3)钻探施工

在1∶1万高精度航空磁法测量、可控源音频大地测深、重磁剖面测量和三分量测井结果基础上,布设钻孔,对异常进行验证。

通过以上方法,在区内圈定了多个深部矿体,取得了较好的找矿效果,其中在新立庄矿床北西侧施工 ZK5 钻孔,孔深 1 066.10m,新发现 5 层铁矿体,矿体累计厚度 10.85m,预测铁矿石资源量 673.9 万 t。

第二节　深部找矿成果

富铁矿作为我国紧缺的战略性资源,是找矿突破战略行动的重点矿种之一。近年来,山东省加大了富铁矿找矿力度,特别是在攻深找盲方面取得了重大突破。截至 2016 年底,张家洼矿区－520m 标高以深新增推断的铁矿石资源储量达 10 651.3 万 t。齐河-禹城富铁矿矿集区自 2013 年投入勘查工作以来,大张、潘店、李屯 3 处异常均揭露富铁矿,仅李屯地区累计估算推断的铁矿石资源量达 2 148.2 万 t,达到中型富铁矿床规模,且矿体走向及倾向延伸均未封闭,指示了该区巨大的成矿潜力。齐河-禹城矿集区有望成为亿吨级的富铁矿勘查开发基地。

一、莱芜矿集区

(一)张家洼铁矿

山东正元地质资源勘查有限责任公司于 2015 年 9 月提交了《山东省莱芜市张家洼矿区深部及外围铁矿普查报告》。本次普查野外工作时间为 2008 年 5 月至 2014 年 11 月,完成的主要实物工作量为 1∶2000 地形测量 34.10km², 1∶10 000 高精度地面磁测 14.50km², 1∶2000 磁法剖面 83.97km, 1∶10 000 可控源音频大地音频电磁测深 206 个点,钻探 27 955.60m/26 孔,井中三分量磁测 15 593.55m,基本分析样品 831 件,其他各类样品 736 件。利用以往钻探工作量 20 429.10m/27 孔,利用以往基本分析样品 613 件。其中:Ⅰ矿床利用以往钻探工作量 1 655.20m/3 孔,基本分析样品 103 件;Ⅱ矿床利用以往钻探工作量 16 030.85m/21 孔,基本分析样品 424 件;Ⅲ矿床利用以往钻探工作量 2 743.05m/3 孔,基本分析样品 86 件。

本次普查在探矿权范围内共圈定 15 个铁矿体,赋存标高－520～－1060m。其中Ⅰ矿床 1 个,Ⅱ矿床 13 个,Ⅲ矿床 1 个。主要矿体为Ⅰ、Ⅱ₃、Ⅱ₄和Ⅱ₅矿体;最大的矿体为Ⅱ₃,该矿体呈似层状,走向 17°,倾向北西,倾角 10°～40°,长 1490m,斜深 1350m,平均厚度 16.98m,TFe 平均品位 46.68%。为矽卡岩型铁矿,第Ⅱ勘查类型,矿床开采技术条件属于以水文地质问题为主的Ⅲ₃型。次要矿体 1 个,为Ⅲ₄矿体;小矿体 10 个,为Ⅱ矿床的Ⅱ₀～Ⅱ₂、Ⅱ₆～Ⅱ₁₂号矿体。主矿体资源量为 11 701.2 万 t,占新增总资源量的 94%。

截至 2014 年 12 月 31 日,探矿权范围内累计查明推断的铁矿石资源储量 12 432.2 万 t,TFe 平均品位42.09%，mFe平均品位36.46%。累计查明伴生Cu矿石量6 950.4万t，伴生Cu金属量98 464.0t，Cu平均品位0.14%；累计查明伴生Co矿石量3 620.0万t，伴生Co金属量7240t，Co平均品位0.02%。

探矿权范围内新增推断的铁矿石资源储量10 651.3万t，TFe平均品位42.23%，mFe平均品位36.41%。新增伴生Cu矿石量5 920.5万t，伴生Cu金属量84 464.2t，Cu平均品位0.14%。新增伴生Co矿石量3 157.4万t，伴生Co金属量6 314.8t，Co平均品位0.02%。

（二）顾家台铁矿

矿床为接触交代矽卡岩类型。顾家台矿床圈定两个矿体，其中顾家台Ⅰ矿体为主矿体，顾家台Ⅱ矿体产于顾家台Ⅰ矿体上盘的大理岩中，由8个小矿体组成。

顾家台Ⅰ矿体位于矿山弧形背斜的东翼，赋存于大理岩、结晶灰岩与闪长岩的接触带中，呈似层状，局部为囊状，连续性好。矿体分布于1～45勘查线之间，矿体长2300m左右，走向北西，倾向北东，倾角一般30°～40°。矿体标高+117.85～-825m，埋深56～998m。最大倾斜延伸大于1200m，最小延伸82m。厚0.23～90.81m，平均14.96m，总的趋势是东薄西厚，厚度变化系数26.3%，矿体TFe品位40%～66.22%，平均48.09%，品位变化系数11.4%。矿体的形态、规模及产状、空间分布均受岩浆岩与大理岩接触带控制，接触带产状陡，矿体相对薄；接触带产状缓，尤其凸凹不平的波浪式、向岩体凹入时，矿体相对厚大。

中国冶金地质总局山东正元地质勘查院于2013年5月提交了《山东省莱芜市莱城区顾家台矿区Ⅰ矿体深部铁矿普查报告》。本次普查野外工作时间为2011年5月至2012年8月，完成的主要实物工作量有1∶10 000地质图修测1.70km²；1∶5000高精度地面磁法测量1.70km²，1∶2000地形地质剖面测量7.2km/4条；1∶2000高精度磁测剖面16.0km/4条；井中三分量磁测2266m；钻探工作量为3 946.40m/4孔；各类测试样品49件。

本次勘查对象为以往发现的顾家台Ⅰ矿体深部。施工钻孔4个，其中ZK33-5、ZK41-3两个钻孔揭露到了顾家台Ⅰ矿体，扩大矿体延伸258～658m。见矿厚度最大为0.37m，最小0.36m，平均0.365m；赋存标高-756.4～-823m之间，TFe品位最高47.63%，最低21.84%，平均品位34.74%；mFe品位最高30%，最低19.17%，平均品位24.59%。本次钻孔施工在了矿体变薄的位置，从以往钻孔资料分析，该矿床矿体在倾向延伸方向，厚度具有薄厚相间、尖灭再现的规律，如29线，矿体在CK47孔处变薄，往深部CK52孔处变厚，本次钻孔ZK29-1正好施工在其变薄的位置，深部具备进一步找矿的潜力。

二、金岭矿集区

（一）北金召矿床

山东正元地质资源勘查有限责任公司于2016年2月编制了《山东省淄博市金岭铁矿区北金召矿床深部详查报告》。本次详查野外工作时间为2012年5月至2014年12月，完成的主要实物工作量为坑道施工996.30m，钻探1 469.27m，井中磁测604m，基本分析140件。

北金召矿床矿体主要产于金岭闪长岩体与奥陶纪中统马家沟群灰岩的接触带上及其附近。全矿床已查明Ⅰ、Ⅱ两个矿体，Ⅰ号矿体资源储量占全矿床99%以上，为主矿体，Ⅱ号为零星矿体。Ⅰ号矿体-590m以下是本次勘查工作的重点地段。Ⅰ号矿体走向长625m，最大延伸834m，本次工作区-590m以下矿体位于N3～N6线之间，由钻探工程13-1、13-2、13-3、N5-7、17-2，穿脉工程-650CMN5及钻探工程N3-8、N5-8、N4-10等工程控制。控制长度200m；赋存标高-590～-800m，控制深度210m。厚度2.20～10.57m，平均厚度4.79m，厚度变化系数为70.51%，矿体形态复杂程度中等。矿体TFe品位

27.40%～61.20%，平均品位 50.72%，品位变化系数 19.33%，属于矿化连续、品位分布均匀型。在已圈定的矿体范围内，没有出现无矿"天窗"，也未受构造破坏，矿体完整性良好。根据深部钻探结果及井中磁测结果，推测Ⅰ号矿体向深部－800m 以下基本封闭。

本次探获控制的和推断的铁矿石资源量 61.5 万 t，平均品位 TFe 48.93%。其中控制的铁矿石资源量 23.4 万 t，平均品位 51.54%；推断的铁矿石资源量 38.1 万 t，平均品位 47.33%。－590m 以下矿体平均厚度 4.79m。伴生 Cu 金属量 1159t，平均品位 0.301%；伴生 Co 金属量 52t，平均品位 0.027%。矿床成因类型为岩浆期后高温热液接触交代矽卡岩型铁矿床。

本次详查工作，钻探工作量相对偏少，未能对Ⅰ矿体边部进行封闭控制。详查工作区内有扩大资源量的可能性，有必要适时投入一定的工作量，或采取边采边探措施以扩大资源量。

(二) 侯家庄矿床

山东正元地质资源勘查有限责任公司于 2012 年 5 月编制了《山东省淄博市金岭铁矿侯家庄矿床深部铁矿详查报告》。本次普查野外工作时间为 2009 年 5 月至 2012 年 4 月，完成的主要实物工作量为坑内钻探 1 634.53m/15 孔，探矿巷道 990m，基本分析 35 件。

通过本次深部详查，共查明 2 个矿体，即侯家庄Ⅰ矿体及深部Ⅲ矿体，其中，侯家庄深部Ⅲ矿体包括Ⅲ-1、Ⅲ-2、Ⅲ-3 三个矿段，Ⅲ矿体为主矿体，Ⅲ-1 矿段为主矿段。本次探明（Ⅰ＋Ⅲ）矿体资源储量 578.6 万 t，属中型规模。

通过本次详查工作，基本查明了矿体深部延展情况及产状、厚度、规模、形态特征；基本查明了矿床地层、构造、岩浆岩特征与矿石物质成分、结构、构造和矿石加工技术性能；对矿床的开采技术条件进行了论证。通过资源储量估算，求得铁矿石资源量 578.6 万 t，TFe 平均品位 47.62%；mFe 平均品位 44.89%。其中，控制的铁矿石资源量 215.1 万 t，TFe 品位 48.44%，mFe 品位 45.21%；推断的铁矿石资源量 363.5 万 t，TFe 品位 47.12%，mFe 品位 44.69%。矿石自然类型为磁铁矿石，工业类型为低硫磷需选铁矿石。

(三) 王旺庄矿床

王旺庄铁矿已查明 16 个矿体，矿体总体走向北东东，倾向北北西，倾角较缓，一般 10°～15°。主矿体 3 个（Ⅰ、Ⅱ、Ⅲ）。主矿体长 960～1169m，宽 60～382m，厚 1.25～90.31m；矿体形态为透镜状、扁豆状、囊状，形态变化中等，常见膨胀狭缩、分支复合现象。矿体规模属中型。

目前，Ⅰ矿体、Ⅱ矿体进行开采，Ⅱ矿体为主要的开采矿体；Ⅲ矿体、零星矿体尚未进行开采。

截止到 2014 年 12 月 31 日，标高－225～－600m 范围，保有铁矿石资源储量 5 215.3 万 t，TFe 平均品位 51.73%。其中，证实储量 1212 万 t，TFe 平均品位 52.47%；可信储量 2 757.7 万 t，TFe 平均品位 51.24%；推断的铁矿石资源量 1 245.6 万 t，TFe 平均品位 52.09%。伴生推断的 Cu 矿石资源量 606.5 万 t，金属量 10 472t，平均品位 0.170%；推断的 Co 矿石资源量 165.1 万 t，金属量 381t，平均品位 0.023%。

三、齐河-禹城矿集区

(一) 李屯铁矿

在综合研究以往地质、航磁、重力及矿产等地质资料的基础上，通过地面物探及钻探验证，在李屯地区首次发现接触交代型磁铁矿床,说明本区具备了此种成因类型的成矿条件,成因类型与济南铁矿、莱芜铁矿一致。

李屯铁矿位于李屯次级磁异常区北西侧,铁矿体发育于石炭纪—二叠纪(碎屑岩)地层、奥陶纪(碳酸盐岩)地层以及奥陶纪地层与闪长岩体接触带处,矿床成因类型为接触交代(矽卡岩)型磁铁矿。共揭露4层磁铁矿体,矿体赋存标高为-1 123.50~-1 259.33m,单层厚1.21~60.53m,累计总厚72.73 m。矿体倾向约260°,倾角约65°;矿石结构构造以致密块状为主,工业类型属炼铁用铁矿石和需选铁矿石;单样品品位TFe为9.46%~68.85%,mFe为4.23%~67.07%。单工程4个矿体平均品位TFe为56.75%、mFe为51.70%。磁性铁占全铁比例为96.15%,品位分布均匀。

区内共预测潜在富铁矿资源2 574.57万t。其中,Ⅰ号矿体195.90万t、Ⅱ号矿体164.28万t、Ⅲ号矿体37.50万t、Ⅳ号矿体2 176.89万t。

(二)潘店铁矿

潘店铁矿位于潘店次级磁异常区西侧,铁矿体产于石炭纪—二叠纪(碎屑岩)地层、奥陶纪(碳酸盐岩)地层以及奥陶纪地层与闪长岩体接触带处,矿体赋存标高为-1 417.94~-1 515.47m。矿体西倾,倾角约45°,共揭露5层矿体,矿体厚度为40.26 m(单层最大厚度11.88 m,单层最小厚度1.11m),矿石平均品位TFe为51.82%,mFe为47.20%。

(三)大张铁矿

本矿床为隐伏的深部矿床,根据矿体埋藏深特点及各种技术方法的适用性,首先在区域上部署了1:1万高精度磁测和1:2.5万高精度重力测量。通过1:1万高精度磁测圈定了磁异常1处,命名为大张异常。该异常形态呈椭圆状,北北东向展布,异常中心在大张附近,ΔT极值可达460nT。通过1:2.5万重力测量,区内发现局部重力异常两处(G-1、G-2),推断与铁矿体有关。

在此基础上以钻探工程进行验证,圈定铁矿体1个,编号为Ⅰ。矿体赋存在奥陶纪马家沟群灰岩与燕山晚期闪长岩体的接触带内。初步推断矿体形态为似层状,走向北东35°,倾向南东,倾角6°,赋存标高-715.9~-772.44m,埋深747.95~796.30m。目前矿体共有2个钻孔控制,控制矿体长度300m,控制斜深311m。矿体厚度7.66~25.98m,最小平均厚度16.84m,厚度变化系数为77.02%,厚度变化中等。钻孔ZK001终孔深度999.88m,于孔深770.28~796.30m连续见矿厚度26.02m,矿石平均品位TFe为58.59%、mFe为54.89%;钻孔ZK002终孔深度1 013.30m,于孔深747.95~755.61m见矿厚度7.66m,矿石平均品位TFe为49.50%、mFe为45.76%。

对矿体进行了资源量估算,共求得推断的铁矿石资源量240.45万t,平均品位TFe为56.52%、mFe为52.81%;伴生硫资源量7.38万t,平均含量3.07%。预测潜在富铁矿矿产资源2 904.85万t;潜在硫矿产资源(伴生)89.18万t。

第三节 山东省富铁矿资源潜力预测

一、富铁矿资源潜力预测区的圈定及优选

根据《山东省铁矿资源潜力评价报告》,通过矿产预测方法类型选择、预测模型建立、预测单元划分

及预测地质变量选择,最终圈定及优选富铁矿预测区。2015年以来,随着潘店预测区,即齐河-禹城矿集区富铁矿找矿的突破,本区富铁矿资源潜力发生了重大变化。为了保证富铁矿资源潜力预测方法及标准的统一,本次仍沿用《山东省铁矿资源潜力评价报告》的预测成果,然后依据最新出版的《山东省齐河-禹城矿集区找矿预测子项目成果报告》,修正齐河—禹城矿集区(潘店预测区)的富铁矿资源潜力预测成果。

(一)接触交代(矽卡岩)式富铁矿

接触交代(矽卡岩)式富铁矿有4个预测工作区,即山东省莱芜预测工作区、山东省济南预测工作区、山东省金岭预测工作区和山东省齐河-禹城矿集区预测工作区(潘店预测工作区)。

通过最终优选确定莱芜最小预测区10个,金岭最小预测区5个,济南最小预测区8个,齐河—禹城矿集区最小预测区6个。根据预测区区域地质背景、成矿地质条件、矿床埋深情况、资源潜力及自然经济状况等,对预测区进行分类:莱芜A级最小预测区2个,C级最小预测区8个;金岭A级最小预测区2个,B级最小预测区1个,C级最小预测区2个;济南C级最小预测区8个,齐河—禹城A级最小预测区3个,B级最小预测区2个,C级最小预测区1个,见表7-1。

表7-1 山东省接触交代(矽卡岩)式富铁矿最小预测区一览表

预测工作区名称	最小预测区编号	最小预测区名称
山东省莱芜预测工作区	A1701201003	张家洼最小预测区
	A1701201004	矿山最小预测区
	C1701201012	大王庄最小预测区
	C1701201013	枣园庄最小预测区
	C1701201013	牛泉最小预测区
	C1701201015	圣井最小预测区
	C1701201016	蛸峪镇最小预测区
	C1701201017	张家岭最小预测区
	C1701201018	口镇最小预测区
	C1701201019	石泉官庄最小预测区
山东省金岭预测工作区	A1701201001	人和村最小预测区
	B1701201001	中埠镇最小预测区
	A1701201002	上河东村最小预测区
	C1701201010	军屯村最小预测区
	C1701201011	曹一村最小预测区

续表 7-1

预测工作区名称	最小预测区编号	最小预测区名称
山东省济南预测工作区	C1701201001	还乡店村最小预测区
	C1701201002	大辛庄最小预测区
	C1701201003	相公庄最小预测区
	C1701201004	流海庄最小预测区
	C1701201005	东风最小预测区
	C1701201006	十里河最小预测区
	C1701201007	唐冶最小预测区
	C1701201008	任家庄最小预测区
山东省齐河-禹城矿集区预测工作区	D-A1	大张最小预测区
	P-A1	郭店村最小预测区
	P-B1	丁寺东南最小预测区
	L-A1	李楼西最小预测区
	L-B1	石庄最小预测区
	X-C1	朱庄南最小预测区

(二)淄河式热液交代充填-风化淋滤型富铁矿

淄河式热液交代充填-风化淋滤型铁矿主要有山东省淄博预测工作区。最终优选确定,淄博最小预测区 8 个,根据预测区区域地质背景、成矿地质条件、矿床埋深情况、资源潜力及自然经济状况等,对预测区进行分类。确定 B 级最小预测区 1 个,C 级最小预测区 7 个,见表 7-2。

表 7-2 山东省淄河式热液交代充填-风化淋滤型富铁矿最小预测区一览表

预测工作区名称	最小预测区编号	最小预测区名称
山东省淄博预测工作区	B1701601001	兴旺店最小预测区
	C1701601001	大峪口村最小预测区
	C1701601002	张家台村最小预测区
	C1701601003	西高村最小预测区
	C1701601004	常庄最小预测区
	C1701601005	田家村最小预测区
	C1701601006	孙家庄最小预测区
	C1701601007	兰子村最小预测区

二、富铁矿预测区评价及资源量预测

1. 莱芜预测工作区

1)张家洼最小预测区

该最小预测区矿床主要赋存在白垩纪中酸性侵入岩(正长闪长岩)与奥陶纪马家沟群灰岩接触部位,侵入体与围岩接触部位透辉石矽卡岩化、蛇纹石大理岩化很发育,局部发育硅化、绢云母化等蚀变,并伴有多金属矿化等。矽卡岩多呈不规则带状或透镜状沿侵入体外接触带发育,矽卡岩带内磁铁矿化发育,局部较强,构成工业矿体,并伴有黄铁矿、黄铜矿化。区内有大-中型矿产地8处,航磁化极异常5处,具有极大的找矿潜力。

该最小预测区为A级区,预测深度565~1400m,预测潜在矿产资源分别为1.245亿t(565~1000m)和1.4128亿t(1000~1400m)。预测区为第四纪平原区,经济以农业为主,兼有铁等工矿业。人口稠密,劳动力充足,交通方便,水电丰沛。

2)矿山最小预测区

该最小预测区矿床主要赋存在白垩纪中酸性侵入岩(正长闪长岩、辉石闪长岩)与奥陶纪马家沟群灰岩接触部位,侵入体与围岩接触部位透辉石矽卡岩化、蛇纹石大理岩化很发育,局部发育硅化、绢云母化等蚀变,并伴有多金属矿化等。矽卡岩多呈不规则带状或透镜状沿侵入体外接触带发育,矽卡岩带内磁铁矿化发育,局部较强,构成工业矿体,并伴有黄铁矿、黄铜矿化。区内有大-中型矿产地5处,航磁化极异常3处,具有极大的找矿潜力。

该最小预测区为A级区,预测深度615~1200m,预测潜在矿产资源分别为1.1035亿t(615~1000m)和0.4458亿t(1000~1200m)。预测区为第四纪平原区,经济以农业为主,兼有铁等工矿业。人口稠密,劳动力充足,交通方便,水电丰沛。

3)大王庄最小预测区

该最小预测区矿床主要赋存在白垩纪中酸性侵入岩(辉石闪长岩)与奥陶纪马家沟群灰岩接触部位,侵入体与围岩接触部位透辉石矽卡岩化、蛇纹石大理岩化很发育,局部发育硅化、绢云母化等蚀变,并伴有多金属矿化等。矽卡岩多呈不规则带状或透镜状沿侵入体外接触带发育,矽卡岩带内磁铁矿化发育,局部较强,构成工业矿体,并伴有黄铁矿、黄铜矿化。区内有大-中型矿产地1处,航磁化极异常1处,具有较大的找矿潜力。

该最小预测区为C级区,预测深度365~1075m,预测潜在矿产资源分别为0.0486亿t(365~500m)和0.1486亿t(500~1075m)。预测区为第四纪平原区,经济以农业为主,兼有铁等工矿业。人口稠密,劳动力充足,交通方便,水电丰沛。

4)枣园庄最小预测区

该最小预测区矿床主要赋存在白垩纪中酸性侵入岩(正长闪长岩)与奥陶纪马家沟群灰岩接触部位,侵入体与围岩接触部位透辉石矽卡岩化、蛇纹石大理岩化很发育,局部发育硅化、绢云母化等蚀变,并伴有多金属矿化等。矽卡岩多呈不规则带状或透镜状沿侵入体外接触带发育,矽卡岩带内磁铁矿化发育,局部较强,构成工业矿体,并伴有黄铁矿、黄铜矿化。区内有大-中型矿产地1处,航磁化极异常1处,具有较大的找矿潜力。

该最小预测区为C级区,预测深度430~1200m,预测潜在矿产资源分别为0.0104亿t(430~500m)和0.0709亿t(500~1200m)。预测区为第四纪平原区,经济以农业为主,兼有铁等工矿业。人口稠密,劳动力充足,交通方便,水电丰沛。

5)牛泉最小预测区

该最小预测区矿床主要赋存在白垩纪中酸性侵入岩(正长闪长岩)与奥陶纪马家沟群灰岩接触部

位,侵入体与围岩接触部位透辉石矽卡岩化、蛇纹石大理岩化很发育,局部发育硅化、绢云母化等蚀变,并伴有多金属矿化等。矽卡岩多呈不规则带状或透镜状沿侵入体外接触带发育,矽卡岩带内磁铁矿化发育,局部较强,构成工业矿体,并伴有黄铁矿、黄铜矿化。区内有大-中型矿产地1处,低缓航磁化极异常1处,具有较大的找矿潜力。

该最小预测区为C级区,预测深度766～1200m,预测潜在矿产资源分别为0.089 3亿t(766～1000m)和0.038 2亿t(1000～1200m)。预测区为第四纪平原区,经济以农业为主,兼有铁等工矿业。人口稠密,劳动力充足,交通方便,水电丰沛。

6)圣井最小预测区

该最小预测区矿床主要赋存在白垩纪中酸性侵入岩(正长闪长岩)与奥陶纪马家沟群灰岩接触部位,侵入体与围岩接触部位透辉石矽卡岩化、蛇纹石大理岩化很发育,局部发育硅化、绢云母化等蚀变,并伴有多金属矿化等。矽卡岩多呈不规则带状或透镜状沿侵入体外接触带发育,矽卡岩带内磁铁矿化发育,局部较强,构成工业矿体,并伴有黄铁矿、黄铜矿化。区内有大-中型矿产地1处,低缓航磁化极异常1处,具有较大的找矿潜力。

该最小预测区为C级区,预测深度160～1000m,预测潜在矿产资源分别为0.030 4亿t(160～500m)和0.033 6亿t(500～1000m)。预测区为第四纪平原区,经济以农业为主,兼有铁等工矿业。人口稠密,劳动力充足,交通方便,水电丰沛。

7)峪峪镇最小预测区

该最小预测区矿床主要赋存在白垩纪中酸性侵入岩(闪长岩)与奥陶纪马家沟群灰岩接触部位,侵入体与围岩接触部位透辉石矽卡岩化、蛇纹石大理岩化很发育,局部发育硅化、绢云母化等蚀变,并伴有多金属矿化等。矽卡岩多呈不规则带状或透镜状沿侵入体外接触带发育,矽卡岩带内磁铁矿化发育,局部较强,构成工业矿体,并伴有黄铁矿、黄铜矿化。区内有大-中型矿产地1处,航磁化极异常1处,具有较大的找矿潜力。

该最小预测区为C级区,预测深度213～950m,预测潜在矿产资源分别为0.036 7亿t(213～500m)和0.041 3亿t(500～950m)。预测区为第四纪平原区,经济以农业为主,兼有铁等工矿业。人口稠密,劳动力充足,交通方便,水电丰沛。

8)张家岭最小预测区

该最小预测区矿床主要赋存在白垩纪中酸性侵入岩(中细粒闪长岩)与奥陶纪马家沟群灰岩接触部位,侵入体与围岩接触部位透辉石矽卡岩化、蛇纹石大理岩化很发育,局部发育硅化、绢云母化等蚀变,并伴有多金属矿化等。矽卡岩多呈不规则带状或透镜状沿侵入体外接触带发育,矽卡岩带内磁铁矿化发育,局部较强,构成工业矿体,并伴有黄铁矿、黄铜矿化。区内有大-中型矿产地1处,航磁化极异常1处,具有较大的找矿潜力。

该最小预测区为C级区,预测深度250～1000m,预测潜在矿产资源分别为0.083 4亿t(250～500m)和0.125 1亿t(500～1000m)。预测区为第四纪平原区,经济以农业为主,兼有铁等工矿业。人口稠密,劳动力充足,交通方便,水电丰沛。

9)口镇最小预测区

该最小预测区为第四系覆盖区。区内有低缓航磁化极异常1处,具有一定的找矿潜力。

该最小预测区为C级区,预测深度50～1200m,预测潜在矿产资源0.241 5亿t(50～1200m)。预测区为低山丘陵区,经济以农业为主。人口稠密,劳动力充足,交通方便,水电丰沛。

10)石泉官庄最小预测区

该最小预测区为第四系覆盖区。区内有低缓航磁化极异常1处,具有一定的找矿潜力。

该最小预测区为C级区,预测深度50～1050m,预测潜在矿产资源0.217 8亿t(50～1050m)。预测区为低山丘陵区,经济以农业为主。人口稠密,劳动力充足,交通方便,水电丰沛。莱芜工作区估算成果见表7-3。

第七章 山东省富铁矿深部找矿成果及资源潜力预测

表 7-3 山东省莱芜预测工作区最小预测区估算成果表

最小预测区编号	最小预测区名称	含矿地质体面积/m²	模型区含矿地质体含矿系数	面积参数	相似系数	勘查深度/m	含矿地质体延深/m	预测潜在矿产资源/t	预测潜在资源分类	预测潜在资源深度
A1701201003	张家洼最小预测区（模型区）	10 492 356	0.062 4	1	1	500	565～1 000	124 501 624	1	1 000m 以浅
				1	1		1 000～680	141 278 407	2	2 000m 以浅
A1701201004	矿山最小预测区	5 103 447		1	0.9	550	615～1 000	110 344 690	1	1 000m 以浅
				1	0.7		1 000～1 200	44 583 713	2	2 000m 以浅
C1701201012	大王庄最小预测区	3 104 631		1	0.8	165	365～500	4 861 852	1	500m 以浅
				1	0.6		500～1 000	13 505 145	2	1 000m 以浅
				1	0.4		1 000～1 075	1 350 514	2	2 000m 以浅
C1701201013	枣园庄最小预测区	1 287 559	0.014 5	1	0.8	230	430～500	1 045 498	1	500m 以浅
				1	0.6		500～1 000	5 600 882	2	1 000m 以浅
				1	0.4		1 000～1 200	1 493 568	2	2 000m 以浅
C1701201014	牛泉最小预测区（模型区）	1 279 790		1	1	366	766～1 000	8 929 028.8	1	1 000m 以浅
				1	1		1 000～1 200	3 815 824.3	2	2 000m 以浅
C1701201015	圣井最小预测区	771 224		1	0.8	110	160～500	3 041 707	1	500m 以浅
				1	0.6		500～1 000	3 354 824	2	1 000m 以浅
C1701201016	角峪镇最小预测区	1 100 950		1	0.8	163	213～500	3 665 283	1	500m 以浅
				1	0.6		500～950	4 310 219	2	1 000m 以浅
C1701201017	张家岭最小预测区	2 874 757	0.014 5	1	0.8	200	250～500	8 336 795	1	500m 以浅
				1	0.6		500～1 000	12 505 193	2	1 000m 以浅
C1701201018	口镇最小预测区	3 265 586		1	0.6		50～500	12 784 769	3	500m 以浅
				1	0.4		500～1 000	9 470 199	3	1 000m 以浅
				1	0.2		1 000～1 200	1 894 040	3	2 000m 以浅
C1701201019	石泉官庄最小预测区	3 129 636		1	0.6		50～500	12 252 525	3	500m 以浅
				1	0.4		500～1 000	9 075 944	3	1 000m 以浅
				1	0.2		1 000～1 050	453 797	3	2 000m 以浅
合计								542 456 043		

注：预测潜在矿产资源分类 1，已知典型矿床深部及外围预测潜在矿产资源，且资料精度大于 1∶5 万，估算深度主要参考已有勘查工程控制的矿体深度，一般推测的估算深度大约为已知工程控制矿产资源的矿体深度的 1∶1；分类 2，一般情况下为 1 类别（深度）以下部分，资料精度大于 1∶5 万，估算深度（包括含矿点、矿化点、重要找矿标志同时具备直接（包括找矿标志包括物探、化探、遥感、老窿和自然重砂等异常）。资料精度大于 1∶5 万；分类 3，一般情况下为 2 类别（深度）以下部分，区单元内的预测潜在矿产资源（间接找矿标志包括物探、化探、遥感、老窿和自然重砂等异常）。任何情况下预测资料精度小于等于 1∶20 万的预测单元内潜在矿产资源。或只有间接找矿标志的最小预测单元内预测潜在矿产资源。

2. 济南预测工作区

1）还乡店村最小预测区

该最小预测区矿床主要赋存在白垩纪基性侵入岩（中粒辉长岩）与奥陶纪马家沟群灰岩接触部位，侵入体与围岩接触部位透辉石矽卡岩化、蛇纹石大理岩化很发育，局部发育硅化、绢云母化等蚀变，并伴有多金属矿化等。矽卡岩多呈不规则带状或透镜状沿侵入体外接触带发育，矽卡岩带内磁铁矿化发育，局部较强，构成工业矿体，并伴有黄铁矿、黄铜矿化。区内有中型矿产地2处，低缓航磁化极异常2处，具有较大的找矿潜力。

该最小预测区为C级区，预测深度365～900m，预测潜在矿产资源分别为0.110 0亿t（365～710m）和0.035 7亿t（710～900m）。预测区为第四纪平原区，经济以农业为主，兼有铁等工矿业。人口稠密，劳动力充足，交通方便，水电丰沛。

2）大辛村最小预测区

该最小预测区矿床主要赋存在白垩纪基性侵入岩（细粒辉长岩）与奥陶纪马家沟群灰岩接触部位，侵入体与围岩接触部位透辉石矽卡岩化、蛇纹石大理岩化很发育，局部发育硅化、绢云母化等蚀变，并伴有多金属矿化等。矽卡岩多呈不规则带状或透镜状沿侵入体外接触带发育，矽卡岩带内磁铁矿化发育，局部较强，构成工业矿体，并伴有黄铁矿、黄铜矿化。区内有小型矿产地1处，航磁化极异常1处，具有较大的找矿潜力。

该最小预测区为C级区，预测深度388～800m，预测潜在矿产资源为0.134 9亿t（388～800m）。预测区为第四纪平原区，经济以农业为主，兼有铁等工矿业。人口稠密，劳动力充足，交通方便，水电丰沛。

3）相公庄最小预测区

该最小预测区矿床主要赋存在白垩纪基性侵入岩（中细粒闪长岩）与奥陶纪马家沟群灰岩接触部位，侵入体与围岩接触部位透辉石矽卡岩化、蛇纹石大理岩化很发育，局部发育硅化、绢云母化等蚀变，并伴有多金属矿化等。矽卡岩多呈不规则带状或透镜状沿侵入体外接触带发育，矽卡岩带内磁铁矿化发育，局部较强，构成工业矿体，并伴有黄铁矿、黄铜矿化。区内有小型矿产地1处，航磁化极异常1处，具有一定的找矿潜力。

该最小预测区为C级区，预测深度252～600m，预测潜在矿产资源分别为0.029 6亿t（252～500m）和0.009 0亿t（500～600m）。预测区为第四纪平原区，经济以农业为主，兼有铁等工矿业。人口稠密，劳动力充足，交通方便，水电丰沛。

4）流海庄最小预测区

该最小预测区矿床主要赋存在白垩纪基性侵入岩（中粒闪长岩）与奥陶纪马家沟群灰岩接触部位，侵入体与围岩接触部位透辉石矽卡岩化、蛇纹石大理岩化很发育，局部发育硅化、绢云母化等蚀变，并伴有多金属矿化等。矽卡岩多呈不规则带状或透镜状沿侵入体外接触带发育，矽卡岩带内磁铁矿化发育，局部较强，构成工业矿体，并伴有黄铁矿、黄铜矿化。区内有小型矿产地1处，航磁化极异常1处，具有较大的找矿潜力。

该最小预测区为C级区，预测深度198～500m，预测潜在矿产资源为0.154 8亿t（198～500m）。预测区为第四纪平原区，经济以农业为主，兼有铁等工矿业。人口稠密，劳动力充足，交通方便，水电丰沛。

5)东风最小预测区

该最小预测区矿床主要赋存在白垩纪基性侵入岩(中粒辉长岩)与奥陶纪马家沟群灰岩接触部位,侵入体与围岩接触部位透辉石矽卡岩化、蛇纹石大理岩化很发育,局部发育硅化、绢云母化等蚀变,并伴有多金属矿化等。矽卡岩多呈不规则带状或透镜状沿侵入体外接触带发育,矽卡岩带内磁铁矿化发育,局部较强,构成工业矿体,并伴有黄铁矿、黄铜矿化。区内有小型矿产地2处,航磁化极异常1处,具有较大的找矿潜力。

该最小预测区为C级区,预测深度228~500m,预测潜在矿产资源0.150 9亿t(228~500m)。预测区为低山丘陵区,经济以农业为主。人口稠密,劳动力充足,交通方便,水电丰沛。

6)十里河最小预测区

该最小预测区矿床主要赋存在白垩纪基性侵入岩(中粒闪长岩)与奥陶纪马家沟群灰岩接触部位,侵入体与围岩接触部位透辉石矽卡岩化、蛇纹石大理岩化很发育,局部发育硅化、绢云母化等蚀变,并伴有多金属矿化等。矽卡岩多呈不规则带状或透镜状沿侵入体外接触带发育,矽卡岩带内磁铁矿化发育,局部较强,构成工业矿体,并伴有黄铁矿、黄铜矿化。区内有小型矿产地1处,航磁化极异常1处,具有一定的找矿潜力。

该最小预测区为C级区,预测深度260~400m,预测潜在矿产资源0.022 7亿t(260~400m)。预测区为低山丘陵区,经济以农业为主。人口稠密,劳动力充足,交通方便,水电丰沛。

7)唐冶最小预测区

该最小预测区矿床主要赋存在白垩纪基性侵入岩(中—细粒闪长岩)与奥陶纪马家沟群灰岩接触部位,侵入体与围岩接触部位透辉石矽卡岩化、蛇纹石大理岩化很发育,局部发育硅化、绢云母化等蚀变,并伴有多金属矿化等。矽卡岩多呈不规则带状或透镜状沿侵入体外接触带发育,矽卡岩带内磁铁矿化发育,局部较强,构成工业矿体,并伴有黄铁矿、黄铜矿化。区内有小型矿产地1处,航磁化极异常2处,具有较大的有找矿潜力。

该最小预测区为C级区,预测深度240~400m,预测潜在矿产资源0.100 8亿t(240~400m)。预测区为低山丘陵区,经济以农业为主。人口稠密,劳动力充足,交通方便,水电丰沛。

8)任家庄最小预测区

该最小预测区矿床主要赋存在白垩纪基性侵入岩(辉长岩)与奥陶纪马家沟群灰岩接触部位,侵入体与围岩接触部位透辉石矽卡岩化、蛇纹石大理岩化发育,区内有低级航磁化极异常1处,具有一定的有找矿潜力。

该最小预测区为C级区,预测深度90~400m,预测潜在矿产资源0.083 3亿t(90~400m)。预测区为低山丘陵区,经济以农业为主。人口稠密,劳动力充足,交通方便,水电丰沛。济南工作区估算成果见表7-4。

3. 金岭预测工作区

1)人和村最小预测区

该最小预测区矿床主要赋存在白垩纪基性侵入岩(辉石闪长岩)与奥陶纪马家沟群灰岩接触部位,侵入体与围岩接触部位透辉石矽卡岩化、蛇纹石大理岩化很发育,局部发育硅化、绢云母化等蚀变,并伴有多金属矿化等。矽卡岩多呈不规则带状或透镜状沿侵入体外接触带发育,矽卡岩带内磁铁矿化发育,局部较强,构成工业矿体,并伴有黄铁矿、黄铜矿化。区内有中-小型矿产地5处,航磁化极异常4处,具有极大的找矿潜力。

表 7-4 山东省济南预测工作区最小预测区估算成果表

最小预测区编号	最小预测区名称	含矿地质体面积/m²	含矿地质体延深/m	模型区含矿地质体含矿系数	面积参数	相似系数	勘查深度/m	预测潜在矿产资源/t	预测潜在资源分类	预测潜在资源深度
C1701201001	还乡店村最小预测区（模型区）	701 434	365~500	0.076 1	1	1	345	5 074 415	1	500m 以浅
			500~710		1	1		5 920 151	1	1 000m 以浅
			710~900		1	1		3 570 885	2	1 000m 以浅
C1701201002	大辛庄最小预测区	657 434	388~500	0.076 1	1	0.8	368	4 482 753	1	500m 以浅
			500~800		1	0.6		9 005 531	1	1 000m 以浅
C1701201003	相公庄最小预测区	196 118	252~500	0.076 1	1	0.8	165	2 961 037	1	500m 以浅
			500~600		1	0.6		895 475	2	1 000m 以浅
C1701201004	流海庄最小预测区	842 099	198~500	0.076 1	1	0.8	175	15 482 630	1	500 米以浅
C1701201005	东风最小预测区	911 257	228~500	0.076 1	1	0.8	198	15 089 833	1	500 米以浅
C1701201006	十里河最小预测区	265 983	260~400	0.076 1	1	0.8	240	2 267 026	1	500 米以浅
C1701201007	唐冶最小预测区	1 034 426	240~400	0.076 1	1	0.8	180	10 076 137	1	500 米以浅
C1701201008	任家庄最小预测区	588 624	90~400	0.076 1	1	0.6		8 331 737	3	500 米以浅
合计								83 157 610		

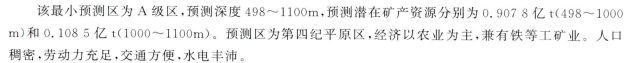

该最小预测区为 A 级区,预测深度 498～1100m,预测潜在矿产资源分别为 0.907 8 亿 t(498～1000m)和 0.108 5 亿 t(1000～1100m)。预测区为第四纪平原区,经济以农业为主,兼有铁等工矿业。人口稠密,劳动力充足,交通方便,水电丰沛。

2)中埠镇最小预测区

该最小预测区矿床主要赋存在白垩纪基性侵入岩(辉石闪长岩)与奥陶纪马家沟群灰岩接触部位,侵入体与围岩接触部位透辉石矽卡岩化、蛇纹石大理岩化很发育,局部发育硅化、绢云母化等蚀变,并伴有多金属矿化等。矽卡岩多呈不规则带状或透镜状沿侵入体外接触带发育,矽卡岩带内磁铁矿化发育,局部较强,构成工业矿体,并伴有黄铁矿、黄铜矿化。区内有小型矿产地 2 处,航磁化极异常 3 处,具有极大的找矿潜力。

该最小预测区为 B 级区,预测深度 600～1200m,预测潜在矿产资源分别为 0.347 0 亿 t(600～1000m)和 0.104 1 亿 t(1000～1200m)。预测区为第四纪平原区,经济以农业为主,兼有铁等工矿业。人口稠密,劳动力充足,交通方便,水电丰沛。

3)上河东村最小预测区

该最小预测区矿床主要赋存在白垩纪基性侵入岩(辉石闪长岩)与奥陶纪马家沟群灰岩接触部位,侵入体与围岩接触部位透辉石矽卡岩化、蛇纹石大理岩化很发育,局部发育硅化、绢云母化等蚀变,并伴有多金属矿化等。矽卡岩多呈不规则带状或透镜状沿侵入体外接触带发育,矽卡岩带内磁铁矿化发育,局部较强,构成工业矿体,并伴有黄铁矿、黄铜矿化。区内有中-小型矿产地 6 处,航磁化极异常 3 处,具有极大的找矿潜力。

该最小预测区为 A 级区,预测深度 590～1440m,预测潜在矿产资源分别为 2.332 2 亿 t(590～1000m)和 0.834 3 亿 t(1000～1440m)。预测区为第四纪平原区,经济以农业为主,兼有铁等工矿业。人口稠密,劳动力充足,交通方便,水电丰沛。

4)军屯村最小预测区

该最小预测区矿床主要赋存在白垩纪基性侵入岩(辉石闪长岩)与奥陶纪马家沟群灰岩接触部位,侵入体与围岩接触部位透辉石矽卡岩化、蛇纹石大理岩化很发育,局部发育硅化、绢云母化等蚀变,并伴有多金属矿化等。矽卡岩多呈不规则带状或透镜状沿侵入体外接触带发育,矽卡岩带内磁铁矿化发育,局部较强,构成工业矿体,并伴有黄铁矿、黄铜矿化。区内有小型矿产地 1 处,航磁化极异常 2 处,具有较大的找矿潜力。

该最小预测区为 C 级区,预测深度 150～1000m,预测潜在矿产资源分别为 0.201 7 亿 t(150～500m)和 0.230 5 亿 t(500～1000m)。预测区为第四纪平原区,经济以农业为主,兼有铁等工矿业。人口稠密,劳动力充足,交通方便,水电丰沛。金岭工作区估算成果见表 7-5。

5)曹一村最小预测区

该最小预测区矿床主要赋存在白垩纪基性侵入岩(辉石闪长岩)与奥陶纪马家沟群灰岩接触部位,侵入体与围岩接触部位透辉石矽卡岩化、蛇纹石大理岩化发育。区内有航磁化极异常 2 处,具有一定的有找矿潜力。

该最小预测区为 C 级区,预测深度 300～900m,预测潜在矿产资源 0.124 5 亿 t(300～900m)。预测区为低山丘陵区,经济以农业为主。人口稠密,劳动力充足,交通方便,水电丰沛。

表 7-5 山东省金岭预测工作区最小预测区估算成果表

最小预测区编号	最小预测区名称	含矿地质体面积/m²	含矿地质体延深/m	模型区含矿地质体含矿系数	面积参数	相似系数	勘查深度/m	预测潜在矿产资源/t	预测潜在资源分类	预测潜在资源深度
A1701201001	人和村最小预测区	9 696 682	498~1 000	0.037 3	1	0.5	282	90 783 246	1	1 000m 以浅
B1701201001	中埠镇最小预测区	4 651 961	1 000~1 100	0.037 3	1	0.3		10 850 587	2	2 000m 以浅
			600~1 000		1	0.5	405	34 703 629	1	1 000m 以浅
			1 000~1 200		1	0.3		10 411 089	2	2 000m 以浅
A1701201002	上河东村最小预测区（模型区）	9 376 495	590~1 000	0.037 3	1	1	380	233 224 367	1	1 000m 以浅
			1 000~1 440		1	1		83 429 855	2	2 000m 以浅
C1701201010	军屯村最小预测区	3 089 295	150~500	0.037 3	1	0.5		20 165 373	1	500m 以浅
			500~1 000		1	0.4		23 046 141	2	1 000m 以浅
C1701201011	曹一村最小预测区	2 383 574	300~500	0.037 3	1	0.3		5 334 439	3	500m 以浅
			500~900		1	0.2		7 112 585	3	1 000m 以浅
合计								519 061 310		

4. 齐河-禹城矿集区预测工作区

1)大张最小预测区

该最小预测区矿床主要赋存在马家沟群灰岩与闪长岩接触带内,矿体呈似层状,围岩蚀变主要为矽卡岩化。控矿因素主要为中生代燕山晚期侵入岩体和奥陶纪灰岩地层。地表大部为第四系覆盖,其下地层由老至新主要发育为奥陶系、石炭系—二叠系和新近系。重磁异常显示有3条隐伏断裂构造,其轴向分别为近南北向、北北东向和北北西向。钻孔揭露侵入岩自上而下依次为闪长岩、闪长玢岩,侵入围岩为奥陶纪灰岩。主要的找矿标志是物探重磁异常,地表具有一定规模和强度的重、磁异常,是寻找该类铁矿床的重要标志。加强对磁异常的综合分析研究,正确判断区分矿异常和岩体异常,是寻找隐伏盲矿体的有效方法;地质标志,铁矿体主要产出在岩体与中奥陶统碳酸盐岩的接触带上。因此,区域上有奥陶纪灰岩分布,且地表有良好的重磁异常显示的中生代隐伏侵入岩体,是寻找该类矿床的首选靶区。区内新发现大张铁矿,具有极大的找矿潜力。

该最小预测区为A级区,预测潜在矿产资源为1 615.15万t。预测区为第四纪平原区,经济以农业为主,人口稠密,劳动力充足,交通方便,水电丰沛。

2)郭店村最小预测区

该最小预测区内矿体主要赋存在二叠纪和奥陶纪地层中。通过钻孔揭露显示该区发育有厚大的二叠纪地层,以碎屑岩为主,多处发育有较强的黄铁矿化等现象,显示有较强的热液活动现象。在该地层中偶有侵入岩脉发育,其围岩为深灰色泥质粉砂岩。共揭露5层矿体,3层位于二叠纪地层中,2层位于奥陶纪地层中。最下部矿体底板为厚度近30m的矽卡岩,之下为闪长岩体,验证了潘店磁异常是由铁矿体和深部岩体共同引起。矿石中金属矿物主要为磁铁矿,含少量的黄铁矿和极及少量的磁黄铁矿、黄铜矿、镜铁矿、闪锌矿等,非金属矿物为少量的石榴石、透辉石、透闪石、方解石、绿泥石、黑云母等。新发现了郭店矿产地,具有极大的找矿潜力。

该最小预测区为A级区,预测潜在矿产资源为4 750.83万t。预测区为第四纪平原区,经济以农业为主,人口稠密,劳动力充足,交通方便,水电丰沛。

3)丁寺东南最小预测区

该最小预测区和郭店村最小预测区同在潘店Ⅰ级铁矿找矿靶区内,地表被第四系覆盖,重、磁异常幅值偏低,且异常等值线相对宽缓,推断磁性体及寒武系—奥陶系灰岩埋藏较深。该最小预测区位于潘店重磁异常重合区的南部,重合区内的北西向磁异常等值线凸起部位为找矿重点区域。预测区内具备各项地质及地球物理找矿预测标志,具有较好的找矿前景;南侧郭店村最小预测区施工的PZK1钻孔见到了较好的富铁矿体,提交了富铁矿矿产地1处,验证了潘店磁异常是由铁矿体引起,具有较大的找矿潜力。

该最小预测区为B级区,预测潜在矿产资源为1 699.90万t。预测区为第四纪平原区,经济以农业为主,人口稠密,劳动力充足,交通方便,水电丰沛。

4)李楼西最小预测区

该最小预测区矿床成矿地层为奥陶纪地层,赋矿地层为奥陶纪和石炭纪—二叠纪地层。区内铁矿含矿(或富矿)热液主要形成于奥陶纪地层中,并发育主矿体;在岩浆继续上侵的过程中,部分富矿热液进入石炭纪—二叠纪地层,并最终成矿。共揭露4层矿体,赋存深度在890m以下,各矿体顶、底板围岩以矽卡岩为主。矿体中多层夹石,均为矽卡岩。矿石属接触交代(矽卡岩)型磁铁矿,矿石矿物主要为磁铁矿,脉石矿物主要有石英、斜长石、辉石、黄铜矿等。矽卡岩化是本区围岩蚀变主要类型。在区内发现了李屯富铁矿矿产地,具有极大的找矿潜力。

该最小预测区为 A 级区,预测潜在矿产资源为 5 258.27 万 t。预测区为第四纪平原区,经济以农业为主,人口稠密,劳动力充足,交通方便,水电丰沛。

5) 石庄最小预测区

该最小预测区和李楼西最小预测区同在李屯Ⅰ级铁矿找矿靶区内。预测区位于李屯磁异常的西北部、李屯 GH3-1 局部重力高北部,区内磁异常等值线向北西凸起,与化极磁异常垂向导数高值区对应。南侧李楼西最小预测区施工的两处钻孔均见矿,其中 ZK1 钻孔揭露厚大铁矿体。见矿孔均位于局部重力高与磁异常交汇区内的密集重磁梯级带处,化极磁异常等值线西北向外凸特征明显,同时位于化极磁异常垂向一阶、二阶导数高值中心西侧梯级带处。石庄最小预测区磁场等值线外凸区重磁特征与李楼西最小预测区相似,区内存在较为明显的矽卡岩型铁矿找矿预测标志,且南部钻孔见矿效果较好,具有较大的找矿潜力。

该最小预测区为 B 级区,预测潜在矿产资源为 1 109.75 万 t。预测区为第四纪平原区,经济以农业为主,人口稠密,劳动力充足,交通方便,水电丰沛。

6) 朱庄南最小预测区

该最小预测区位于薛官屯磁异常西北部边界地段,区内重磁背景场有所降低,推断低密度覆盖层增厚,且岩体规模有限。根据已有剖面定量计算结果推断,岩体侵入层位较高但厚度相对较小,岩体下部可能存在寒武系—奥陶系灰岩。该区具备部分找矿预测标志,具有一定的找矿潜力。

该最小预测区为 C 级区,预测潜在矿产资源为 465.98 万 t。预测区为第四纪平原区,经济以农业为主,人口稠密,劳动力充足,交通方便,水电丰沛。齐河-禹城工作区估算成果见表 7-6。

5. 淄河断裂带预测工作区

1) 兴旺店最小预测区

该最小预测区矿床主要赋存于寒武纪炒米店组灰岩、马家沟群白云岩中,燕山晚期中基性岩浆衍生的中低温含矿热液的交代充填作用是矿床形成的基础,在断裂构造有利部位形成的储矿构造中赋存成矿。区内存在 5 个大-中型矿床,并有淄河断裂储矿构造存在,还有低重力异常存在,故具有较大的找矿潜力。

该最小预测区为 B 级区,预测深度 443~1500m,预测潜在矿产资源分别为 0.843 0 亿 t(443~793m)和 1.115 2 亿 t(793~1500m)。预测区为第四纪平原区,经济以农业为主,兼有铁等工矿业。人口稠密,劳动力充足,交通方便,水电丰沛。

2) 大峪口村最小预测区

该最小预测区主要出露地层为马家沟群白云岩和灰岩中,存在多个矿点、矿化点,并有禹王山断裂储矿构造存在,还有低重力异常存在,故具有较大的找矿潜力。

该最小预测区为 C 级区,预测深度 100~800m,预测潜在矿产资源 0.287 6 亿 t(100~800m)。预测区为第四纪平原区,经济以农业为主,兼有铁等工矿业。人口稠密,劳动力充足,交通方便,水电丰沛。

3) 张家台村最小预测区

该最小预测区主要出露炒米店组和马家沟群,存在 1 处矿产地和多个矿点、矿化点,并有禹王山断裂储矿构造南延部分,还有低重力异常存在,故具有较大的找矿潜力。

该最小预测区为 C 级区,预测深度 100~800m,预测潜在矿产资源 0.680 1 亿 t(100~800m)。预测区为第四纪平原区,经济以农业为主,兼有铁等工矿业。人口稠密,劳动力充足,交通方便,水电丰沛。

表 7-6 山东省齐河-禹城矿集区资源总量成果汇总

铁矿区名称	最小预测区名称	预测区编号	含矿地质体面积/m²	矿化厚度/m	含矿地质体体积/m³	含矿系数	小体重值 (×10³ kg·m⁻³)	相似系数	资源量/万 t	矿石品位/% TFe	矿石品位/% mFe
大张铁矿远景区	大张最小预测区	D-A1	11 500 430.06	22.51	258 874 680.56	0.000 006 239 119 2	4.24	1.00	1 615.15	56.66	52.79
潘店铁矿远景区	郭店村最小预测区	P-A1	6 290 889.27	126.72	797 181 488.42	0.000 006 239 119 2	4.50	0.90	4 750.83	51.82	47.20
	丁寺东南最小预测区	P-B1	3 376 415.36	126.72	427 859 353.84	0.000 006 239 119 2	4.50	0.60	1 699.90	51.82	47.20
李屯铁矿远景区	李楼西最小预测区	L-A1	7 793 046.19	114.75	894 252 050.14	0.000 006 239 119 2	4.44	0.90	5 258.27	56.75	51.70
	石庄最小预测区	L-B1	2 467 071.10	114.75	283 096 409.13	0.000 006 239 119 2	4.44	0.60	1 109.75	56.75	51.70
薛官屯铁矿远景区	朱庄南最小预测区	X-C1	1 493 603.00	120.74	180 337 626.22	0.000 006 239 119 2	4.39	0.40	465.98		
总计									14 899.88		

4）西高村最小预测区

该最小预测区主要出露寒武纪炒米店组灰岩及马家沟群白云岩，北西向及近东西向断裂构造发育，存在1处矿产地和多个矿点、矿化点，还有低重力异常存在，故具有较大的找矿潜力。

该最小预测区为C级区，预测深度100～800m，预测潜在矿产资源0.566 7亿t(100～800m)。预测区为第四纪平原区，经济以农业为主，兼有铁等工矿业。人口稠密，劳动力充足，交通方便，水电丰沛。

5）常庄最小预测区

该最小预测区主要出露寒武纪炒米店组灰岩，并发育北东向断裂构造，存在1处矿产地和多个矿点、矿化点，还有低重力异常存在，故具有较大的找矿潜力。

该最小预测区为C级区，预测深度100～800m，预测潜在矿产资源0.394 5亿t(100～800m)。预测区为第四纪平原区，经济以农业为主，兼有铁等工矿业。人口稠密，劳动力充足，交通方便，水电丰沛。

6）田家村最小预测区

该最小预测区主要出露马家沟群白云岩，并发育北北东向断裂构造（淄河断裂南延部分），故具有一定的找矿潜力。

该最小预测区为C级区，预测深度100～1000m，预测潜在矿产资源0.291 1亿t(100～1000m)。预测区为第四纪平原区，经济以农业为主，兼有铁等工矿业。人口稠密，劳动力充足，交通方便，水电丰沛。

7）孙家庄最小预测区

该最小预测区主要出露马家沟群白云岩，并发育北北东向断裂构造（淄河断裂南延部分），故具有一定的找矿潜力。

该最小预测区为C级区，预测深度100～1000m，预测潜在矿产资源0.673 2亿t(100～1000m)。预测区为第四纪平原区，经济以农业为主，兼有铁等工矿业。人口稠密，劳动力充足，交通方便，水电丰沛。

8）兰子村最小预测区

该最小预测区主要出露前寒武纪结晶基底，并发育北北西向断裂构造（文祖断裂南延部分），有1处矿产地和多个矿点、矿化点，故具有一定的找矿潜力。

该最小预测区为C级区，预测深度100～800m，预测潜在矿产资源0.776 3亿t(100～800m)。预测区为第四纪平原区，经济以农业为主，兼有铁等工矿业。人口稠密，劳动力充足，交通方便，水电丰沛。淄博工作区估算成果见表7-7。

三、预测区富铁矿资源潜力预测

1. 按方法

本次富铁矿预测资源量估算方法为地质体积法和磁法体积法。

山东省富铁矿预测工作区地质体积法预测资源量为185 643.78万t，磁法体积法预测资源量为140 413.5万t，各个预测工作区预测资源量情况详见表7-8。

表 7-7 山东省淄博预测工作区最小预测区估算成果表

最小预测区编号	最小预测区名称	含矿地质体面积/m²	含矿地质体延深/m	模型区含矿地质体含矿系数	面积参数	相似系数	预测潜在矿产资源/t	预测潜在资源分类	预测潜在资源深度
B1701601001	兴旺店最小预测区（模型区）	63 219 915	443~500	0.004 8	1	1	18 696 114	1	500m 以浅
			500~793		1	1	65 600 400	1	1000m 以浅
			793~1000		1	1	78 720 481	2	1000m 以浅
			1000~1500		1	1	32 800 202	2	2000m 以浅
C1701601001	大峪口村最小预测区	27 333 434	100~500	0.004 8	1	0.4	20 915 633	3	500m 以浅
			500~800		1	0.2	7 843 362	3	1000m 以浅
C1701601002	张家台村最小预测区	49 034 217	100~500	0.004 8	1	0.5	46 901 428	3	500m 以浅
			500~800		1	0.3	21 105 643	3	1000m 以浅
C1701601003	西高村最小预测区	40 858 981	100~500	0.004 8	1	0.5	39 081 782	3	500m 以浅
			500~800		1	0.3	17 586 802	3	1000m 以浅
C1701601004	常庄最小预测区	28 444 866	100~500	0.004 8	1	0.5	27 207 630	3	500m 以浅
			500~800		1	0.3	12 243 434	3	1000m 以浅
C1701601005	田家村最小预测区	23 408 021	100~500	0.004 8	1	0.4	17 911 894	3	500m 以浅
			500~1000		1	0.2	11 194 934	3	1000m 以浅
C1701601006	孙家庄最小预测区	54 139 638	100~500	0.004 8	1	0.4	41 427 827	3	500m 以浅
			500~1000		1	0.2	25 892 392	3	1000m 以浅
C1701601007	兰子村最小预测区	55 974 076	100~500	0.004 8	1	0.5	53 539 432	3	500m 以浅
			500~800		1	0.3	24 092 744	3	1000m 以浅
合计							562 762 133		

表 7-8 山东省富铁矿预测工作区预测资源量方法统计表

序号	预测工作区编号	预测工作区名称	方法/万 t		
			地质体积法	磁法体积法	综合确定
1	1701201001	山东省济南预测工作区	8 315.8	18 660.4	8 315.8
2	1701201002	山东省金岭预测工作区	51 906.2	57 607.9	51 906.2
3	1701201003	山东省莱芜预测工作区	54 245.7	62 787	54 245.7
4	1701601001	山东省淄博预测工作区	56 276.2		56 276.2
5	1701201004	山东省齐河-禹城矿集区预测工作区	14 899.88	1 358.2	14 899.88
合计			185 643.78	140 413.5	185 643.78

2. 按深度

预测工作区资源量预测深度按 500m 以浅、1000m 以浅和 2000m 以浅分别进行统计,统计结果见表 7-9。

3. 按矿产预测类型

预测工作区资源量矿产预测类型精度按矽卡岩型和热液型进行统计,统计结果见表 7-10。

4. 按可利用性类别

预测工作区资源量可利用性主要考虑 2 个方面因素:①深度可利用性;②当前开采经济条件可利用性。山东省淄博预测工作区由于断裂构造发育,涌水量大,矿石选矿难度大,暂不可利用;济南预测工作区预测的资源量位于城市规划内,属于不宜开采地段。预测资源量可利用性见表 7-11。

表 7-9 山东省富铁矿预测工作区预测资源量深度统计表

预测工作区名称	500m 以浅/万 t	1 000m 以浅/万 t	2 000 以浅/万 t
山东省济南预测工作区	6 376.6	8 315.8	8 315.8
山东省金岭预测工作区	2 549.9	41 436.8	51 906.2
山东省莱芜预测工作区	4 598.8	34 758.5	54 245.7
山东省淄博预测工作区	26 568.2	52 996.1	56 276.2
山东省齐河-禹城矿集区预测工作区	0	1 615.15	14 899.88
合计	40 093.5	139 122.35	185 643.78

表 7-10 山东省富铁矿预测工作区预测资源量矿产预测类型统计表

序号	预测工作区编号	预测工作区名称	矽卡岩型/万 t	热液型/万 t
1	1701201001	济南预测工作区	8 315.8	
2	1701201002	金岭预测工作区	51 906.2	
3	1701201003	莱芜预测工作区	54 245.7	
4	1701601001	淄博预测工作区		56 276.2
5	1701201004	山东省齐河-禹城矿集区预测工作区	14 899.88	
合计			129 367.58	56 276.2

表 7-11 山东省富铁矿预测工作区预测资源量可利用性统计表

序号	预测工作区编号	预测工作区名称	可利用/万 t	暂不可利用/万 t
1	1701201001	济南预测工作区		8 315.8
2	1701201002	金岭预测工作区	51 906.2	
3	1701201003	莱芜预测工作区	54 245.7	
4	1701601001	淄博预测工作区		56 276.2
5	1701201004	山东省齐河-禹城矿集区预测工作区	14 899.88	
合计			121 051.78	64 592

第八章 结 论

鲁西地区是山东省富铁矿的主要产区，莱芜、金岭、济南、齐河-禹城矿集区是山东省矽卡岩矿床主要产地，淄河矿集区是山东省热液充填交代—风化淋滤型富铁矿的主要产地。山东省的地质工作者通过60多年的工作，取得了辉煌的富铁矿找矿成果。特别是齐河矿集区富铁矿的发现在全国富铁矿找矿中是一个重大突破，为山东省攻深找盲树立了典范。及时总结研究隐伏区富铁矿找矿和原富铁矿深部和外围找矿，建立正确的找矿模式，对于深化隐伏区富铁矿找矿认识，指导山东地区乃至全国深部找矿具有重要意义。本书研究了5个富铁矿矿集区成矿规律和找矿模式，对下一步深部找矿项目具有重要的实践意义。

第一节 取得的主要地质认识和成果

通过工作总结，本次研究主要取得了如下主要成果。

一、成矿要素和成矿模式

充分收集山东省内富铁矿床的地质勘查、矿山开采资料，分析研究了富铁矿成矿地质背景、磁异常特征，大致查明了富铁矿矿床地层、构造、岩浆岩的规模及空间分布特征；了解了矿体特征、矿石质量特征及富铁矿的分布、赋存规律；确定了富铁矿的成矿要素和成矿模式。对省内富铁矿进行了潜力调查评价。

二、成矿规律总结

本研究总结了山东省接触交代（矽卡岩）型富铁矿、中低温热液交代充填-风化淋滤型（淄河式）富铁矿床成矿规律。

1. 接触交代（矽卡岩）型富铁矿

接触交代（矽卡岩）型富铁矿矿床主要与中生代燕山期中-基性侵入岩有关，成矿岩体的岩石类型以闪长岩类为主，有少量的辉长岩类。控矿围岩为奥陶纪马家沟群北庵庄组、五阳山组和八陡组，阁庄组中也有少量铁矿存在。岩体侵位于中奥陶统灰岩和石炭纪—二叠纪砂页岩中，形态极不规则，铁矿体的形态、产状和规模与接触带的构造形成密切相关。岩体的产状、规模对矿床的定位和矿床规模，具有明显的控制作用，一般岩体为岩盖、岩床且规模较大时形成规模较大的矽卡岩型矿床。矿床受区域东西向断裂构造和北西向断裂构造控制明显。矽卡岩型铁矿围岩蚀变现象明显,与成矿关系密切的蚀变类型主要为矽卡岩化、大理岩化、蛇纹石化、绿泥石化、金云母化等,不同矿区略有差距。该类型铁矿的物探特征为重力和航磁异常特征明显。

2. 中低温热液交代充填-风化淋滤型(淄河式)铁矿床

中低温热液交代充填-风化淋滤型(淄河式)铁矿床大体沿淄河断裂带展布。

淄河富铁矿的成矿模式:中低温含矿热液早期的充填交代作用,形成以菱铁矿为主的矿床基础,晚期残余含矿热液的加入和氧化淋滤作用的改造,使之成为具有新的结构构造的以褐铁矿为主的淄河式铁矿床。

淄河热液交代充填-风化淋滤型铁成矿时代为中生代燕山晚期。矿床主要赋存于寒武纪炒米店组灰岩中,次为寒武纪—奥陶纪三山子组白云岩及奥陶纪马家沟群的北庵庄组、五阳山组、八陡组灰岩中,燕山晚期中基性岩浆衍生的中低温含矿热液的交代充填作用是矿床形成的基础,在淄河断裂带形成的储矿构造中赋存成矿。矿石主要为似层状菱铁矿和褐铁矿。矿体分布较稳定,矿层厚度不大,但矿层较多,具有较高工业价值。

三、接触交代(矽卡岩)型富铁矿找矿标志

通过对莱芜、淄博金岭、济南、齐河禹城矿集区富铁矿调查研究,接触交代(矽卡岩)型铁矿找矿标志主要可以分为如下几种。

(1)地层标志:由于铁矿体产于侵入岩体与碳酸盐岩地层的接触带上,因此,地层和岩体对铁矿体具有十分重要的控制作用。通过对前期多个铁矿床特征的描述可知,"高钙、低铝、低镁、低硅"的灰岩地层有利于形成铁矿体;岩体碱质交代作用与矿化有一定的空间关系,即碱质交代闪长岩以 Na_2O、K_2O、CaO 增加,Fe_2O_3、FeO、MgO 降低,磁铁矿含量减少为特征;岩体接触带的产状变化处,如内凹、上隆、转折段等对成矿极为有利。

(2)岩浆岩标志:从区域找矿的角度来讲,燕山中期基性闪长岩、辉长岩是该类矿床的成矿母岩,这在金岭岩体、莱芜岩体、济南岩体、齐河禹城岩体中都已得到证实。但应特别注意岩体产状的变化部位,如接触带的转折处、岩体分支部位以及岩体形态复杂的地段,往往是找矿的有利部位。

(3)围岩蚀变标志:强烈的矽卡岩化是区内重要的找矿标志。围岩经受了自变质作用、矽卡岩化和矿化热液蚀变作用,各种蚀变作用常互相叠加,使岩石蚀变强烈,蚀变带厚度较大,可作为找矿的重要标志;铁矿床中矽卡岩化最强烈的地段,热液蚀变现象也很显著,同时磁铁矿化强度也最大。

(4)构造标志:区域性的断裂具有控岩控矿作用,褶皱构造无论是背斜或向斜的轴部,均有利于矿液的富集而形成铁矿体;构造的交会部位(如断裂之间、断裂与褶皱的交会部位)由于岩石破碎,或易形成破碎带,因有利于矿液运移和流动,更易形成规模大、品位高的铁矿体;同时由于构造作用而形成的层间破碎带亦为铁矿体较好的赋存部位。因此,需要重视对构造交会部位的勘查工作。

(5)地球物理标志:较强磁异常向低负异常的过渡带即低缓磁异常分布区,是寻找铁矿床的有利部位,磁异常值较高地区往往是岩体赋存部位;多条磁异常等值线同步外凸部位常形成厚大矿体。由于矽卡岩型铁矿是中生代燕山期中-基性侵入岩(闪长岩类、辉长岩类)侵位于奥陶纪和石炭纪—二叠纪的碳酸盐岩和砂页岩而形成的;由于与成矿相关的地层多表现为"无磁低重"的特点,而侵入岩体分布区多呈现为重力、磁场相对较高的区域,由铁矿石物性特征和铁矿区勘查经验可知,铁矿体分布区则显示为重力异常高值区与低值区的梯级带附近,并且伴有强磁性异常分布区,因此,区中重磁同源局部强磁异常可作为寻找该类型铁矿的间接找矿标志。

四、总结技术方法

对齐河-禹城富铁矿深部找矿勘查技术进行研究，对富铁矿深部探测技术方法进行总结。

在以往地质与科研工作的基础上，开展了以铁矿勘查为目的的航磁查证工作，根据地面高精度磁测资料，圈定了以往航磁与地面磁测工作发现的地磁异常，最后钻探验证，3个矿区内均发现了厚度大、品位高的矽卡岩型磁铁矿，地质找矿工作取得了重大突破。

齐河-禹城矿集区的勘查技术路线总体为在全面收集、分析、研究以往资料尤其是区域重力与航磁资料的基础上，合理布置工程量，对本区中北部航磁异常开展了1∶1万地面高精度磁测查证工作。对所取得的地面高精度磁测资料进行了化磁极、延拓、垂向二阶导数等位场转换处理，圈定了找矿有利地段。在找矿有利地段开展了1∶2000高精度重磁剖面测量工作，对重磁剖面数据进行了反演计算，对隐伏磁性体进行了分析研究，确定了钻孔位置和深度。利用钻探工程对重磁成果进行验证，通过钻探验证，在该区首次发现磁铁矿，取得了找矿重大突破。

五、圈定预测区

通过矿产预测方法类型选择、预测模型建立、预测单元划分及预测地质变量选择，最终圈定及优选富铁矿预测区。

第二节 存在的主要地质问题

本次调查评价，发现和存在的主要地质问题有以下几点。

（1）鲁西第四系分布较广，部分地区寒武系—奥陶系覆盖层较厚，大部分航磁异常均已开展过不同程度的查证工作，富铁矿找矿难度大。进一步找矿需要依据最新的技术方法手段，重点为前人尚未注意到的低缓磁异常区。

（2）山东省富铁矿富集的齐河地区大都被第四系覆盖。常规的地质调查主要是基于地表，若不借助地球物理、地球化学等探测手段，很难探明地球深部的地质特征；另外，矿床的形成大多经过多次地质事件，不同地区的矿床特点各异，很难形成普适性的成矿理论。

（3）深部隐伏矿大多是不可见矿体，基于物性差异的地球物理手段难以直接分辨出矿体，而且单一的地球物理方法很难准确定位预测矿体的产出及赋存状态，需综合利用物探方法，相互约束，相互补充，才能取得良好的找矿效果。

（4）加强对接触交代（矽卡岩）矿床伴生元素的综合评价和综合利用研究。山东省已知矽卡岩型矿床几乎都不是单一金属元素的矿床，往往伴生多种金属元素，可供综合利用。有些矿床伴生金属元素多达10多种，也有部分矿床伴生元素的经济价值已大大超过主要金属元素的价值。例如莱芜铁铜沟铁金矿、莱芜三岔河铁金矿、沂南铜井铜金矿、沂源裕华金多金属矿。矽卡岩型铁矿床中经常伴生 Co、Cu、Au、Pb、Zn、Ag 等。正确认识矽卡岩型铁矿床的上述特点十分重要，能促使我们更加重视对矿床的综合评价和资源的综合利用，保护矿山资源，提高矿石利用的经济效益。所以，今后要注意在矽卡岩型铁金、铁铜矿床和多金属矿床中对伴生金属矿产综合评价。

主要参考文献及资料

陈富伦,1987.山东淄河式(朱崖式)铁矿矿床成因探讨[J].地质与勘探,(3):18-23.

陈毓川,朱裕生,1993.中国矿床成矿模式[M].北京:地质出版社.

储照波,王洋,陶铸,等,2012.山东省淄博市金岭矿区铁矿成矿规律研究报告[R].济南:中国冶金地质总局山东正元地质勘查院.

董银峰,徐金欣,赵金,等,2015.山东省莱州-安丘铁成矿带成矿规律探析[J].山东国土资源,31(5):7-12.

董英君,2006.应用重磁方法勘查铁矿的效果:以辽宁建昌县马道铁矿为例[J].矿床地质,25(3):321-328.

杜瑞庆,2013.深部铁矿勘探的地球物理找矿模式研究——以河南省等铁矿区为例[D].北京:中国地质大学(北京).

高继雷,周永刚,张振飞,等,2021.华北克拉通东缘金岭杂岩体岩浆源区及构造背景:来自岩相学、岩石地球化学及年代学的证据[J].地质科学,56(01):253-271.

韩鎏,2014.山东莱芜含矿岩体成因及其与铁矿的关系[D].北京:中国地质大学(北京).

郝兴中,李英平,刘伟,等,2019.山东省齐河-禹城矿集区找矿预测子项目成果报告[R].济南:山东省地质调查院.

郝兴中,刘伟,臧凯,等,2018.鲁西潘店地区矽卡岩型铁矿成矿规律初探[J].山东国土资源,34(7):27-32.

郝兴中,2014. 鲁西地区铁矿成矿规律与预测研究[D].北京:中国地质大学(北京).

何平,王彦明,李军,等,2016.格尔木市扎日玛日那西铁矿矿床地质特征及找矿前景分析[J].山东国土资源,32(2):21-25.

侯宗林,2005.中国铁矿资源现状与潜力[J].地质找矿论丛,20(4):242-247.

胡雅璐,刘树文,金子梁,等,2018.鲁西金岭岩浆侵入杂岩体中角闪石岩包体成因研究[J].北京大学学报(自然科学版),286(2):160-172.

黄泽良,安克和,韩继宽,等,1986.山东淄河铁矿文登—店子矿区外围地质普查报告[R].济南:山东省第一地质矿产勘查院.

金子梁,2017. 矽卡岩型富铁矿成因研究:以鲁西淄博和莱芜铁矿为例[D].北京:中国地质大学(北京).

孔庆友,张天祯,于学峰,等,2006.山东矿床[M].济南:山东科学技术出版社.

李洪奎,杨永波,张作礼,2009.山东大地构造主要阶段划分与成矿作用[J].山东国土资源,25(7):20-28.

李厚民,陈毓川,李立兴,等,2012.中国铁矿成矿规律[M].北京:地质出版社.

李厚民,王登红,李立兴,等,2012.中国铁矿成矿规律及重点矿集区资源潜力分析[J].中国地质,39(3):559-564.

李厚民,王瑞江,肖克炎,等,2010.立足国内保障国家铁矿资源需求的可行性分析[J].地质通报,

29(1):1-7.

李厚民,2010.中国铁矿成因类型—预测类型和典型矿床式[J].矿床地质,39(增刊):81-82.

李庆平,刘世俊,倪振平,等,2010.山东省铁矿资源潜力评价成果报告[R].济南:山东省第一地质矿产勘查院.

刘来有,张云德,王传才,1983.山东朱崖式铁矿店子矿床地质特征[R].济南:山东省第一地质矿产勘查院,1-51.

刘书峰,2019.山东淄河断裂带成因机制与控岩控矿分析[J].地质学刊,43(4):532-540.

刘玉强,李洪喜,黄太岭,等,2004.山东省金铁煤矿床成矿系列及成矿预测[M].北京:地质出版社.

娄德波,宋国玺,李楠,等,2008.磁法在我国矿产预测中的应用[J].地球物理学进展,23(1):249-256.

卢焱,李健,白雪山,等,2008.地面磁法在隐伏铁矿勘查中的应用——以河北滦平Ⅱ号铁矿为例[J].吉林大学学报(地球科学版),38(4):698-702.

马建明,2009.我国未查明的铁矿资源潜力分析(一)[J].资源与人居环境(11):29-31.

马健飞,胡永亮,李仁杰,2016.矽卡岩型铁矿的成矿地质特征及成因综述[J].西部资源,4(9):021-023.

马江全,徐西雷,袁培民,2004.金岭矿区成矿规律探讨[J].山东冶金,26(3):6-8.

马明,常洪华,李亚东,等,2020.淄博—莱芜地区矽卡岩型铁矿成矿规律和成矿模式探讨[J].山东国土资源,36(7):9-15.

梅贞华,刘森,张立成,等,2015.山东省淄博市金岭铁矿区王旺庄铁矿资源储量核实报告[R].淄博:山东金鼎矿业有限责任公司.

倪振平,李庆平,马兆同,等,2010.山东省铁矿资源潜力评价成果报告[R].济南:山东省地质调查院.

宁培松,龙群,程婷,等,2013.鲁西地块晚中生代中—基性岩地球化学和$Sr-Nd-Pb$同位素组成特征[J].地球科学与环境学报,35(4):62-76.

亓鲁,汪云,蔡传生,等,2015.山东省莱芜市张家洼矿区深部及外围铁矿普查报告[R].济南:山东正元地质资源勘查有限责任公司.

松权衡,刘忠,杨复顶等,2008.国内外铁矿资源简介[J].吉林地质,27(3):5-7.

宋波,李亚东,耿安凯,等,2019.山东省富铁矿资源调查选区报告[R].济南:山东省第一地质矿产勘查院.

宋明春,艾宪森,于学峰,等,2015.山东省矿产资源类型和时空分布特点[J].矿床地质,34(6):1242-1243.

宋明春,徐军祥,焦秀梅,等,2018.山东省地质矿产勘查开发局60年重要找矿成果和深部隐伏区找矿技术进展[J].山东国土资源,34(10):3-4.

宋燕,刘鸿福,余传涛,2012.山西交城矽卡岩铁矿的形成条件[J].太原理工大学学报,43(6):674-677.

宋志勇,侯建华,朱学强,等,2014.1:5万济南市、兴隆村、齐河县、历城区幅区域地质调查报告[R].济南:山东省地质调查院.

孙靖,常裕林,秦荣毅,等,2016.山东省淄博市金岭铁矿区北金召矿床深部详查报告[R].淄博:山东金岭矿业股份有限公司.

孙未军,张明立,1986.鲁中地区黑旺式富铁矿的矿床成因类型、成矿地质特征及找矿方向的研究[J].地质找矿论丛,1(2):23-34.

田晓留,黄玉华,梅西华,等,2015.平度市新河铁矿地质特征分析[J].山东国土资源,31(8):16-19.

王昌伟,陶铸,尹友,等,2012.山东省淄博市金岭铁矿侯家庄矿床深部铁矿详查报告[R].淄博:山东金岭铁矿.

王海军,张国华,2013.我国铁矿资源勘查现状及供需潜力分析[J].中国国土资源经济(11):35-39.

王世进,张成基,杨恩秀,等,2009.鲁西地区中生代侵入岩期次划分.山东国土资源,25(2):18-23.

王锡亮,杨宜水,刘崇睦,1978.山东省淄河断裂带的构造特征和"朱崖式"铁矿的成因报告[R].济南:山东省革委地质局地质综合研究队.

王玉往,解洪晶,石煜,等,2017.山东省齐河—禹城地区接触交代型富铁矿综合信息找矿预测地质模型[R].北京:北京矿产地质研究院.

谢承祥,李厚民,王瑞江,等,2009.中国查明铁矿资源储量的数量、分布及保证程度分析[J].地球学报,30(3):387-394.

谢承祥,李厚民,王瑞江,等,2009.中国已查明的铁矿资源的结构特征[J].地质通报,28(1):80-84.

徐建,田明刚,兰天,等,2013.山东省莱芜市莱城区顾家台矿区Ⅰ矿体深部铁矿普查报告[R].济南:中国冶金地质总局山东正元地质勘查院.

徐曰鹏,常林春,艾宪森,等,1996.中国矿床发现史·山东卷[M].北京:地质出版社.

许文良,王冬艳,高山,等,2003.鲁西中生代金岭闪长岩中纯橄岩和辉石岩包体的发现及其意义[J].科学通报,48(8):863-868.

杨承海,许文良,杨德彬,等,2006.鲁西中生代高Mg闪长岩的成因:年代学与岩石地球化学证据[J].地球科学(中国地质大学学报),31(1):81-92.

杨承海,许文良,杨德彬,等,2005.鲁西济南辉长岩的形成时代:锆石LA-ICP-MSU-Pb定年证据[J].地球学报,26(4):321-325.

杨承海,2007.鲁西中生代高镁闪长岩的年代学与地球化学:对华北克拉通岩石圈演化的制约[D].长春:吉林大学.

叶天竺,肖克炎,严光生,2007.矿床模型综合地质信息预测技术研究[J].地学前缘,14(5):11-19.

叶天竺,薛建玲,2007.金属矿床深部找矿中的地质研究[J].中国地质,34(5):855-868.

于学峰,张天祯,王虹,等,2016.山东省矿床成矿系列研究[J].矿床地质,35(1):169-181.

曾广湘,吕昶,徐金芳,1998.山东铁矿地质[M].济南:山东科学技术出版社.

翟裕生,2003.中国区域成矿特征及若干值得重视的成矿环境[J].中国地质,30(4):337-339.

张超,崔芳华,张照录,等,2017.鲁西金岭地区含矿闪长岩体成因:来自锆石U-Pb年代学和地球化学证据[J].吉林大学学报(地球科学版),47(6):1732-1745.

张增奇,郭宝奎,程伟,等,2016.山东铁矿时空分布与成矿规律研究[J].地质论评,62:243-245.

张增奇,李英平,王怀洪,等,2016.山东省齐河禹城地区发现大型富铁矿[J].山东国土资源,32(5):94.

张增奇,张成基,王世进,等,2014.山东省地层侵入岩构造单元划分比对意见[J].山东国土资源,30(3):1-9.

张招崇,侯通,李厚民,等,2014.岩浆-热液系统中铁的富集机制探讨[J].岩石学报,30(5):189-1204.

张昭善,胡铭,高志永,等,2017.山东省淄博市金岭铁矿区侯家庄矿床资源储量核实报告[R].济南:山东正元地质资源勘查有限责任公司.

赵法强,曹秀华,庞旭贵,等,2011.高精度磁测在单县龙王庙地区铁矿调查中的应用[J].山东国土资源,27(8):23-26.

赵一鸣,林文蔚,毕承思,等,1990.中国矽卡岩矿床[M].北京:地质出版社.

赵一鸣,等,2013.中国主要富铁矿床类型及地质特征[J].矿床地质,32(4):685-704.

周明磊,高志军,郭延明,等,2015.山东省齐河县潘店地区铁矿调查评价报告[R].山东煤田地质规划勘察研究院.

周明磊,沈立军,郭延明,等,2017.山东省禹城市李屯地区铁矿普查报告[R].山东煤田地质规划勘察研究院.

宗信德,李卫,赵宏生,等,2011.山东莱芜接触交代热液铁矿多因素成矿及特征[J].地质与资源,2(5):370-375.

JIN Ziliang, JIN Zhaochong, HOU Tong, et al., 2015. Genetic relationship of high-Mg dioritic pluton to ironmineralization: a case study from the Jinlingskarntype iron deposit in the North China Craton[J]. Journal of Asian Earth Sciences, 113(3): 957-979.

SNL 数据库 https://www.snl.com/.